黄河中下游地区政府环境规制与企业社会责任的耦合研究

Coupling Research on Government Environmental Regulation and Corporate Social Responsibility in the Middle and Lower Reaches of the Yellow River

樊慧玲 著

图书在版编目(CIP)数据

黄河中下游地区政府环境规制与企业社会责任的耦合研究/樊慧玲著. —合肥:安徽大学出版社，2023.12

ISBN 978-7-5664-2675-8

Ⅰ. ①黄… Ⅱ. ①樊… Ⅲ. ①黄河流域—区域环境规划—研究②黄河流域—企业责任—社会责任—研究 Ⅳ. ①X321.2②F279.23

中国国家版本馆 CIP 数据核字(2023)第 161747 号

黄河中下游地区政府环境规制与企业社会责任的耦合研究

Huanghe Zhongxiayou Diqu Zhengfu Huanjing Guizhi Yu Qiye Shehui Zeren De Ouhe Yanjiu 樊慧玲 著

出版发行: 北京师范大学出版集团
安 徽 大 学 出 版 社
(安徽省合肥市肥西路 3 号 邮编 230039)
www.bnupg.com
www.ahupress.com.cn

印　　刷: 合肥远东印务有限责任公司
经　　销: 全国新华书店
开　　本: 710 mm×1010 mm　1/16
印　　张: 19.5
字　　数: 328 千字
版　　次: 2023 年 12 月第 1 版
印　　次: 2023 年 12 月第 1 次印刷
定　　价: 59.00 元
ISBN 978-7-5664-2675-8

策划编辑: 范文娟
责任编辑: 范文娟
责任校对: 葛灵知
装帧设计: 李　军
美术编辑: 李　军
责任印制: 陈　如　孟献辉

国家社科基金后期资助项目
出版说明

后期资助项目是国家社科基金设立的一类重要项目，旨在鼓励广大社科研究者潜心治学，支持基础研究多出优秀成果。它是经过严格评审，从接近完成的科研成果中遴选立项的。为扩大后期资助项目的影响，更好地推动学术发展，促进成果转化，全国哲学社会科学工作办公室按照“统一设计、统一标识、统一版式、形成系列”的总体要求，组织出版国家社科基金后期资助项目成果。

全国哲学社会科学工作办公室

前　言

黄河流域生态保护和高质量发展既是贯彻落实新发展理念的客观需要,也是推动区域高质量发展的现实需要。习近平总书记先后在2018年全国生态环境保护大会上和2019年河南考察调研时强调,要建立生态环境质量目标责任体系,更加注重黄河流域保护和治理的系统性、整体性、协同性。2020年中共中央和国务院办公厅印发的《关于构建现代环境治理体系的指导意见》提出,要构建现代环境治理体系,实现政府治理和企业自治良性互动。地处黄河流域中下游的内蒙古、陕西、山西、河南、山东等五省(自治区)GDP规模过万亿元,是黄河流域的资源能源集聚区、生产活动高度密集区。然而,黄河中下游地区工业企业分布密集,产业结构偏重,工业企业排放量大,环境支撑能力明显不足,在生态环境与高质量协同发展过程中还存在资源环境承载能力差、环境治理体系不完善、责任目标不明确、企业环境责任缺失等问题。在此背景下,本书从政府环境规制与企业社会责任耦合的视角探讨黄河流域环境治理问题,具有一定的理论价值和政策意义。

首先,本书厘定了政府环境规制与企业社会责任之间的耦合关系。研究指出企业社会责任的履行影响政府绩效的提升,同时政府规制的实施保障了企业社会责任的实现。通过构建政府环境规制与企业社会责任的动态博弈模型,本书推论得出:(1)在一定的规制目标下,政府回应型规制的实施将会使得企业的自愿性环保投资增加;(2)政府在实施回应型规制的同时,需要伴之以惩罚结构的调整;(3)在回应型规制实施的过程中,尽管所有参与博弈的代理人的行为都是自愿的,但是他们的行为也可能会导致次优的环保投资水平。基于此,本书通过分析政府环境规制的有界性，提出政府需要在不同的规制方式之间进行权衡和调整，政府在每种规制方式上所花费的最后一单位成本所产生的边际收益应相等，方能实现耦合中各主体的最优行为边界。

其次，本书测度了黄河中下游地区政府环境规制与企业社会责任的耦合现状。在考察当前黄河中下游地区政府环境规制与企业社会责任耦合模式和耦合路径的基础上，本书以政府环境规制和企业社会责任的实现为一级指标，构建政府环境规制和企业社会责任的评价指标体系。采用黄河中下游五省（自治区）2001—2019年的相关统计数据，构建耦合度和耦合协调度模型，对当前黄河中下游五省（自治区）政府环境规制与企业社会责任的耦合效应进行评价，结果显示，五省（自治区）政府环境规制与企业社会责任之间的耦合协调度在逐步提升。自2017年开始，五省（自治区）的耦合协调度高于0.8，开始过渡到优质耦合协调阶段，但是除内蒙古自治区外的其余四省均尚未突破0.9，只是处于良好协调状态，并未实现优质协调。但当前黄河中下游各省（自治区）政府环境规制与企业社会责任之间的耦合协调关系尚未处于最佳状态，协同效应并不理想，且各省（自治区）之间存有明显差异。

再次，本书剖析了黄河中下游地区政府环境规制与企业社会责任耦合的现实困境。主要表现在：(1)黄河中下游地区政府环境规制与企业社会责任耦合模式单一，致使命令型规制实施过程中“公地悲剧”和“反公地悲剧”的发生；(2)由于流域环境治理中相邻辖区地方政府间的“邻避冲突”的存在，导致政府环境规制与企业社会责任耦合动力不足；(3)由于流域环境治理中规制者管辖权与环境问题范围不一致，导致政府环境规制与企业社会责任耦合路径不畅等问题。

此外，本书还探究了黄河中下游地区政府环境规制与企业社会责任耦合的影响因素。通过构建黄河中下游五省（自治区）政府环境协同治理能力测度模型，从政策调控力、经济驱动力和社会促进力三个方面对政府环境规制与企业社会责任耦合效应的影响进行实证分析发现:(1)当前黄河中下游环境治理虽然尚未建立完善的政府协同机制,但是五省(自治区)政府协同治理能力在不断提升且有继续上升的趋势,而且政策调控力因素对政府环境规制和企业环境责任耦合起到了积极的促进作用;(2)当黄河中下游地区的经济水平不断提高、产业结构不断合理化和高级化时,政府环境规制与企业社会责任的耦合协调关系也会更加协调。(3)黄河中下游地区的社会文明程度和环保型社会组织的参与度较显著地促进了政府环境规制与企业社会责任的耦合协调。

最后,本书提出了推进黄河中下游地区政府环境规制与企业社会责任耦合的机制与政策:(1)从构建政府环境规制政策动态调整机制、重构跨区域利益协调和补偿机制、设计激励约束相容的奖惩机制、构建流域一体的跨区域合作机制等方面入手,实现黄河中下游地区政府环境规制与企业社会责任耦合的机制创新;(2)在具体政策选择方面,从选择科学的环境规制模式、运用有效的区域间利益协调手段、搭配多样化的环境规制工具、搭建府际及多元主体间的协作平台等方面提出11项保障措施。

樊慧玲

2023年6月20日

目　录

第一章　绪　论

第一节　黄河中下游地区政府环境规制与企业社会责任的耦合逻辑

一、黄河中下游地区政府环境规制①与企业社会责任②耦合的现实逻辑

（一）落实黄河流域高质量发展的必然要求

保护黄河是千秋大计，黄河流域生态保护和高质量发展已成为重大国家战略。地处黄河流域中下游的内蒙古、山西、陕西、河南、山东等五省（自治区）GDP规模过万亿元、增速超5%，是黄河流域的资源能源集聚区、生产活动高度密集区，生态环境治理体系亟待完善。然而，黄河中下游五省（自治区）高污染、高耗能产业占比较高，在生态保护与高质量协同发展过程中存在资源环境承载能力差、环境治理体系不完善、责任目标不明确、企业环境责任缺失等问题，致使黄河中下游地区呈现环境危机，③主要表现为以下几个方面。

---

①　政府环境规制（Environmental Government Regulation）是政府社会性规制的一个重要领域。学界通常认为，政府社会性规制指的是，为了保障劳动者与消费者的安全、健康、卫生、保护环境、防止灾害，对物品与服务的质量以及伴随着提供它们所产生的各种活动制定一定的标准，并且禁止、限制特定行为的规制。所谓政府环境规制，就是指一个国家或地区的政府机构通过制定强制性的规定或者法规条例，对被规制对象形成行为约束，以此达到环境保护的效果和目的的一种政府行为和手段。

②　企业社会责任（Corporate Social Responsibility）这一概念虽然已经经过国内外多种论坛的讨论，但对其定义仍莫衷一是。当前理论界比较认同的概念是：企业在对股东负责、创造利润的同时，还需要承担对员工、对社会、对环境的社会责任。本书在讨论政府环境规制与企业社会责任的耦合时，更多指的是企业对环境的社会责任，也有学者将其称为“企业环境责任”。本书根据需要对“企业社会责任”和“企业环境责任”均有使用。

③　黄河中下游地区受地理位置、地形气候与经济发展水平的影响，环境问题主要表现在水资源的匮乏与污染方面。因此，本书所涉及的黄河中下游地区的环境问题主要是从水资源的匮乏和水污染方面展开分析的。

1.黄河中下游地区水资源匮乏

截至2019年底,黄河流域水资源总量为869.1亿立方米,仅占全国水资源总量的3.2%。[①] 然而,黄河流域省份人口约有4.2亿人,占全国总人口的30.3%,人均水资源占有量仅为全国平均水平的27%,[②]水资源供应压力大,水资源短缺成为黄河流域面临的突出问题。地处黄河中下游的内蒙古、山西、陕西、河南、山东五省(自治区)人口数占全国总人口的24.1%,但五省(自治区)的水资源量却只占全国水资源总量的4.83%。[③] 这意味着,黄河中下游地区以占全国不足5%的水资源量,供养了全国近25%的人口。而且,黄河中下游地区的实际用水量远超计划用水量。2019年黄河中下游地区水资源平均开发利用率高达80%,远超国际公认的一般流域40%的水资源开发生态警戒线。河南、山东两省水资源开发利用率分别由2004年的61.5%和49.3%增长至115.4%和141.0%;内蒙古、山西两省(自治区)的水资源开发利用率也已超过了40%的水资源开发生态警戒线。[④] 另外,水资源利用方式较为粗放,农业用水效率不高,2019年黄河中下游五省(自治区)平均农业用水利用系数只有0.5856。[⑤] 同时,水资源配置不合理,居民用水受到威胁。尤其是近年来,伴随着黄河中下游地区城镇化水平的提高、经济增长规模的扩大与生态恢复紧迫性的增强,中下游地区对水资源的刚性需求持续增长,2019年,仅内蒙古、河南、山东三省(自治区)的用水总量之和就占到了整个黄河流域用水总量的50%,水资源短缺与黄河中下游地区用水需求不断增长的矛盾日益凸显。

2.黄河中下游地区水土流失严重

《中国水土保持公报(2019)》的相关数据显示,2019年黄河流域的水土流失面积为26.42万平方公里,占其土地总面积79.47万平方公里的

---

① 中华人民共和国水利部:《2019中国水资源公报》,中华人民共和国水利部网。http://www.mwr.gov.cn/sj/tjgb/szygb/202008/P020200803328847349818.pdf.

② 中华人民共和国水利部:《在黄河流域生态保护和高质量发展座谈会上的讲话》,中华人民共和国水利部网。http://www.mwr.gov.cn/ztpd/2019ztbd/rhhcwzfrmdxfh/ttxw/201910/t20191024_1365876.html.

③ 中华人民共和国水利部:《2019中国水资源公报》,中华人民共和国水利部网。http://www.mwr.gov.cn/sj/tjgb/szygb/202008/P020200803328847349818.pdf.

④ 孙志燕、施戍杰:《优化水资源配置是黄河流域高质量发展的先手棋》,搜狐网。https://www.sohu.com/a/457069457_260616.

⑤ 中华人民共和国水利部:《2019中国水资源公报》,中华人民共和国水利部网。http://www.mwr.gov.cn/sj/tjgb/szygb/202008/P020200803328847349818.pdf.

33.25%,中度及以上水土流失面积占比最高,为37.39%,是我国乃至世界上水土流失最为严重的地区。黄河流域的水土流失主要是因为水力侵蚀,水力侵蚀面积为18.96万平方公里,占其水土流失总面积的71.76%。[①] 由于中游经过黄土高原,土质稀疏,水土流失严重,大约有20万平方公里的水土流失亟待治理,水土流失造成土地沙化,湖泊湿地不断退化缩减。而且黄河中游属于粗泥沙集中来源区,面积为1.88万平方公里,虽然仅占黄河流域总面积的2.5%,但是该区域粒径大于0.05毫米的粗泥沙占35%,粒径大于0.1毫米的粗泥沙占54%。黄河中游的黄河泥沙是造成黄河下游淤积最严重的原因,黄河中游是对下游危害最大的粗泥沙的主要来源区。另外,从中游到下游水土流失形成泥沙,大量泥沙堆积导致下游地区形成“地上河”,容易决堤,洪水泛滥,严重破坏当地的生态环境,危害下游地区的生产生活。

3.黄河中下游地区水质问题日益突出

目前,能源、原材料等行业仍是黄河中下游各省(自治区)经济增长的主力行业。黄河中下游五省(自治区)金属、能源等高耗能、高污染、高排放的重工业较多,煤炭挖掘、金属冶炼、化学化工企业由于需要大量的水资源,且工业带多是沿河而建,支流污染严重,这就给黄河中下游地区造成了严重的水质问题。如表1-1所示,2019年全国各流域水质状况评价结果显示,黄河流域劣Ⅴ类水质占8.8%,在全国各流域中占比最高,明显高于全国3.0%的平均水平。全国第一大河长江流域,作为与黄河长度和流域面积同水平的河流,劣Ⅴ类仅占0.6%。[②] 同时,由于高污染企业较多,工业废气排放导致黄河中下游地区大气污染超标,空气质量较差。金属、煤炭的冶炼与采选也加重了黄河中下游地区的土壤污染和土质破坏,重金属超标现象在河南的三门峡、洛阳等地时有发生,给生产生活造成了巨大危害,严重阻碍了黄河中下游地区经济社会的绿色发展。

---

① 中华人民共和国水利部:《2019中国水土保持公报》,中华人民共和国水利部网。http://www.mwr.gov.cn/sj/#tjgb.

② 中华人民共和国生态环境部:《2019中国生态环境状况公报》,中华人民共和国生态环境部网。http://www.mee.gov.cn/hjzl/sthjzk/zghjzkgb/.

表 1-1 2019 年全国各流域水质状况评价结果

流域分区	评价河长（千米）	分类河长占评价河长百分比(%)					
		Ⅰ类	Ⅱ类	Ⅲ类	Ⅳ类	Ⅴ类	劣Ⅴ类
全国	244512	4.2	51.2	23.7	14,7	3.3	3.0
松花江区	16780	0	13.1	53.3	26.2	4.7	2.8
辽河区	6067	3.9	37.9	14.6	25.2	9.7	8.7
海河区	15325	6,9	28.8	16.2	27.5	13.1	7.5
黄河区	22892	3.6	51.8	17.5	12.4	5.8	8.8
淮河区	24081	0.6	20.1	43.0	35.2	0.6	0.6
长江区	70897	3.3	67.0	21.4	6.7	1.0	0.6
#太湖	6341	—	27.3	63.6	9.1	0	0
东南诸河区	13643	3.2	56.8	35.2	3.2	0.8	0.8
珠江区	30475	3.6	69.1	13.3	9.7	1.2	3.0
西南诸河区	21086	7.6	76.2	9.5	3.2	0	3.2
西北诸河区	23267	22.6	71.0	3.2	3.2	0	0

资料来源：《2019 中国生态环境状况公报》。①

（二）践行我国生态文明建设精神的重要举措

2018 年 5 月，习近平总书记在全国生态环境保护大会上强调："生态兴则文明兴，生态衰则文明衰。生态环境②是人类生存和发展的根基，生态环境变化直接影响文明兴衰演替。"③尤其提到了长江、黄河是中华民族的摇篮，哺育了灿烂的中华文明，其生态环境保护不容小视。

---

① 中华人民共和国生态环境部：《2019 中国生态环境状况公报》，中华人民共和国生态环境部网。http://www.mee.gov.cn/hjzl/sthjzk/zghjzkgb/.

② 生态环境，是"由生态关系组成的环境"的简称，是指影响人类生存与发展的水资源、土地资源、生物资源、气候资源数量与质量的总称，是关系社会和经济持续发展的复合生态系统。生态环境问题是指人类为自身生存和发展，在利用和改造自然的过程中，对自然环境破坏和污染所产生的危害人类生存的各种负反馈效应。本书所涉及的黄河中下游地区的政府环境规制主要针对的是生态环境的治理问题，文中所说的"生态环境"和"环境"是同一语义，只是在文中不同地方根据上下文所需采用了不同的表述。流域生态环境由于自身的跨区域特征，主要指向的就是流域水污染问题。基于此，本书对流域生态环境问题的分析主要是从流域水污染角度展开的。

③ 中华人民共和国生态环境部：《习近平出席全国环境保护大会并发表重要讲话》，中华人民共和国生态环境部网。http://www.mee.gov.cn/home/ztbd/gzhy/qgsthjbhdh/qgdh_zyjh/201807/t20180713_446605.shtml.

2019年9月，习近平总书记在河南郑州主持召开黄河流域生态保护和高质量发展座谈会并发表重要讲话，指出："黄河流域生态保护和高质量发展，同京津冀协同发展、长江经济带发展、粤港澳大湾区建设、长三角一体化发展一样，是重大国家战略。"[①]由此，黄河流域生态保护和高质量发展首次与长江经济带发展战略并列，正式上升为国家战略。与此同时，习近平总书记还强调，要建立生态环境质量目标责任体系，更加注重黄河流域保护和治理的系统性、整体性、协同性。

2020年3月，中共中央和国务院办公厅印发的《关于构建现代环境治理体系的指导意见》提出，要构建现代环境治理体系，"以强化政府主导作用为关键，以深化企业主体作用为根本，以更好动员社会组织和公众共同参与为支撑，实现政府治理和社会调节、企业自治良性互动，完善体制机制，强化源头治理，形成工作合力，为推动生态环境根本好转、建设生态文明和美丽中国提供有力制度保障"。[②]

从以上分析可知，黄河中下游乃至整个黄河流域的生态保护已刻不容缓。

二、黄河中下游地区政府环境规制与企业社会责任耦合的理论逻辑[③]

（一）企业社会责任的缺位

1. 企业履行社会责任的应然性

从理论上来讲，根据社会契约理论和利益相关者理论，企业是多方利益相关主体之间的契约。企业作为社会大系统的一分子，其行为不可避免地会与企业内部和外部的社会系统发生千丝万缕的联系。一方面，自然环境与社会环境是企业所需的各种资源的最终来源与基本保障；另一方面，企业作为一个组织，其行为及决策反过来也会对自然及社会环境产生重大影响。这样，企业从社会中汲取企业生产经营所需的各种要素，通过组织实现内部转化向社会输送产品或服务。企业的行为已经不单单是企业个

① 中华人民共和国水利部：《在黄河流域生态保护和高质量发展座谈会上的讲话》，中华人民共和国水利部网。http://www.mwr.gov.cn/ztpd/2019ztbd/rhhcwzfrmdxfh/ttxw/201910/t20191024_1365876.html.

② 中共中央办公厅、国务院办公厅：《关于构建现代环境治理体系的指导意见》，中华人民共和国中央人民政府网。http://www.gov.cn/zhengce/2020－03/03/content_5486380.htm.

③ 该处内容部分参考樊慧玲：《政府食品安全规制与企业社会责任的耦合研究》，东北财经大学博士学位论文，2012年，第3页，内容有修改。

体的行为，已经成为整个社会大系统运行的一个组成部分。因此，在社会大系统中，企业作为一个组织，对多方利益相关者担负着不可推卸的责任，这种责任便是企业的社会责任。

从另外一个角度讲，一方面，企业作为一种契约性存在，是市场经济的主体；另一方面，在社会系统中，企业也是公民社会的主体，扮演着企业公民的角色。企业公民对社会的义务便是企业承担其社会责任。不仅是企业的投资方、决策者和员工需要履行公民义务，作为企业公民的企业也要履行公民义务，承担相应的社会责任。而且，企业自身也能够实现社会责任的履行。

实践也已证明，企业的长期利益是通过社会责任的履行来实现的。共生共荣是企业与社会间关系的突出表征，作为社会认可的产物，企业理应回应社会的需求。企业的管理者对企业的运营是基于经济环境、政治环境、文化、技术环境等一系列约束实施的，而且这些约束因素对企业的影响力度也相当大。因此，当社会需求发生变化，进而引起社会对企业的期望发生改变的时候，企业就应该作出改变，企业的行动必须顺从这一期望的变化。研究认为，企业对非市场力量的反应与社会对企业应当做什么的期望之间存在一个“合法的距离”。① 当这个距离超过一定限度的时候，企业便会彻底停止运行。可以说，企业的生存周期长度取决于其社会责任的实现度。同时，社会发展的幸福度又依赖企业的盈利及责任心。从长期来看，忽视了自身社会责任问题的企业将得不到多少利润。同时，如果企业行为引起了重大的社会问题，结果往往就是引起新的政府规制。因此，如果企业能够积极主动地提高社会责任的绩效，这便可以作为企业减轻、转移甚至是回避来自投资者、政府、公众媒体等各种外部直接压力的一种战略。②

2. 企业环境责任的流失③

如前所述，企业承担相应的社会责任，实施企业自我规制，可以说是对

---

① 乔治·斯蒂纳、约翰·斯蒂纳：《企业、政府与社会》，张志强、王春香译，北京：华夏出版社，2002 年，第 138 页。

② Thomas P. Lyon and John Maxwell, “‘Voluntary’ Approaches to Environmental Regulation: A Survey,” *SSNR*, January 1999：1～30.

③ 企业社会责任的缺失既包括自然流失，也来源于人为因素，还会存在有人为流失。本书研究的重点在于讨论企业自身无法完全履行社会责任，需要政府出面实施规制，因此并未对二者进行明确区分，而是将二者糅合在一起进行讨论。

社会需求的一种回应,也是一种实现长期利益的手段,可以提高企业自身的竞争优势。同时,企业自我规制的实施,也可以作为一种方法来减少或避免公众批评,因为公众批评往往会引致政府对企业的规制,企业实施自我规制便可以减少政府的规制成本,节省政府的精力,从而有利于企业社会责任与经济目标之间的协调和平衡。然而,企业社会责任的履行是企业的一种自主行为,具有较强的内生性和自发性特征。因此,企业社会责任面临着严重的内生自主性的自然缺失。环境敏感型企业社会责任的缺失,源于企业“经济人”的本性,进而引发了企业生产经营、排污治污的外部性和负内部性,最终造成“市场失灵”出现。

植草益认为,和政府社会性规制相关的市场失灵,包括内部不经济与外部不经济。[①] 外部性是指在没有通过市场交易的情况下,某一经济主体的行为给其他经济主体所施加的成本或者利益。[②] 也就是说,某一经济行为给其他经济主体带来的好处,即产生的正外部性影响,或者给其他经济主体带来的损害,即产生的负外部性影响,并无法通过市场交易,在价格上得到实现。史普博所定义的内部性是指由交易者所承担的,但是并未在交易条款中明确说明的成本或者收益。[③] 也就是说,在交易过程中,其中一方交易者从中得到了好处,即经受了正外部性所带来的影响,或者是一方交易者从中遭受了损害,即经受了负内部性所带来的影响,均没有事先在交易合同中写明,从而无法通过价格实现。

可见,不管是内部性,还是外部性,二者的共同之处就是交易主体都没有双方合意的均衡点。由于环境敏感型企业在生产经营过程中对环境所带来的外部性和负内部性,导致了市场失灵,引发了企业环境责任的流失。自20世纪70年代以来,伴随着环境问题的日益凸显,人们逐步意识到企业命运与社会发展之间存在着紧密的联系。企业不仅要追求自身的经济利益,还应对其他的利益相关主体负责。尽管企业的环保责任得到了广泛的提倡,但现实中企业在履行自身的环境责任时依旧多是处于被动状态。很多环境敏感型企业只是在生产的最后环节才会去重视消除产品生产过程中所造成的污染,或是企业虽然有实施环保的意愿,但尚未付诸行动,甚

---

① 植草益:《微观规制经济学》,朱绍文、胡欣欣等译,北京:中国发展出版社,1992年,第22页。

② 何立胜、杨志强:《内部性·外部性·政府规制》,载《经济评论》,2006年第1期,141～147页。

③ D.F.史普博:《管制与市场》,余辉译,上海:上海三联书店、上海人民出版社,1999年,第64页。

至只是在做一些应付环保部门检查的“表面”文章。总之，许多环境敏感型企业依然采取的是“资源——产品——污染排放”的粗放型发展模式。企业环境责任流失的原因主要有以下几个方面。

一是受传统的“经济人”假定的影响。传统经济学通常将企业假定为理性“经济人”。自亚当·斯密的《国富论》起，时至今日，“经济人”的假设并没有随着经济学理论的变迁而得到改变。因此，在经济活动中，企业便将追求自身利益的最大化作为自身经济行为的唯一目标。只要能够实现这一目标，其他的对社会而言的所有公共责任都无须承担。然而，企业作为“经济人”所追求的经济效益只是从内部经济的角度考虑投入与产出的关系，尚未将企业经济行为外部效应所带来的负面影响纳入自身所需考虑的范围，更没有考虑企业在资源开发利用过程中所产生的社会成本。在环境保护方面，作为“经济人”的企业，只是看到了资源开发带来的内部经济收益，没有考虑企业资源的开发利用对环境带来的破坏及其对社会带来的负面影响。二是受市场运行的缺陷与企业行为外部性的影响。企业环境责任的履行势必会造成自身生产成本的增加，产品价格的提升，最终会压缩企业的利润空间。尤其是对一些小型的环境敏感型企业而言，对自身环境责任的履行，意味着企业将会增加自身承担的社会成本。虽然企业能够认识到企业的经济利益和社会利益是一致的，但是在对企业的经济利益和生态环境进行权衡时，只有少数企业能真正做到二者之间的平衡。更多的企业会选择以牺牲环境为代价，只是考虑自身的经济成本和经济利益，无视环境和社会成本，尽可能地减少环境保护投资，最终将会带来企业在生产经营过程中的负外部性。同时，由于存在信息偏差，企业的生产经营行为对环境造成一定的破坏。三是受政府环境规制缺位的影响。虽有相关立法对企业环境责任的履行作出一定的规定，但在现实执法过程中，缺乏可操作性。一方面，主动履行自身环境责任的企业未得到有效的激励；另一方面，没有履行自身环境责任的企业没有受到严厉的处罚。最终导致企业以牺牲环境为代价所获取的经济利益远远超过自身所付出的经济成本。因此，很多企业在权衡利弊之后，都会选择以牺牲环境和可持续发展为代价来换取自身的经济利益。

(二)政府环境规制的失灵

1. 政府实施环境规制的优势

不是一定要通过政府规制才能解决“市场失灵”问题。正如英国经济学家亨利西格维克所说，并不是在任何时候政府的干预都能够弥补自由放任的不足，因为在某些特别的情况下，政府干预所带来的不可避免的弊端也许比私人企业的缺陷显得更为糟糕。[①] 但是，市场失灵往往被视为政府实施规制的逻辑起点。由于环境保护公共性的特征，政府有了实施环境规制的必要。对环境敏感型企业的规制也属于政府的职能范畴之内。而且，政府作为一种社会组织也有着其他组织无法比拟的优势。

政府作为一种组织，与其他组织相比，具有两个显著的特性。一是对于全体社会成员而言，政府是具有普遍性的组织，也就是说，政府具有成员的普遍同质性（Universal Homegeneity）。二是政府拥有其他经济组织所不具备的强制力，即强制性权力（Power of Compulsion）。[②] 由于政府具有两个显著特征，政府在矫正市场失灵的时候，具备了一些特殊的优势，斯蒂格利茨认为，这些特殊优势表现在三方面。一是在于政府的征税权。通过法定的税率所征收的税款可以在多个方面缓解市场失灵。例如，政府可以利用税收来直接生产或者采购社会所必需的公共物品；政府可以运用税收和转移支付等再分配手段来建立基本的社会保障制度并缓解过大的收入分配差距；政府还可以通过征税来减少负外部性效应，如对企业征收排污税来促使企业采取环保措施或者减少污染严重的产品的生产，等等。[③] 正因为如此，政治学中将以征税为核心的财政汲取能力看作衡量政府行动和治理能力的一个重要指标。二是在于政府的禁止力。政府能够禁止某些经济行为。除非一个企业能够得到国家的特许权，否则就不能禁止其他企业进入某一商业领域。通常只有政府才有这种禁止力。三是在于政府的惩罚力。现行的法律制度安排对于合同种类有许多限制，尤其是对违反合同的行为所应受到的惩罚种类有许多限制。经济主体所应该承担的损失数量由于有限责任而受到了限制。实际上，除了有限责任之外，破产法也为此提供了另一种界限。因此，与私人之间的合约相比，政府能够执行更为严厉的惩罚（如对排污企业的惩罚[④]）。四是在于政府更能节约交易成

① 查尔斯·沃尔夫：《市场或政府——权衡两种不完善的选择/兰德公司的一项研究》，谢旭译，北京：中国发展出版社，1994年，第15页。

② 斯蒂格利茨：《政府为什么干预经济：政府在市场经济中的角色》，郑秉文译，北京：中国物资出版社，1998年，第45～48页。

③ 斯蒂格利茨：《政府为什么干预经济：政府在市场经济中的角色》，郑秉文译，北京：中国物资出版社，1998年，第74～77页。

④ 此处内容为作者所加，原文中并没有这一内容。

本。在解决某些市场失灵的时候，政府在交易成本方面占据一定的优势，如节约组织成本、避免“搭便车”行为的产生、通过直接或间接提供公共信息，能够减少信息不对称所带来的交易成本。

可见，政府规制通过政府所具有的、企业所不可企及的优势——命令和控制来实现公众对环境保护这种公共需求的满足。然而，政府干预市场活动的行为并不一定都是有效的。也就是说，尽管市场失灵的存在需要政府干预，但是这并不意味着政府一定不失灵。政府规制的实施也许会带来比较高的行政成本；制定和执行规制政策还能够带来收入再分配效应，甚至还会影响资源的配置效率；另外，规制者的规制行为有时是在信息不对称的条件下实施的，规制者也不可避免地存在“有限理性”。因此，规制者的决策也会出现偏差。正如默里·L·韦登鲍姆所说的那样：“在公共部门的反应中，机能不全或‘失灵’的可能性甚至会更大。或正如门外汉可以确切说的那样，治疗可能比疾病更糟。”[①]因而，诸多原因导致了政府规制在某些情况下也可能是次优选择，也可能会失败。主要的表现就是“规制俘获”问题。[②]

2.政府“规制俘获”的存在

根据规制俘获理论可知，某些特定利益集团的部分收益来源于政府规制的实施。政府规制机构并非代表一般社会公众的利益，而仅仅代表某些特殊利益集团的利益。作为一种制度性安排，政府规制的出现就是为了满足某产业的需要，并且规制的设计和实施就是为该产业的利益而服务的。产业往往会自己争取政府的规制，这样被规制者便可以通过与规制者建立各种各样的联系，以及对规制者施加持续的压力，从而使得规制者采取合作甚至顺从的态度来对待被规制者。规制者与被规制者之间的这种特殊又微妙的关系，加之规制者手中所拥有的“自由裁量权”，使得“寻租”成为可能。寻租行为使得寻租者个人收益增加，却在损害整个社会的净收益，这样终将会破坏经济发展的动力结构。如此一来，政府的规制便作为经济系统中的一个内生变量而存在。政府规制就好比一件特殊的商品，人们可以根据供求关系，来推断规制仅仅代表某些特殊利益集团的利益，并不是一般社会公众的社会利益。

---

① 默里·L·韦登鲍姆：《全球市场中的企业与政府》，张兆安译，上海：上海三联书店、上海人民出版社，2002年，第44页。

② 政府规制失灵有多种表现形式，基于本书的研究目的，此处重点论述的是“规制俘获”问题。

同企业社会责任相关联的法律、法规的制定，是包括企业、政府、多个利益相关者在内的多方讨价还价的结果。企业集团作为相对的小规模组织，其行动有着较强的内聚力，而且企业在向政府传递信息的时候，存在着严重的机会主义倾向，也就是说企业所透露的信息是不完整的或者是歪曲的，而且企业还会故意歪曲、误导、掩盖或者混淆自身所传递的信息。[①] 这样，政府便处于严重的信息劣势，政府的有限理性使得企业行为能够较大地影响政府的决策，继而便会出现“政府俘获”现象，致使政府环境规制困局的出现具体表现为以下几个方面。

一是逆向选择和道德风险的困局。逆向选择指的是在信息不完备的情况下，接收合约的一方一般拥有“私人信息”，并且利用对方处于信息劣势的情况，使最终博弈或者交易的结果偏离处于信息劣势一方的意愿。也就是说，逆向选择是交易一方在签约之前就故意隐瞒信息的一种机会主义行为。逆向选择会导致资源配置效率偏离帕累托最优。道德风险指的是交易合同达成后，交易一方在实现自身效益最大化的同时作出不利于另一方的行动。由于信息不对称，为对方带来损失的经济行为者并不能受到相应的惩罚，也无法完全承担自身的经济行为所带来的全部后果，这便会造成资源配置效率的下降。在政府环境治理过程中，地方政府和中央政府之间由于利益目标的差异性和信息的不对称性，便会产生逆向选择和道德风险问题。地方政府不仅具有双向代理的身份，而且具有自己相对独立的经济利益，在中央政府和地方政府的博弈过程中也具有信息优势。因此，在环境治理过程中，地方政府有可能利用自己对当地情况比较了解的信息优势，使各项规制政策的制定和执行都倾向于符合自身利益最大化的方向发展，而偏离中央政府实现整体环境利益的方向。二是“搭便车”行为的困局。所谓“搭便车”指的是经济主体可以无偿地享受自己未付出成本的经济收益。“搭便车”行为也是地方政府之间比较容易产生的一种机会主义行为。在环境治理过程中，地方政府虽然有各自的经济利益追求，但是环境治理带来的环境利益是可以共享的，尤其是对于相邻辖区的地方政府而言，“搭便车”行为更是普遍。在这种情况下，地方政府便没有充足的动力和积极性去参与环境治理。三是寻租和设租的困局。寻租指的是利用较低的贿赂成本来获取较高的经济收益，主要表现为权力上的“弱者”用金钱

---

① Oliver E. Williamson, *The Economic Institutions of Capitalism: Firms, Markets, Relational Contracting* (New York: Free Press, 1985), pp. 47～48.

向权力上的“强者”实施贿赂，从而获取自身的非分收益。设租指的是政府官员主动利用自身所拥有的政治权力获取非法收益，主要表现在权力上的“强者”用自身的职务便利向权力上的“弱者”索要贿赂。环境敏感型企业为了让地方政府或者地方政府的相关行政人员对自己的排污行为放松管理，便会有足够的动力对地方政府及其官员给予一定的经济利益。负责环境监测的相关行政官员为了获取一定的“租金”也会向企业提供虚假的监测结果，最终环境敏感型企业能够逃避由于自身的排污行为所需承担的巨大成本。四是加大环境污染处罚力度的困局。如若在提高政府发现环境污染行为概率的前提下，加大对环境敏感型企业的污染行为处罚力度不失为一种有效的制度。但是，当发现环境污染行为的概率较低时，只是单纯地加大污染行为处罚力度的效果便会受到质疑，尤其是当出现群体性环境污染事件时，加大处罚力度通常与法不责众的监管执行难题相冲突。五是转变监管模式，鼓励多方参与监管的困局。首先，转变监管模式，多方有效参与的前提是有效的信息披露，发现概率低本身就限制了第三方参与的有效性。其次，企业与政府之间存在双边机会主义，多方参与的利益相关者之间同样存在双边或多边机会主义，企业和政府需要治理，社会公众、媒体、行业组织等第三方参与者同样也需要治理。再次，多主体参与社会治理意味着多种利益并存，如何降低多主体参与的社会协调成本，使多种利益间冲突的成本小于利益协调创造的协同效应，其中存在诸多的不确定性。六是加大监管问责力度的困局。尽管国家已加大了对环境监管职罪的处罚力度，但现实中对企业生产经济活动的每个环节监管都有可能出现监管渎职问题，因而面临查处渎职行为发现难、取证难、认定难和成案难的困境，导致难以追究环境监管渎职罪的刑责。同时，一般而言，有效问责的前提依然是政府发现企业污染违规行为的概率足够高，概率极低时要求准确问责是难以操作的。

（三）政府环境规制与企业社会责任的耦合

社会责任的履行一向被视为企业自身的职责，归属于企业内部的管理体系。然而，企业的发展和运作并不是孤立的，而是在一定的社会环境中开展的。同时，由于自身的基本性质所致，企业也不可能完全自发地承担社会责任。企业为了实现自身的经济目的，甚至还会作出损害社会利益的行为。鉴于此，作为社会管理者的政府，理所应当介入企业的生产经营活动，在一定程度上规制企业的行为，以便规范企业的行为，促使其能够承担所应承担的社会责任，使企业的行为能够符合社会利益的要求。因此，企业社会责任的履行还需要政府的监管，以保障公众对于良好生态环境需求的满足。然而，政府环境规制的实施主体又天然地具有有限理性，其行为会受制于一定的知识约束，最突出的就是对信息的掌握和对企业行为的认知上，因此规制俘获现象的出现也就在所难免。

可见，虽然在解决环境保护问题的过程中，政府和企业是缺一不可的：没有企业的主动参与，政府规制的成本将会很高，甚至不能得到有效实施；若没有政府规制的约束，在天然逐利性的作用下，企业社会责任必然会让位于利润最大化，或成为企业追求经济利益的工具。但是环境保护问题的解决，仅靠政府或者企业单方面的治理都是远远不够的，需要政府与企业的共同参与。在此过程中，政府与企业之间并不是非此即彼、相互替代的关系，二者之间也不是相互独立、互不干预的关系。政府环境规制与企业社会责任二者之间需要实现耦合。只有政府、企业共同承担起相应的责任，并形成良性互动，产生较强的耦合效应，才能有效解决社会公众的食品安全问题，才能促进社会的和谐发展。

耦合(Coupling)，作为一个科技名词，在通信工程、软件工程、机械工程等中都有所应用。所谓耦合指的是两个或两个以上的电路元件或电网络的输入与输出之间存在紧密配合与相互影响，并通过相互作用从一侧向另一侧传输能量的现象。概括地说，耦合就是指两个或两个以上的实体相互依赖于对方的一个量度。如果我们将耦合的概念泛化，便可将其理解为：两个或者两个以上的体系或运动形式，通过各种相互作用而彼此影响，以至联合起来的现象。耦合是在各个子系统之间的良性互动过程中，相互依赖、相互协调、相互促进的动态关联关系。在不同的子系统中，通过各自的耦合子系统，产生相互作用，并彼此相互影响，这种现象关系就被称为“耦合关系”。类似地，我们在解决环境保护问题的过程中，可以通过政府环境规制与企业社会责任之间的相互作用、相互影响，实现二者的耦合，最终通过二者的联合力量实现生态环境的有效治理。

耦合效应(Coupling Induction)，也称“互动效应”“联动效应”。通常人们将群体中两个或两个以上的个体，通过相互作用而彼此影响，从而联合起来产生增力的现象称为“耦合效应”。在公共事务的治理过程中，不仅存在我们通常所了解的政府规制对企业等市场主体的影响，而且还存在市场主体对政府行为的影响。正如舒尔茨所言，我们总是考虑由公共领域来干预私有领域，而不是相反。因此，我们不仅要利用政府规制对企业等的约束作用，还要将市场因素融入公共领域之中，这样可以充分利用政府规制与企业社会责任之间所产生的耦合效应，通过政府、企业与社会之间的相互作用、彼此影响，进而产生联合增力，最终对彼此的发展产生推动作用。

可见，解决环境保护问题，需要全社会的关注，需要多方主体共同参与，既需要规范企业行为，又需要强化政府环境规制。一方面，需要强调企业的社会责任，依靠企业行为的主动自我调适来实现。企业作为一种利益性存在和契约性存在，承担着企业公民的角色。因此，企业只有承担相应的社会责任，方能在社会中获得生存和发展；另一方面，还需要政府实施环境规制，通过政府对命令与控制权的运用，对企业行为施加外在的强制性约束。

企业社会责任的本质是通过利益相关者之间的相互合作来实现利益相关者的优势互补，是一种合作机制。履行企业社会责任的目标在于提高企业利益相关者的福利水平；政府规制调节的是企业、员工、消费者与社会公众之间的利益关系。可见，政府环境规制与企业社会责任二者的预期目标存在一致性。而且政府与企业可以实现优势互补。政府拥有企业不具有的比较优势，即外在强制性约束集的供给，而企业拥有政府所不具有的信息优势。在实际问题的解决过程中，单靠政府外在强制约束集的运用或企业自身行为的主动调适，都不可能实现问题的完全解决。一方面，政府环境规制的有效运行需要利用企业具有的信息优势，即需要企业的配合；另一方面，为了实现政府环境规制与企业社会责任耦合的正向效应，需要在政府提供有效的制度安排的基础上，实现企业行为的主动自我调适。

总之，保障良好生态环境的供给，从企业的角度来看，是企业社会责任的内在要求；从政府的角度来看，又是政府规制的一项基本内容。同时，环境保护也是现代社会的一种公共需求，对环境实施的规制也是一种公共产品，需要企业、政府的博弈合作来实现。企业主动履行社会责任，以实现企业自治，强调的是企业的自主，并尽量减少外界对企业的干预；政府规制更多地强调政府干预经济的合法性与有效性。从表面上来看，二者好像是不可调和的。然而，从事实判断的角度来看，政府干预经济与企业社会责任和自由企业制度也并非水火不容。尽管它们在理论上存在着相左的特质，但在当代各国的现实却是另外一幅景观——它们和谐共存在市场经济体制中，共同维持现代市场经济的稳定健康发展；从价值判断的角度来看，国家干预并不意味着一定要把企业管死，自由企业制度也不意味着绝对的自由。[①] 因此，在现代市场经济中，面对着复杂的形势，若要有效地实现生态环境的治理，需要企业自治与政府规制的有机结合，需要实现政府环境规制与企业社会责任的耦合。正如 Davis & Blomstrom 所认为的那样："企业和政府越来越相互分担对广大的社会问题的责任……政府与企业之间的许多关系在于立法方面，其他则是在对企业的帮助上……政府通过两种形式介入企业，一是提供帮助，一是进行制约……而企业需要政府参与解决社会问题。"[②]

与此同时，企业社会责任与政府环境规制在一定程度上存在相互促进的作用。一方面，保护环境是企业社会责任所关注的一项核心内容，企业环境责任的有效履行，在一定程度上将会增加企业在环境治理方面的投入，客观上有利于环境保护的实现；另一方面，政府环境规制的实施对于企业而言是一种外在约束，如果企业实施了污染环境的行为，政府将会运用强有力的行政手段对其进行相应的惩处，这种惩处会给企业带来显性的经济损失和隐性的声誉损失，即对企业的惩处将会影响企业的声誉，从而为企业带来一定的损失。如果政府的惩处为企业所带来的双重损失足够大，企业必将选择履行自身的环境责任，这也在客观上推动了企业社会责任的履行。

企业社会责任在环境规制上的体现主要有：企业建立环境管理体系、加入国际环境标准认证、直接面对环境审查、采取全面的环境质量管理。企业通过将环境因素纳入生产而实现在环境污染上的自我规制。企业改进自身的环境政策，培训员工寻求降低污染的途径，在其他地区设厂也保持较高的环境管理水平；与政府、非营利组织合作，参与治理污染的公共服务，在增进社会福祉的同时，提升企业声望，如企业参与流域生态保护工程的投资或者对流域污染处理提供技术和设备上的支持等；与环境保护组织组成环境公益事业的营销联盟，如将销售收入的一定比例以现金、食品和设备的形式捐赠给环境保护组织和环境教育项目等。

长期以来，企业社会责任被视为企业核心业务之外的事务，社会捐助

---

① 卢代富：《企业社会责任的经济学与法学分析》，北京：法律出版社，2002 年，第 208 页。

② Keith Davis and Robert L. Blomstrom, *Business and Its Environment* (New York: McGraw-Hill Book Company, 1966), pp. 185～204.

被视为纯粹的慈善，企业并没有将贡献社会的愿望与商业利益相结合。在环境问题上企业多是将环境容量作为一种低价甚至免费的生产投入品，被动地应对政府的环境规制，对污染这一生产副产品的社会危害认识不足。但如前所述企业经济行为与社会活动之间存在着紧密的互动关系，将包括环境保护在内的社会责任纳入企业的战略管理框架非常必要。20 世纪 80 年代以来，越来越多的企业逐步认识到慈善活动对公司长期的市场、人力资源、研发活动、投资战略等方面“价值增加”作用，企业慈善因此逐步从“纯粹”慈善向“战略性”的慈善活动转变。企业慈善活动的实践逐渐使其对自身所承担的社会责任有更为清楚的认识，注重提高其战略性慈善活动与政府、非营利部门和所在地整体发展战略的融合程度，成为企业公民。战略性慈善理念意味着企业的社会参与活动更具有主动性和方向性。主动性是指企业积极实现其公民责任，方向性是指企业对公民责任的表达越来越多地与企业的组织文化和经营活动联系在一起。诸如 IBM、Intel 这样的技术公司所制定的社会参与计划更多地投入在教育领域，而诸如 Nippon 钢铁公司的重工业企业则将其慈善捐赠更倾向于环境领域等。慈善捐助往往与企业的文化理念和市场营销活动结合在一起，从而树立更为积极和更为深刻的企业形象和企业品牌。从这个角度来看，企业作为营利组织与公民的角色是一致的。企业对公民角色的积极承担，意味着企业对外部环境各种影响因素的管理，由此来获得企业巩固和增加价值的能力。因此，在企业战略管理中，企业应该将企业社会责任的承担视为长期经营战略的一种投入，通过对企业外部环境关键要素的理解，建立具有方向性和持续性的社会参与。企业在社会公益领域的投资应该被视为支持企业价值链基础设施的一部分而受到重视；企业对社会责任的承担应该有系统而又有明确的发展计划和实施方案，对于企业的社会参与活动需要作为管理的必要内容加以考虑。这不仅有利于实现企业经济目标，更为重要的是，这一新的管理理念将企业的社会责任与经济责任结合在一起，有利于企业建立长期的组织文化和价值理念，提高其参与社会公益的效率与可持续性。对企业污染行为的规制可以采用规定生产技术的指令型方式，也可以采用排污收费的经济激励方式，还可以考虑结合企业的战略性慈善理念，建立一个更广泛的，包括企业各方利益相关者的政府规制与自愿规制相结合的规制方案，推进企业提高环境治理绩效。

然而，世界万物都有相对的限度，企业自治与政府规制也不例外，都需要控制在一定的范围之内。企业自治是有限自治，政府规制是适度规制，环境保护问题的解决，需要我们将企业有限自治与政府适度规制有机结合起来，实现优势互补，提高治理效率。一方面，政府规制的有效运行需要利用企业所具有的信息优势，即需要企业的配合；另一方面，为了实现政府规制与企业社会责任耦合的正向效应，需要在政府提供有效的制度安排的基础上，实现企业行为的主动自我调适。

三、黄河中下游地区政府环境规制与企业社会责任耦合的制度逻辑①

政府环境规制与企业社会责任的耦合，既不能依靠政府强制力搞“拉郎配”，也须避免出现“政企不分”的状况。因此，只有构建完善的制度基础，才能真正实现二者的耦合。本书以自组织为理论基础，借助于嵌套式规则体系，并兼顾耦合的制度环境，分析政府环境规制与企业社会责任耦合的制度基础。

（一）耦合的理论基础：自组织

Elinor Ostrom 凭借在公共池塘资源自组织理论方面的卓越贡献，被授予 2009 年诺贝尔经济学奖。针对只有政府层级治理和市场私有化可以解决公共池塘资源问题的观点，②Ostrom 提出了自组织治理制度作为第三种解决思路。自组织是指资源使用者或地方社群基于关系和信任自愿结合，为管理集体行动自己制定规章制度、自主治理与自主监督的活动。

与层级治理和市场机制相比，自组织可以更好地解决集体行动带来的社会困局，其实现路径主要通过在资源使用者或社群内部建立互惠机制、声誉机制和信任机制，从而解决理性个体短期自利行为的诱惑问题。一般地，影响自组织成功构建的内部变量包括参与者数量、群体异质性、群体对公共物品的依赖程度、群体共同理解、集体利益总体规模、群体中个体对集体物品的贡献程度等，外部变量包括制定规章制度的自治权和外部政治制度，主要由地方政治机构决定。自组织通过社会资本形成信任机制、互惠机制及声誉机制，推动自主治理与自我监督。

当前，学术界主要从关系、结构和认知三个视角来探讨社会资本。其

① 该处内容部分参考樊慧玲：《政府食品安全规制与企业社会责任的耦合研究》，东北财经大学博士学位论文，2012 年，第 35 页，内容有适当更改。

② Mancur Olson. *The Logic of Collective Action*: *Public Goods and the Theory of Groups* [M]. Cambridge: Harvard University Press. 1965.

中,关系视角认为,关系的性质、来源与强度决定了人际间社会资本的强弱,最终影响群体内合作意愿是否产生。结构视角认为,不同结构的社会网络影响群体间社会资本,如公共服务领域广泛的社会参与可以形成开放式社会资本,提升公共服务质量。认知视角主要探究,群体内共同的记忆、相互认同,以及共享相同的规范对社会资本的影响。此外,社会资本还通过产生信任以增强群体实现集体行动的可能性。

在获取社会资本后,组织学习帮助社群组织理解多主体、多层次的复杂情境下制度变迁机制。这里的组织学习主要以应用性学习的形式出现,通过对资源管理制度和约束边界进行整体性回顾,推动社群主体进行制度构建。因此,对于不同利益群体共同开发和维护公共池塘资源具有非常重要的作用。

在组织学习结束后,社会主体获取充足信息进行制度变迁的下一个环节,即通过规则谈判对集体行动目标进行磋商,讨论如何实现既定目标,以及如何将计划转化为实际行动。然而,现实中规则的制定过程面临各种不确定性,许多规则在缺乏全面认知的情况下进行选择,可能导致自组织构建难以实施而失败(Ostrom,1990)。

自组织构建在本质上是一种渐进性的制度变迁过程,在追求自主治理目标过程中,组织逐渐改变制度结构。其中,干中学是一种有效的解决策略。与组织学习环节以应用性学习为主不同,这里,干中学是指组织经过主体间重复互动,获取某项特定技能并顺利推动组织运作的流程。

(二)耦合的制度性分析框架:嵌套式规则体系

政府规制与企业社会责任耦合的实现,一方面,要避免政府强制力的介入以实现强行结合;另一方面,还要避免政企不分现象的出现。耦合的实现需要完善的制度基础的构建,只有在一个制度性分析框架①下,政府规制与企业社会责任方能实现真正的耦合。因为规则框架会与法律条文相关,并受其支持,所以规则条文便会规定各个参与者的权力和权限。而且,参与者的行为也往往发生于一定的规则框架内。同时,该规则框架也为行为方向提供指导,为行为评价提供理性基础,以此来保证参与者行为

① 框架的作用在于选择、组织、解释和阐明复杂的现实,以便为了解、分析、说明和行动提供指导原则,我们可以将框架看作一幅透视图,可以从中看清不定型、不明确、令人困惑的形势,并据此采取一定的行动。

的可控性。基于此，本书认为嵌套式规则体系[①](Nested Institution)便可作为一种可行性选择，在此制度性分析框架下分析政府社会性规制与企业社会责任的耦合问题。

1. 何谓嵌套式规则体系

“嵌套”，从字面上来看，是“嵌入并套在一起”的意思。嵌套最初是作为计算机语言使用的，可以被理解为“镶嵌、套用”的意思，在已有的表格、图层、图像或函数中再加进去一个或多个表格、图层、图像或者函数，这种方法便可称为“嵌套”。伴随着研究领域的扩展，嵌套逐渐被引入社会科学研究之中，“嵌套式”这个词在社会成员身份构建中的应用非常广泛。政府、组织或个体等社会成员都不同程度地被整合到拥有多个层次的制度框架中，并且每一个主体都有自己的行为准则和价值观。但是，组织或个体被“集成”的程度越高，它们自行决定自己的偏好及政策的自主性也就越差，因为不同层次行为主体的选择结果会相互产生影响。影响不同层次行为主体的行动规则便具有了“嵌套式”特征。

嵌套式规则这一分析框架，最初隐含于托克维尔《论美国的民主》的分析方法中。托克维尔在其早期著作中，采用“分析层次”一词来指操作选择过程、集体选择过程与立宪选择过程。他在逐步确立这一分析框架的过程中，特别强调个体和群体在操作选择、集体选择和立宪选择过程中所面临的总体行动的情境。[②] 在操作层次，采取具体行动的是受到最直接影响的个体，其中包括政府官员。这些个体行动的结果直接影响着外界。在操作选择过程中，界定和约束单个公民和官员活动的规则，是由发生在集体行动层次的过程所确立的，而修改这些规则是由立宪选择层次确定的。在某些情况下，立宪选择会导致一部成文宪法的产生。但是更为普遍的情况是，社群首先发展非正式的共同理解，据此社群自行组织起来作出集体决策。这些共同理解是影响集体选择过程和操作层次活动的重要因素。这些非正式的共同理解在各个社会中都是会存在的，它们依靠的是非正式实施者，而不是依靠政府和国家权力机关。

如前所述，一个较高层次的结果决定了下一个“较低”层次中所进行的

---

① Nest, to fit closely inside another thing or each other, 意为:“(使)套入”。nested, 有人将其译为“嵌套性”，但是笔者认为，不同层次的规则，一层套一层，呈现一种相互嵌套的形式，故本书将 nested 译为“嵌套式”。

② 迈克尔·麦金尼斯、文森特·奥斯特罗姆:《民主变革:从为民主而奋斗走向自主治理(上)》，李梅译，载《北京行政学院学报》，2001 年第 3 期，第 90～96 页。

博弈性质。也就是说，立宪选择过程中的决定决定了组织进行互动的过程。同样，集体层次的选择对操作权利和特定行为者的责任进行具体说明。最后，个体(或者集体行动者)具体的行动是在可能的范围内进行选择的。这一系列互动的结果会影响外界。因此，立宪层次和集体层次的选择结果会影响操作层次上的个体必须做什么和必须不做什么。也就是说，所有的规则都被纳入了如何改变该套规则的另一套规则之中。[①] 不同层次上规则的嵌套与不同级别计算机语言的嵌套是相同的，在较高的层次上能完成什么工作，是由该层次上的软件(规则)能力和局限所决定的，也取决于更高层次上的软件(规则)。[②]

在三个选择层次中都存在这样一种共同的分析：在每一个层次中，个体和集体所作出的选择局限于某一范围内比较大的策略选择方案。行动者会面临一个行动的情境，在该情境与较高分析层次的互动过程中，确定策略选择方案和行动预期。在每一个层次中，行动者的选择一起产生互动模式和结果，而这决定了其他层次互动的性质(尤其是与较低层次相关的互动)。各个层次以复杂的，但可被理解的方式相互影响。

简而言之，通过界定个体和集体行为者所应该扮演的角色，嵌套式规则体系把各个选择层次联系起来。如果以这种方式来认识政治规则，那么，在任何一个特定的应用中都会涉及这三个选择层次(或者称为“中心”)。“多中心”一词恰当地表达了交叠在一起的，并且相互关联的选择层次框架。

迈克尔·波兰尼首先是在《自由的逻辑》中使用“多中心”一词，与自发秩序是同义的。[③] 在迈克尔·麦金尼斯眼中，多中心组织已经被界定为一种组织模式，在这种组织模式中许多独立的要素可以相互调适，各种要素在一个一般的规则体系内规制相互之间的关系。[④] 在文森特·奥斯特罗姆看来，“多中心”强调的是，各个参与者之间的互动过程与能动地创立治

---

① 这便是海克桑所建构的一系列嵌套的博弈。转引自埃莉诺·奥斯特罗姆：《公共事务的治理之道：集体行动制度的演进》，余逊达等译，上海：上海三联书店，2000 年，第 83 页。

② 埃莉诺·奥斯特罗姆：《公共事务的治理之道：集体行动制度的演进》，余逊达等译，上海：上海三联书店，2000 年，第 83～84 页。

③ 迈克尔·麦金尼斯编著：《多中心体制与地方公共经济》，毛寿龙译，上海：上海三联书店，2000 年，第 2～3 页。

④ 迈克尔·麦金尼斯：《多中心治道与发展》，毛寿龙译，上海：上海三联书店，2000 年，第 95 页。

理规则和治理形态。[1] 从这一角度看,“多中心”这一概念正是体现了合作治理这一新型治理模式的核心观点和本质特征。因此,嵌套式规则体系为合作治理模式奠定了制度基础,也为政府规制与企业社会责任的耦合提供了一个制度性分析框架。

2.作为制度性分析框架的嵌套式规则体系

根据前面的分析,嵌套式规则体系一般包括三个不同层次的规则体系:宪法选择规则、集体选择规则和执行规则,各主体行为分别发生在三个层次中,不同层次的规则体系又具有一定的“嵌套”性质,一个层次行动规则的变动受制于更高层次的规则,所有层次一起构成了嵌套式规则体系。具体到政府规制与企业社会责任的耦合研究中,参与者包括政府(包括中央政府和地方政府)、企业、公民社会组织及其他相关主体。其中,宪法层次规则供给者是政府(即政府规制的法律化);集体选择规则受宪法规则制约,是在政府指导下由企业作出履行社会责任的规则体系;操作规则受到集体选择规则的制约,是企业履行社会责任、政府实施规制、公民社会组织进行监督及信息传递所采用的具体规则。一般而言,宪法层次的规则最为稳定并处于整个规则体系的核心,其他主体在宪法规则的限制内行动,形成集体选择规则,激励下一层决策主体的集体行动,即本层决策者在上一层规则制约下集体行动产生本层规则,依次递推,本层的规则不仅制约下一层决策者的行动,也制约下一层的规则,通过评估下一层行动规则的实践效果,本层也会对其规则体系作出调整,进而新一轮的互动又会开始,周而复始。因此,嵌套式规则体系既保证了宪法选择规则的权威性,又考虑到了行为主体的能动性,从根本上实现了操作规则的灵活性和多样性,可从制度上保证政府规制与企业社会责任的有效耦合。

3.耦合的制度环境

斯科特认为,制度是一套或多或少达成共识的行动规则,它具有意义并制约着集体的行动。在任何充分发展的制度体系中,都存在着认知要素、规范要素和管理要素,它们之间相互作用,促进和维持有序的行为。[2]进而认为,从广义上来讲,制度环境包括:社会组织所赖以生存的法律制

---

① 文森特·奥斯特罗姆、帕克斯、惠特克:《公共服务的制度建构——都市警察服务的制度结构》,宋全喜、任睿译,上海:上海三联书店,2000年,第11~12页。

② 斯格特:《组织理论:理性、自然和开放系统》,黄洋等译,北京:华夏出版社,2002年,第124页。

度、社会规范、文化观念等。其中,最为重要的是共享观念与社会规范,它们也是稳定社会生活并使其秩序化运行的重要支撑,也是被广泛接受的符号体系,具有广泛的共同意义。[①] 通常情况下一个社会的制度环境被分为两大类:软制度环境和硬制度环境。硬制度中最为重要的制度有经济制度、政治制度与法律制度。软制度主要包括社会文化、习俗与道德规范。如果我们进一步对上述分类进行细分,政治制度一般会内化于法律制度之中,文化及习俗一般会内化于道德规范之中。因此,我们就可以说一个社会最基本的制度环境体系包括经济制度、法律制度与道德规范。政府规制与企业社会责任的耦合,不仅需要嵌套式规则体系作为一种制度性分析框架,而且在这一分析框架下,同样需要营造二者耦合的制度环境。基于上述分析,本书主要从经济、法律与道德三个方面来分析实现二者耦合的制度环境。与嵌套式规则体系中分析的三个层次相对应,经济环境的分析主要是从企业角度分析的,法律环境的分析主要是从政府角度分析的,道德环境的分析主要是从社会角度分析的。

(1)经济环境分析

企业是现代市场经济运行的基本组织形式,而且政府规制的主要对象是企业,实施社会责任的主要主体还是企业。因此,本书对于耦合经济环境的分析主要是从企业制度切入的。企业制度的核心特征又是企业的治理结构,对经济环境的分析主要是从的治理结构展开的。法人治理结构是现代企业制度的组织架构中最重要的一部分,又被称为"公司治理"(Corporate Governance)。从狭义上讲,公司治理指的是公司的董事、股东、监事、经理层之间的关系;从广义上来讲,公司治理还要包括诸如员工、消费者等之间的关系。

西方的公司治理模式主要包括两大类:英美公司治理模式和日本欧洲大陆公司治理模式。英美公司治理模式通常较为重视个人主义的思想,认为在企业内部的组织都是以平等的个人契约作为基础的。股份有限公司制度中存在这样一种逻辑:股东拥有企业剩余利益的要求权,股东还要承担经营风险,当然也被赋予一定的企业支配权,企业要在股东的治理之下运营。因此,英美模式又被称为"股东模式",即公司的目标就是股东的利益最大化。

---

① 斯格特:《组织理论:理性、自然和开放系统》,黄洋等译,北京:华夏出版社,2002 年,第 125 页。

日本欧洲大陆公司治理模式通常比较尊重人性，在企业的经营过程中，也比较重视劳资关系的协调。在现代市场经济条件下，日本欧洲大陆公司治理模式下的企业所追求的并不是股东利益的最大化。该模式认为，企业就是一系列契约的总和，其中包括企业的所有者、经营者、员工、消费者、供应商等多方的利益相关者。多方利益相关者共同决定了企业的效率。因而，企业为了实现效率，不仅需要关注股东的利益，还不能忽略其他相关利益者的利益。从这个意义上说，该模式又被称为"共同治理模式"。

当然，在现代市场经济条件下，一个成功的公司治理模式并不仅仅局限于"股东治理"或者"共同治理"，而是需要综合吸收二者的优点，并结合自身的现实环境，不断地进行修正与优化。在这样一种大的经济环境下，企业构建现代公司治理结构，就要求企业不仅需要关注股东的利益，还需要考虑多方利益相关者的利益，也就是说企业需要践行社会责任。

(2)法律环境分析

通过立法的手段来加强企业社会责任是推动企业履行社会责任的核心内容，完善的企业社会责任方面的法律、政策对规范并促进企业践行社会责任起着非常关键的作用。政府便是较为完善的法律、法规、政策的供给者。因此，对政府规制与企业社会责任耦合法律环境的分析主要是从政府行为切入的。

如前所述，因为企业在履行社会责任的过程中会存在自然流失现象，所以政府规制必不可少。在政府规制与企业社会责任耦合的过程中，政府作为社会责任的规制者，政府的规制作用主要表现在宏观层面的引导与微观层面的直接规制两个方面。宏观层面的引导主要从宏观层面对企业社会责任的发展方向及其所处层次加以规范，确保企业社会责任沿着正确的轨道运行。具体而言，就是通过政府的制度安排，建立健全法律、法规体系，为企业履行社会责任圈定一个法律许可的框架，进而为企业社会责任的实现从制度上提供保障。以美国为例，美国是当前世界上制定企业社会责任规则最完善的国家之一。近几十年来，国家不断开展各种形式的立法，涉及产品安全、消费者保护、环境保护等诸多方面。微观层面的直接规制，一方面指的是政府可以利用其权威的广泛性与规制手段的强制性来实施规制；另一方面指的是政府可以通过运用经济手段，设立激励性政策，对企业实施正向激励与负向激励相结合的规制，从而更好地引导企业履行自身的社会责任。无论是从宏观层面还是从微观层面，政府均可以通过命令与控制权的运用来为政府规制与企业社会责任的耦合营造一定的法律制度环境。

(3)道德规范分析

企业社会责任的核心就是道德要求,但是很难明确地提出非常严格的道德底线。企业社会责任的履行依靠的是企业的自觉意识。但是企业的自觉意识并不是自然形成的,需要相应的社会道德氛围。如果社会中缺少这种氛围,违背道德规范的行为将不会得到应有的谴责,也不会感受到来自社会舆论的强大压力。因此,在企业履行社会责任的过程中,社会道德的环境基础是必不可少的。社会道德环境的构建又与社会中的非政府组织作用密不可分。因此,对政府规制与企业社会责任耦合道德环境的分析主要是从非政府组织切入的。

伴随着市场经济的不断发展,政府的职能也在进行相应的变革,逐渐从"全能政府"向"有限政府"转变。在政府职能转变的过程中,不可避免地会出现很多社会管理的"真空"地带,非政府组织恰好可以在这些真空地带有所作为。由于非政府组织具有组织弹性和功能自发性,对社会大众的需求较为敏感,能够从社会公众的参与及实践中,察觉到社会脉动的核心。非政府组织还可以突破政府所受到的资源与价值的限制,可以在企业与社会之间建立起沟通平台和磋商机制。由于非政府组织的上述功能,非政府组织能够很好地深入社会,与社会公众产生千丝万缕的联系,各种形式的非政府组织往往能够发起各种形式的社会运动,在发起社会运动的过程中,能够将体现社会公众利益的共同价值观确立为社会道德规范,而且企业需要遵循这种道德规范。这一过程的运作机理可以这样理解:首先是由社会公众的共同利益来推动共同的价值观的形成,继而推动非政府组织的社会运动,同时形成社会压力集团,并利用这种压力对企业产生可置信的威胁,或者帮助企业获得现实的收益,从而能够在事实上对企业利益的实现产生影响。在这一过程中,企业通过一定的机制设计将其履行社会责任的外在约束内化为企业的自发行为。唯有如此,真正意义上的企业社会责任才会产生。

第二节 国内外相关研究的学术史梳理及研究动态

一、国内外相关研究的学术史梳理

(一)流域生态环境治理的相关研究

流域环境治理由于其自身的跨区域特征,导致我国环境治理存在一定风险和低效问题(杜健勋、廖彩舜,2021;曾文慧,2008),而且地方政府之间的利益博弈还会影响区域生态安全,而跨区域环境治理中地方政府间的策略互动又会受到诸如财政分权、腐败、公众环保诉求等多种因素的影响(潘峰、西宝和王琳,2014;张华,2016;宋丽颖、杨潭,2016;刘小泉,2021),使得流域生态环境治理面临着主体困境、政治困境、考核机制困境及法律困境。流域生态环境治理问题的解决,可以构建跨区域生态环境治理联动共生体系(Siamak M、Armaghan A & Reza K,2015;汤学兵,2019),可以建立网络化治理机制(罗志高、杨继瑞,2019),可以采取政府与第三方合作的第三方治理模式(吕志奎,2017),以及政府、企业与社会公众共同参与的协商共治模式(奥斯特罗姆,2012;曹芳、肖建华,2016;朱喜群,2017;董珍,2018;王树义、赵小姣,2019)。在对当前黄河流域生态保护中流域生态系统失衡、条块分割及生态安全威胁等问题进行梳理的基础上(王金南,2020;崔晶等,2021),王金南等提出黄河流域治理可以通过"条块"相济、生态补偿等途径实现协同治理的思路(王金南,2020;崔晶等,2021;马军旗、乐章,2021;韩建民、牟杨,2021),金凤君等从不同角度提出未来黄河生态保护的政策建议。

(二)环境规制中利益相关主体间关系的相关研究

1. 针对环境规制主体间行为互动的相关研究

一是央地政府间的利益博弈分析。从演化博弈的视角,构建动态博弈模型,考察政府环境规制策略执行过程中,央地政府间的行为互动(罗丹,2021;潘峰,2020;姜珂、游达明,2016;王欢明、陈洋愉和李鹏,2017)。二是地方政府间的利益博弈分析。基于非合作博弈理论,研究不完全竞争市场下的地方政府环境决策行为;部分学者具体结合我国经济分权、政治集权的制度背景，对我国地方政府间的污染治理策略性博弈开展理论和实证研究。

2. 规制主体与客体间行为互动的相关研究

一是环境规制对企业行为的影响研究。不仅对各种环境规制工具进行了具体研究，而且还分析了不同的环境规制工具对企业行为的影响机制。进一步地，通过构建信息不对称条件下的动态博弈模型，不同学者论证了企业会采取不同的策略行为以应对不同的政策工具（孟凡生、韩冰，2017；骆海燕、屈小娥等，2020；冯莉、曹霞，2021）。二是环境规制中政府与企业的策略互动研究。不同学者对政府环境规制与企业环境治理的互动决策问题开展动态博弈分析（原毅军，2010；朱庆华等，2014；张华明、范映君，2017；罗丹，2021）。

3. 第三方对环境规制影响的相关研究

公众参与、社会团体的压力及媒体参与不仅能够弥补“政府干预”和“市场机制”的不足，促进企业遵守环境法律法规，而且能够降低政府的监管成本，减少地方政企合谋的倾向（游达明、杨金辉，2017；刘朝、赵志华，2017；宋民雪、刘德海，2021）。

（三）企业社会责任与政府关系的相关研究

1. 政府推进企业社会责任履行的相关研究

一是政府是企业社会责任推动者的相关研究。强化企业社会责任建设是政府社会治理的主要内容，政府会通过制定和完善一系列政策规章推进企业社会责任的履行（郑景丽、王喜虹等，2021），且政府已成为企业履行社会责任的推动者和合作者，政府的推动行为已经成为企业履行社会责任的最大动力，且可以通过环境倒逼、资源依赖、组织学习和主动作为等多种机制推动企业承担社会责任（沈奇泰松、蔡宁，2021）。二是影响企业社会责任推进的因素研究。要推动企业履行社会责任需要综合考虑多种因素，需建立政府、社会、企业三方之间的互动关系（许恒、郭正楠，2021）。其中，以公司法为主干的企业社会责任规制体系，以政府为主导的激励约束机制，以司法救济为中心的程序保障机制与企业经理对于政府规制程度的认知等均会对企业社会责任的履行产生直接的影响（Riliang Qu，2007；Campbell，2007；Hess，2008；陈晓珊，2021；刘建秋、杨艳华，2021）。因此，我国应当构建企业社会责任的多元治理机制，协同推进企业社会责任的实现（刁宇凡，2013；张世君，2017；肖红军；阳镇，2020）。

2.企业社会责任的履行对政府行为影响的相关研究

企业社会责任是企业参与社会治理的重要途径，不仅会影响政府公共政策的制定，而且可以提升环境规制的绩效，实现经济绩效与环境绩效的统一(林汉川、王莉等，2007)，且在推动可持续发展方面发挥着独特的作用。企业社会责任的履行可在不同层面弥合市场失灵和政府失灵(刘伟、满彩霞，2019)，然而只有实现企业环境责任和政府环境规制的多重交互，方能实现环境保护和企业发展的共赢(唐鹏程、杨树旺，2018)。

二、研究动态

综上所述，在政府环境规制和企业社会责任方面，现有研究已取得了丰富的成果，为本书研究的开展奠定了良好的理论基础。但无论是国外学者还是国内学者，大多是将政府环境规制和企业社会责任作为相对独立的两个问题进行研究。当然，讨论政府环境规制问题的时候，势必会涉及企业行为的研究；针对企业社会责任问题的研究，也都少不了涉及政府行为的讨论。而且，有些学者尝试性地将二者结合起来研究，但是，不管是理论分析，还是实证研究都不够深入。对环境保护问题的分析，既需要从政府规制的视角展开，又需要从企业社会责任的视角进行，需要将二者融合在一起来展开分析。可以说，在理论研究方面我们还需要有一定的突破。

但当前的学界研究总体上呈现“两多两少”的趋势：其一，对政府环境规制与企业社会责任二者关系的研究成果多，专门针对黄河流域的研究成果少。其二，对政府环境规制单向推动企业社会责任履行的研究成果多，对环境规制与企业社会责任之间双向影响的耦合研究少。本书立足于环境规制与企业社会责任耦合的视角，从黄河中下游地区经济规模大但环境承载能力弱的现实出发，运用动态博弈建模分析政府环境规制与企业社会责任的耦合关系，在对黄河中下游地区当前的耦合现状、困境及原因进行实证分析的基础上，探索推进政府环境规制与企业社会责任耦合的机制创新及政策选择。

第三节 研究方法与内容

一、研究方法

(一)质性研究法

本书采用逻辑分析中的因果关系研究范式,基于创新、协调、绿色、开放、共享的新发展理念,对黄河流域政府环境规制和企业社会责任进行理论溯源,并借助于概念、判断与推理的方法,从宏观上规划出最优的抽象演化框架。同时,本书通过对现有文献关于流域环境治理、环境规制中利益相关主体间关系、企业社会责任与政府关系相关研究的回顾和梳理,可为黄河中下游环境保护相关研究提供雄厚的研究基础。

(二)实证研究法

本书通过耦合度和耦合协调度模型对当前黄河中下游地区政府环境规制与企业社会责任耦合度和耦合协调度进行评估,并采用个体固定效应面板回归模型控制五省(自治区)的地区差异。同时,本书通过面板回归模型对政府环境规制与企业社会责任耦合的影响因素进行实证研究,以量化分析影响政府环境规制与企业社会责任耦合的核心因素。此外,在面板回归模型中,本书纳入更为完备的控制变量与存在一定调节效应的核心解释变量,使模型结果更具稳健性。

(三)数理分析法

为探究黄河中下游地区政府环境规制与企业社会责任耦合的逻辑关系,本书采用动态博弈理论进行数理逻辑分析,以评估黄河中下游五省(自治区)在政府环境治理和企业社会责任履行方面的动态协作机制。本书通过动态博弈,分析政府环境规制对企业的影响、企业环保行为对中央和地方政府影响的分析,能够明确政府环境规制与企业社会责任之间的耦合关系,使研究更具可信度。

二、内容安排

本书遵循"问题—原因—对策"的研究思路,具体展开可以归纳为"一条主线、三个问题、五个领域"。

"一条主线",指研究围绕"政府环境规制与企业社会责任的耦合"这条主线展开，贯穿本书研究活动的始终。

“三个问题”，即“是什么、为什么、怎么办”。具体而言，指围绕当前黄河中下游地区政府环境规制与企业社会责任耦合现状是什么、为什么出现该状况、怎么提升耦合效应三个问题对研究对象展开研究。

“五个领域”，即本课题研究的主体内容：(1)耦合现状评价；(2)耦合困境剖析；(3)影响耦合的因素分析；(4)推进耦合的机制创新；(5)保障耦合的政策建议。

具体思路展开如图 1-1 所示：

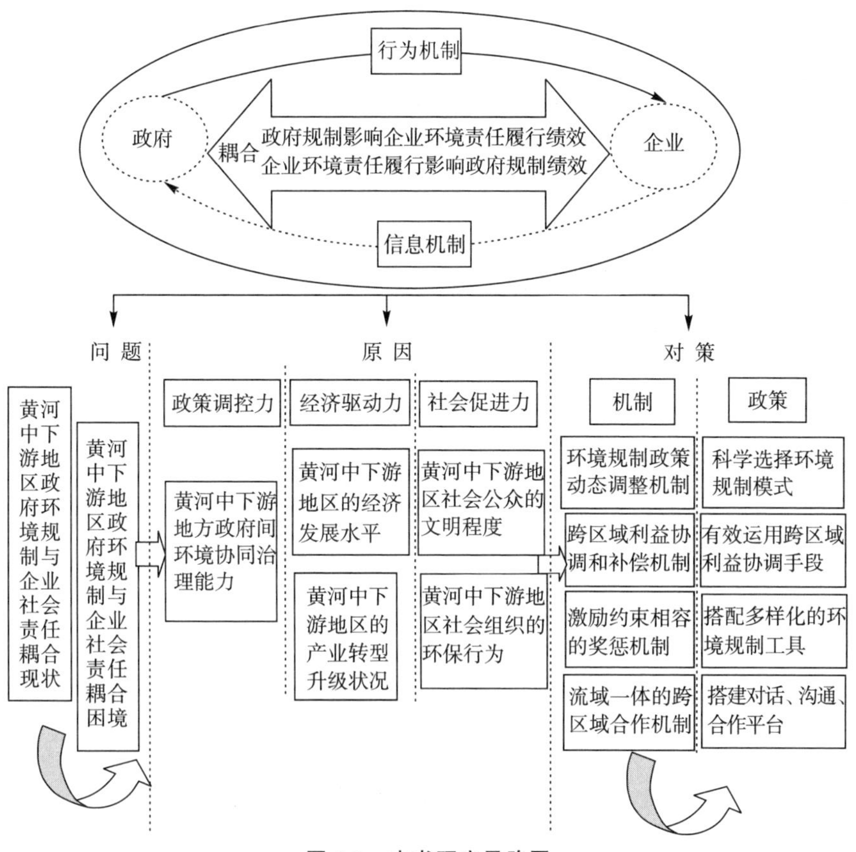

图 1-1 本书研究思路图

第二章 政府环境规制与企业社会责任耦合关系的理论解析

由于企业行为的外部性和内部性使得企业的社会责任与经济利益之间出现了冲突，收益内在化及成本的外化往往会导致企业社会责任的缺失。同时，由于存在信息偏差，社会公众对企业履行社会责任的意识尚未形成足够的约束，对于脱离价格机制之外的负外部性和负内部性，必须通过政府社会性规制使不履行社会责任的企业面临受到惩罚的可置信威胁，收敛企业的行为域，促使企业将承担社会责任作为一种自觉行动。企业作为现代经济社会的基础单元，是现代经济社会发展的支撑；社会为企业的生存与发展提供了环境与条件，企业与社会之间具有共生性与互动性。企业的长期生存有赖于其对社会的贡献与责任，与此同时，社会的和谐发展又有赖于企业的盈利和责任心。如若忽视社会问题，企业将无法实现可持续发展。为此，企业在追求自身利益最大化的同时，必须考虑自身的行为是否能够促进社会公众利益的提升，是否有利于经济社会的和谐与稳定。本章在分析政府环境规制与企业社会责任耦合协调发生机制的基础上，运用动态博弈的研究方法，分析利益相关主体间的相互影响，并运用经典的成本收益分析法测算环境治理中多元主体间的最优行为边界。

第一节 政府规制与企业社会责任耦合协调的发生机制

一、企业社会责任的履行影响政府绩效的提升机制[①]

政府绩效是指政府在社会管理活动中的结果、效益及其管理工作效率、效能，以及政府在行使其职能、实现其意志过程中体现出的管理能力。科学的政府绩效是一个以经济绩效、社会绩效、政治绩效、管理绩效和服务

---

① 该处内容部分参考樊慧玲：《政府食品安全规制与企业社会责任的耦合研究》，东北财经大学博士学位论文，2012年，第53页，内容有适当改动。

绩效为主要内容的复合概念。所谓政府绩效并不只是关注基于成本——收益效率的结果，还要关注包括政治稳定、社会发展、政府成本、政府效率与发展预期在内的综合性成本——收益结果。[①] 从这个意义上讲，政府绩效指的是，在投入特定成本的基础上，政府在服务质量、公众满意度、公共责任等方面所取得的效率及其所产生的影响。从内容上衡量，政府绩效不仅包括易于量化的、可预知的短期业绩，也包括难以量化的、影响周期较长的长期业绩；既包括与政府行为直接相关的任务绩效，也包括由政府行为结果引起的周边绩效。[②] 根据上述分析，我们可以认为，政府绩效主要是指政府的工作对经济、政治、社会等方面发展所产生的影响，以及政府的行为如何直接决定了政府绩效水平的高低。

政府由于自身的特殊地位及其所拥有的特殊优势，使得它在推进企业社会责任方面起着关键性的作用。当然，企业对社会责任的履行会直接影响政府治理目标的实现，同时政府行为也会受到一定的影响，政府行为又直接决定了政府绩效。因此，对有关企业社会责任对政府规制行为的影响这一问题的分析，本书主要是从政府绩效的角度切入的。企业社会责任的履行对政府绩效的影响主要体现在以下几个方面。

(一)企业社会责任的履行有利于功能性整合的实现

已有研究结果表明，从宏观层面来看，采取各项积极措施，为企业社会责任的履行创造良好的氛围，进而推进社会责任的履行，对于一个国家和地区的经济发展有着明显的正面作用。[③] 也可以说，企业社会责任的履行有利于社会整体功能性整合的实现。[④]

当然，企业社会责任的履行对企业绩效的影响，并不会立即在一国的宏观经济中反映出来。但是，如果企业能够履行社会责任，整个社会经济的运行状况就必定会得到改善，这继而必定会提升一国的整体竞争能力。因为：第一，在现代市场经济中，企业之间的竞争更倾向于企业“软实力”之间的较量。企业社会责任的履行更有利于公平的竞争环境的营造，更有助

---

① 王丹：《政府推进企业社会责任机制研究》，华东政法大学博士学位论文，2009 年，第 45 页。

② 李雪梅、徐小军：《当前我国地方政府绩效评估研究》，载《统计与决策》，2006 年第 1 期，第 68～69 页。

③ Simon Zadek, John Sabapathy, Helle Dossing and Tracey Swift, “Responsible Competitiveness: Corporate Responsibility Clusters in Action,” *The Copenhagen Centre & AccountAbility*, January 2003: 22.

④ 功能性整合是在市场引导下自发实现经济主体行为效率提升的一种自然整合。

于实现企业之间“软实力”的较量。第二，现代企业的治理，更为注重“以人为本”，更倾向于加强员工权益的保护和员工教育培训，这些方面也都是企业社会责任的内容。因此，企业社会责任的履行无疑会更有助于人本目标的实现。第三，现代市场经济中的企业决策，更为注重企业产品和服务的可持续性问题。可持续性问题也是企业履行社会责任所要关注的主要问题之一。企业社会责任的履行更有利于可持续发展目标的实现。第四，现代市场经济中法律法规的制定，更会注重社会责任标准的参考。企业对社会责任的履行，无疑会对企业行为的引导和制约起到更好的作用，能够更有效地规范企业行为。

因此，整个社会都要关注企业社会责任问题，都要为企业社会责任的履行营造良好的氛围，从而提升一国的整体竞争力。正如 Zadek & Swift 所言："政府制定公共政策所面临的挑战，不是发现企业社会责任与经济竞争力之间是否存在关系，而是要努力创造条件，推进企业社会责任，从而推进国家竞争力的提升。"①

（二）企业社会责任的履行有利于制度性整合的实现

如果政府能够实现较高的治理水平，我们就可以说实现了政府的“善治”。根据新公共管理理论，要想实现“善治”，需要政府、市场和社会的协同合作，只有多方实现良性互动方能完成。构建“善治”模式，需要变革政府体制、转变政府行为、提高政府能力，从而确立高效的现代政府治理模式，即实现制度性整合。② 这与传统的治理理论是不同的。按照传统的治理理论，政府绩效的提升只要改变政府内部的治理结构就可以实现。但是，现代治理理论认为，政府内部的制度变迁所实现的政府绩效的提升，只能称为“善政”（Good Government），而不能称为“善治”（Good Governance）。“善治”的实现必须依靠多方社会主体的共同参与。正如法国学者弗朗索瓦一扎格维尔·梅里安所说的那样，治理的主要特征不再是由政府实施监督，而是实施合同包工；不再是由中央集权，而是实现权力的分散；不再是由国家实施再分配，而是国家仅负责管理；不再是由行政部门实施管理，而是依照市场原则来实施管理；不再是由国家进行“指导”，而是由国家和私

---

① Simon Zadek, John Sabapathy, Helle Dossing and Tracey Swift, "Responsible Competitiveness: Corporate Responsibility Clusters in Action," *The Copenhagen Centre & AccountAbility*, January 2003: 22.

② 制度性整合指的是运用国家的各种政策、法规和法律对各种社会关系进行条理化和合法化梳理，使其纳入统一管理和控制轨道的整合，它具有强制性和契约性特征。

人部门共同开展合作。[①]

从本质上看，善治是权力由国家向社会回归的过程。善治的实现意味着国家与社会或者说政府与公民间良好的合作。从主体上看，善治的实现离不开政府，更离不开社会。可见，善治的实现，不仅需要解决政府自身的问题，而且需要其他社会主体的广泛参与，从而实现政府、企业与社会之间的协同合作和良性互动。[②] 在政府、企业与社会实现合作治理的现代社会中，企业社会责任的履行，不仅需要政府规制发挥作用，也需要多个治理主体之间的协调与合作。因此，企业社会责任运动的推进，能够实现政府行为与市场机制的接轨，能够实现政府与社会的沟通与合作。这些对于政府治理能力的提升无疑是非常关键的。

（三）企业社会责任的履行有利于认同性整合的实现

通过企业社会责任的履行达成政府、企业与社会目标的一致，最终实现和谐社会的构建便是认同性整合[③]的一种实现形式。和谐社会的构建是政府绩效目标中的重要一项。这一目标的实现，需要多方的共同努力，尤其是与企业合作。企业是经济建设的基础力量，是和谐社会建设的细胞。因此，和谐社会的构建，企业的作用必不可少。政府对企业社会责任践行工作的推进，是建设和谐社会的基础性工作。

企业社会责任的履行，需要社会多方协同合作，需要多方力量共同营造良好的社会责任氛围；企业社会责任的履行，也需要政府监管的加强，需要创造公平、公正的市场竞争秩序。实践证明：如果我们忽视企业社会责任的履行，市场中可能会出现诚信缺失等问题。企业也会无视员工的权益和消费者的利益，更不会在生产经营中考虑对环境和社会所造成的影响。这些不良企业行为不仅不利于企业的发展，而且不利于和谐社会的构建。

二、政府规制的实施保障企业社会责任的实现机制[④]

一方面，企业承担社会责任是企业的自治行为，可以通过企业的主动自我调适得以实现，企业的自治是企业社会责任能够得以履行的基础；另一方面，政府是企业履行社会责任的重要驱动力量，政府规制是企业社会

---

① 转引自俞可平主编：《治理与善治》，北京：社会科学文献出版社，2000 年，第 6 页。

② 俞可平主编：《治理与善治》，北京：社会科学文献出版社，2000 年，第 1～15 页。

③ 认同性整合是通过意识形态领域的思想性整合实现人们在社会互动过程中认识上的一致。

④ 该处内容部分参考樊慧玲：《政府食品安全规制与企业社会责任的耦合研究》，东北财经大学博士学位论文，2012 年，第 55 页，内容有适当改动。

责任得以践行的必要保障。要想真正实现公共事务的有效治理，实现公平与效益的目标，必须将企业自治与政府规制有效地结合起来。

(一)企业相对自治增强企业社会责任实现的内在动力

在现代市场经济中，市场机制发挥着资源配置的基础性作用。市场主体的自由、平等与权利的实现，是市场机制实现资源配置效率的前提。企业是市场经济的细胞，因此，实现企业自治又是实现市场主体的自由、平等与权利的关键。而且，企业自治也是自由企业制度的一项非常重要的内容，自由企业制度又是较有效率的一项制度安排。第一，自由企业制度能够让企业根据市场的供求状况，同时按照自己的意愿组织生产经营活动。由于企业具有“经济人”的趋利本性，企业会将资源投向经济收益高的领域，从而能够使得企业的经济资源得到有效利用，最终能够优化资源的配置。第二，自由企业制度能够给予企业充分的经营自主权，从而能够更好地调动企业的积极性、主动性和创造性。这将会使得企业的生产经营效率得到极大的提高。第三，自由企业制度有利于企业健全价格体系的构建。健全的价格体系是一个有效率的经济体制形成的前提。自由企业制度与企业的趋利本性相结合，能够让企业对于相关资本稀缺程度的信息有较为完全的了解，并能够让企业所提供的资本价格得以提高。正是因为如此，使得资本稀缺程度的信息被包括企业在内的单个资本所有者带到市场并加以综合，从而形成反映资源稀缺程度的健全的价格体系。第四，自由企业制度有助于竞争机制的形成。从经济发展的历史来看，竞争机制是效率最高的经济机制。在自由企业制度下，所有市场主体能够实现自由、平等，企业可以实现自主经营。这种自由、平等正是形成竞争机制的逻辑前提。[①] 根据上述分析可以看出，只有企业自治的权利得以保证，市场经济才会有活力，企业才能有一定的经济基础去承担相应的社会责任。

由于企业趋利的本性，如果缺少了有效的政府规制，企业的自治会产生各种社会问题。企业一味追求经济利益，易导致尔虞我诈、肆意破坏公平有效的市场竞争秩序、损害消费者权益和社会利益等行为。这必然会对整个市场经济的效率产生直接的影响。正如恩格斯在《政治经济学批判大纲》中所描述的那样：“在这个漩涡中不可能再有基于道德准则的交换了。在涨落不定的情况下，大家都必然会抓住一切机会进行交易，这样每个人

① 李昌麒主编：《经济法学》，北京：中国政法大学出版社，1999年，第217页。

都将会成为投机家，即每个人都会试图不劳而获，损人利己，乘人之危，趁机发财。"可见，尽管企业自治能够在一定程度上实现市场经济发展所需的效率目标，但是企业自治很难满足人类对于理想和正义美德的需求，无法实现宏观经济总量的平衡与稳定，无法消解垄断、外部不经济、信息不完备、公共品供给方面存在的"搭便车"等现象，由此将最终导致自由企业制度及其效率的自我否定。[①] 因此，笔者认为，必须同时强化政府对企业的规制。

(二)政府适度规制增强企业社会责任实现的外在压力

根据上述分析，缺乏有效监管的企业自治会产生市场失灵。市场失灵的主要表现就是外部性的产生与市场的无序竞争。这些恰好与企业对社会责任的履行状况密切相关。绝对的企业自治必然会致使企业对社会责任的漠视。美国经济学家阿罗提出了"不可能性定理"。阿罗以"经济人"的假定为前提，论证了个人利益和社会利益相互之间的关系。根据阿罗的论证可以说明：在自由、平等的市场经济体制下，实现了个人利益，并不意味着也就实现了整个社会的利益，依赖于自由平等的市场经济主体的行为，并无法实现社会的整体利益。因此，笔者认为，必须有一个超越市场主体的"仲裁者"出现，来识别和满足整个社会的利益。这个角色只能由政府来担当。而且，如前所述，政府自身也有规制市场的能力与优势。

但是，市场失灵并不意味着政府一定会不失灵。市场失灵并不能作为政府干预经济的充分条件，其只能是政府干预行为的必要条件。也就是说，市场失灵并不意味着政府有充分的理由对经济实施干预，只是说政府干预有了必要条件。政府有且只有在必然有效的条件下，才可以去进行干预。[②] 在很多情况下，政府的失灵会对社会经济的发展造成更大的损失。因此，政府对市场和企业的规制必须是有限的、适度的规制。

现实也已证明，伴随着市场经济的发展，政府和企业在市场经济中的地位不断发生变化，政府在企业履行社会责任中也逐渐发挥起越来越重要的作用。根据英国学者的研究，政府和企业社会责任之间的关系可以归结为六种形态：[③]一是企业社会责任是企业的一种自治行为。在这种形态

① 卢代富：《企业社会责任的经济学与法学分析》，北京：法律出版社，2002年，第207页。

② 毛寿龙、李梅：《有限政府的经济分析》，上海：上海三联书店，2000年，第31页。

③ Jeremy Moon, Nahee Kang and Jean-Pascal Gond, "Corporate Social Responsibility" in David Coen, et al. (eds.), *Oxford Handbook of Business and Government* (Oxford: Oxford University Press, 2010), pp. 512～543.

中，企业对社会责任的履行，和政府并没有关系，只是企业的一种主动、自愿的行为。这种形态在美国企业的发展过程中最为典型。这种形态所反映的企业与社会之间的关系较为密切。二是政府支持企业社会责任。在这种形态中，政府会采取一定的措施来支持、鼓励企业履行社会责任，以表明政府对企业社会责任的认可。例如，丹麦政府举办的企业社会责任论坛、澳大利亚开展的企业领袖圆桌会议等都属于这种形式。三是政府鼓励企业社会责任。在这种形态中，政府会采取各种措施，通过各种方式对企业履行社会责任的行为实施激励。例如，给予履行社会责任的企业以补贴，或者给予企业特别的就业、培训政策，或给予企业的慈善捐款一定的税收优惠。四是政府和企业联动共同推进企业社会责任。在这种形态中，政府会与企业一起调整行为目标，整合资源，共同去处理地区性事务（如区域经济合作伙伴关系的建设）、国家事务（如英国的企业社会责任学院旨在提高中小企业的企业社会责任意识的相关活动），甚至是国际性事务（如英国的道德贸易活动）。五是政府规制企业社会责任。在这种形态中，政府通过立法手段，根据企业社会责任的标准，对企业的生产经营活动实施规范。在欧洲，这种规制更多是温和性的，即这种规制措施并不具有强制力，也没有相应的惩罚措施。例如，英国的养老金和企业法要求企业公开报告生产经营行为在环境、社会、道德等方面的影响；通过在政府采购政策中提出诸如员工性别平等、种族平等、环境资源等方面的特殊要求，以推进企业践行社会责任。六是企业履行社会责任成为政府治理目标的一部分。例如，在一些社会福利不完善的国家，政府的公共服务职能尚不健全，在这种情况下，企业对社会责任的履行，也就会直接提供社会福利，如向社会提供娱乐设施、图书馆，对员工及其家庭实施教育，保护生态环境，保障劳工权益，等等。从上述六种关系形态中，我们不难看出，政府与企业之间的关系逐渐地在实现一种良性互动，政府在推进企业履行社会责任过程中的作用也日益重要。

在西方发达市场经济国家，市场经济的法治化程度相对较高，企业遵纪守法的程度也相应较高。在这种大的经济背景下，企业的生产经营活动主要是属于企业的自发、自愿行为。此时，市场经济的发展模式属于“市场导向型”，相应地，企业履行社会责任的发展路径由企业自治逐渐过渡到政府的适当干预。也就是说，政府与企业社会责任的关系形态逐渐由企业自治，发展到政府支持与鼓励企业履行社会责任，进而发展到政府和企业联动共同推进企业社会责任、政府利用立法手段对企业社会责任实施规制，一直到近些年，在一些西方国家，企业履行社会责任才逐渐成为政府实现治理目标的一个组成部分。

但是，对于像中国这样的处于转型时期的国家而言，市场经济体制发展还不充分，市场机制尚不健全，市场的法治化程度较低，政府规制对市场经济的影响较大。因此，这种市场经济的发展模式可以被称为“政府促导型”。相应地，企业履行社会责任的路径便会和西方发达国家有着很大的不同。在企业的社会责任意识较弱、企业社会责任的自治行为能力较差、市场经济法治建设尚不健全的情形下，政府对企业社会责任的推动作用便显得尤为重要。

第二节　政府环境规制与企业社会责任的利益博弈①

近年来，越来越多的文献从企业提高环保绩效的角度讨论企业的自愿性环保投资。有关这些自愿性行动的解释包括绿色消费主义、以“先下手为强”战略规避规制与环保投资的“双赢”假说。② 虽然这些解释有一定的道理，而且也有学者指出环保方案应旨在鼓励企业主动采取遵守环保规制的行动，③但是他们所讨论的环保投资都是独立于现行规制的。如前所述，在实施环境保护的过程中，政府和企业缺一不可，既需要企业承担环境保护的责任，又需要政府实施环境保护规制。因为，若没有企业的主动参与，政府规制的成本将会很高，甚至无法得以有效实施；若没有政府规制的

① 本小节内容发表在樊慧玲：《博弈论视阈下的自愿性环保投资与回应型规制》，载《大连理工大学学报（社会科学版）》，2013年第3期，第47～52页，内容有适当删改。

② Seema Arora and Subhashis Gangopadhyay, “Toward a Theoretical Model of Emissions Control,” *Journal of Economic Behavior and Organization*, 1995(28): 289～309. John W. Maxwell, Thomas P. Lyon and Steven C. Hackett, “Self-Regulation and Social Welfare: The Political Economy of Corporate Environmentalism,” *Journal of Law and Economics*, 2000(43): 583～618. Kathleen Segerson and Thomas J. Miceli, “Voluntary Environmental Agreements: Good or Bad News for Environmental Protection?” *Journal of Environmental Economics and Management*, 1998(36):109～130. Michael E. Porter and Claas van der Linde, “Toward a New Conception of the Environment-Competitiveness Relationship,” *Journal of Economic Perspectives*, 1995 (4):97～118.

③ Irene Henriques and Perry Sadorsky, “The Determinants of an Environmentally Responsive Firm: An Empirical Approach,” *The Journal of Environmental Economics and Management*, 1996(30):381～395.

约束，在天然逐利性的驱使下，企业社会责任必会让位于利润最大化，抑或成为企业追求经济利益的工具。而且，政府环保规制与企业环保责任存在着一致的预期目标，彼此行为之间存在着一定的相关性：政府环保规制能够为公众环保需求的满足提供制度保障；企业环保责任的履行通过规范企业自身的行为，能够在更大范围内有利于环境保护。[①] 当前，在中国式分权下，我国的环境治理体制依据行政区域的划分来设置管理权限，按照政府层级的构成进行垂直式领导，即中央政府统一制定环境政策，地方政府负责各辖区内环境政策的执行。因此，本书在对政府环境规制与企业社会责任在环境治理中耦合关系分析的基础上，分析政府环境规制与企业社会责任耦合的利益博弈，主要是通过将规制者作为环保规制的执行者，讨论企业的自愿性环保投资与政府环境规制之间的利益博弈，从而进一步讨论政府环境规制与企业社会责任的联动耦合。

一、政府环境规制与企业社会责任博弈模型的构建

（一）博弈模型的提出及假设前提

Stranlund 考察了如何提供技术援助以鼓励企业安装更优的控制污染的设备，从而降低规制成本。[②] 然而，现实中规制机构为企业提供的具体援助的方式很少。本书所设立的博弈模型将证明规制者减少规制的可置信承诺可以达到同样的效果，而且无须任何一方付费。Amacher & Malik 考察了企业和规制者之间的合作性谈判，认为企业同意采用更为环保的技术，以换得较为温和的规制。他们认为，即使规制者承诺了实施规制的概率，然而这些承诺如何得以履行是非常模糊的。[③] 本书在前述文献的基础上，设立了包含企业和规制者两个参与者的两阶段博弈模型。其中，企业和规制者将会同时、非合作地各自决定他们的最佳守规（即企业遵守环境保护方面的规制，符合环境保护方面的相关要求）概率和规制策略，并没有

---

① 杨志军：《环境治理的困局与生态型政府的构建》，载《大连理工大学学报（社会科学版）》，2012 年第 3 期，第 103～107 页。

② John K. Stranlund, “Public Technological Aid to Support Compliance to Environmental Standards,” *Journal of Environmental Economics and Management*, 1997(34)：228～239.

③ Gregory S. Amacher and Arun S. Malik, “Bargaining in Environmental Regulation and the Ideal Regulator,” *Journal of Environmental Economics and Management*, 1996(30)：233～251. Gregory S. Amacher and Arun S. Malik, “Instrument Choice When Regulators and Firms Bargain,” *Journal of Environmental Economics and Management*, 1998(35)：225～241.

预先的承诺。在这种情况下，当面对可置信规制的时候，企业将会提高环保投资水平。

模型的建立基于两个基本假设：第一，规制者的规制将会使得企业产生沉没投资。第二，企业的这些沉没投资将会减少企业的边际守规成本，有利于提高企业的守规概率。这两个假设来自对规制部门的一些规制项目的考察。以美国为例，环保局（Environmental Protection Agency，EPA）的 Star Track 项目，如果参与企业能够设立自我审计项目，定期进行自我审计，并向规制部门和社会公众公布审计结果，或者执行较为严格的行业标准，企业就不会被规制部门作为规制重点来审查，将会享受较为宽松的规制。这一项目包含了很多对于自我规制的激励，旨在通过自愿设立自我审计程序或者在某些情况下投资新设备，来发现、揭露和校正现有的违规行为，以便被规制企业能够获取规制的放松。

毫无疑问，在规制者承诺放松规制之前，参与自愿性项目的企业需要提供相关材料以证明其履约承诺，从这个意义上讲，这些投资的很大比例属于沉没投资。例如，EPA 的审计项目参与者必须满足九项条件，最为重要的一个就是要求企业设立一套实现企业遵守规制的系统的管理方案。Star Track 项目的参与者每年都必须准备和公布一份综合性的环保报告。另外，每三年都要实施一次第三方认证以便审核和证明其对规制的遵守程度。这些参与企业为此所支付的成本可被视为“沉没成本”。尽管这些投资并不一定会使得企业更易于遵守规制。企业有可能设立了自我审计项目，但不去实施；也有可能设立了较为严格的行业标准，但不去执行。但是，事实上，规制者对参与自愿性项目的企业确实实施了较为宽松的规制，这就表明规制者相信这些相关的沉没投资会提高企业的守规概率。①

在上述模型中，规制者实施的便是回应型规制（Responsive Regulation），即规制者根据当前规制环境的变化采用不同的规制方案，广泛考虑被规制者所面临的问题和环境，同时根据被规制者的不同改变其行为，也根据被规制者的不同反应作出不同的回应。② 规制者的规制行为促使企业提高自愿性环保投资，规制者对这些自愿性投资的回应便是减少对

---

① Environmental Protection Agency（EPA），“Incentives for Self-Policing: Discovery, Disclosure, Correction, and Prevention of Violations,” *Federal Register*, April 2000.

② Ian Ayres and John Braithwaite. *Responsive Regulation: Transcending the Deregulation Debate* (Oxford: Oxford University Press, 1992), pp. 437,441,451,453.

企业的规制。由于规制者的回应能够减少企业所受到的预期惩罚，企业将会受到激励，提高守规概率。这就使得规制者的最佳选择便是减少规制，这也相应地会使得规制者的规制具有可置信性。

（二）博弈模型的基本描述

本书设定的是包含两个参与者的两阶段博弈：一方是风险中性的被规制企业，力图最小化其预期的守规成本；一方是风险中性的规制者，力图最小化给环境带来的破坏。

1. 企业可供选择的变量

企业的环保投资水平，$z \in [0,\infty)$，可以降低企业的守规成本（例如，企业在新技术方面的投资，或者是企业设立环保审计部门的投资），z 是确定的，可观测的；

企业为了遵守规制所作出的努力，如耗费劳动力资源进行内部审计监察，或者确保减排技术有序运行。通过企业的守规概率反映出来，$p \in [0,1]$，是为了遵守规制而进行投资的概率，规制者事前是无法观测的。

2. 规制者可供选择的变量

规制者将选择其最佳的规制水平，通过规制概率反映出来，$m \in [0,1]$。

3. 两种政策模式

本书考察两种规制模式，第一种为非回应型规制，企业通过遵守规制的努力和进行可观测的环保投资，最小化其守规成本。与此同时，规制者选择其最佳水平的规制，并不会对企业的环保投资决策做出回应。可见，企业选择最小化其守规成本，规制者选择最佳的规制，二者互不相关。

第二种为回应型规制，本书设计了两阶段博弈，阶段 1，企业在考虑阶段 2 中规制者回应的情况下，选择最佳的环保投资水平；阶段 2，规制者在考虑阶段 1 企业的选择时选择相应的规制，企业决定最佳的守规努力。由于企业进行环保投资的基本动机来源于回应型规制的实施，但是值得注意的是，本书并没有在模型中详述规制者对这种规制策略的选择。另外，正如即将在模型中看到的那样，规制者会从回应型规制的实施中受益。当然，也会产生一定的成本，例如，规制者必须保证企业的环保投资能够提高其守规概率这一承诺的可置信性，包括对企业所提交的提案进行收集和审查，这都将会产生成本。如果这些成本超过了其预期收益，那么回应型规制就不会得以实施。

(三)博弈模型的基本内容

1.企业的目标函数

企业的目标函数即为通过选择 p 和 z 最小化其预期的环保守规成本：

$$\underbrace{\min}_{p,z} E(Cfirm) = (1-p)mf + \varphi(p,z) + z \tag{2-1}$$

其中，$(1-p)mf$ 是预期的违规惩罚，$f = F + c$，F 代表罚金，假定是外生的，由政府相关立法或司法部门设立的，c 为清洁成本，事实上，对于违规企业不仅要处以罚款，还要求企业为环境的整治和恢复买单，这都要耗费高昂的成本。

$\varphi(p,z)$ 是企业的守规成本函数，假定是二次可微的。其中，$\varphi p > 0$，$\varphi pp > 0$，$\varphi z < 0$，$\varphi zz > 0$，$\varphi pz < 0 \forall p$；z 为环保投资成本，$z > 0$ 。

2.规制者的目标函数

规制者的目标函数即为最小化违规企业带来的环境污染成本和规制成本：

$$\min_{m} E(Creg) = (1-m)(1-p)c + r(m) \tag{2-2}$$

其中，$(1-m)(1-p)c$ 表示在没有外在监督和规制的情况下，企业违规给环境所带来的持续性破坏的预期成本。其中，c 反映了企业违规给环境带来的破坏所引发的成本，这与 f 的构造是一致的，就是违规企业需要对环境所造成的破坏进行治理；$r(m)$，表示规制成本，$rm > 0$，$rmm > 0$ 。

这一假设也让我们注意到：规制者并不是最小化社会成本的行为主体，因为规制者并不关心企业守规成本的高低。这就凸显了政府的立法部门和规制执行部门的分离。有些人猜想立法者才是最小化社会成本的行为主体，因为他们更可能受到直接的政治压力，更会考虑企业的守规成本。

3.非回应型规制

先考虑第一种标准情况，企业选择 p 和 z，与此同时，规制者选择 m。解(2-1)式得到一阶条件：

$$-mf + \varphi p = 0 \tag{2-3}$$

$$\varphi z + 1 = 0 \tag{2-4}$$

第一个条件表明，企业为了守规需付出努力的边际成本和不守规所受到的预期惩罚相等。

第二个条件表明，企业确定的 z 的水平需要满足：守规的边际成本和守规的边际收益(也就是 1)相等。(2-4)式表明，企业从环保投资中所得到的收益并不会由于规制者的行为变化而有所增加。正是由于这个原因，这种规制可视为非回应型规制。

最优化规制者的目标函数(2-2)式得到：

$$-(1-p)c+rm=0 \tag{2-5}$$

表明监督和实施规制的边际成本，rm，和增加规制所带来的边际收益[违规企业所带来的环境污染成本的下降,即收益，$(1-p)c$]相等。同时,求解(2-3)—(2-5)式可得到非回应型规制中关于p,z,m的纳什均衡解：$p^{ur}(f,c)$，$z^{ur}(f,c)$，$m^{ur}(f,c)$。

4. 回应型规制

在回应型规制中,时机的选择是这样的:阶段1,企业选择z的水平;阶段2,企业选择p的水平。同时,规制者选择m的水平。可通过解第二阶段的模型得到m和p的子博弈完美纳什均衡解。

(1)阶段2

a. 企业方面:最小化预期的环保守规成本(2-1)式,可得到一阶条件(2-3)式,恰好界定了企业的最优反应函数，$\dot{p}(m;z,f)$，全微分(2-3)式得到下述结果：

$$\frac{\partial \dot{p}}{\partial m}=\frac{f}{\varphi pp}>0, \frac{\partial \dot{p}}{\partial f}=\frac{m}{\varphi pp}>0, \frac{\partial \dot{p}}{\partial z}=-\frac{\varphi pz}{\varphi pp}>0 \tag{2-6}$$

这些结果都是非常直观的,但最后一项的结果是没有意义的。

b. 规制者方面:规制者在阶段2的目标是最小化规制成本及环境污染成本(2-2)式,得到(2-5)式,恰好可以定义规制者的最优反应函数：$\dot{m}(p;c)$,直接便可推导出比较静态结果：

$$\frac{\partial \dot{m}}{\partial p}=-\frac{c}{rmm}<0, \frac{\partial \dot{m}}{\partial c}=\frac{1-p}{rmm}>0 \tag{2-7}$$

(2-7)式的第一个结果表明规制者对于企业守规概率变化的最优回应:企业守规概率越大,企业越不可能违规,企业在环境方面所花费的预期成本也就越少。结果是规制者所得的收益就越少,规制者的回应便是较少规制的实施。

(2-7)式的第二个结果也可作出类似推理。

c. 阶段2的纳什均衡:企业和规制者的最优反应函数联立求解,决定了一个关于守规概率和规制概率的稳定的纳什均衡解，$p^{*}(z,c,f)$，$m^{*}(z,c,f)$。其中,p,m是z的函数,这与非回应型规制下的均衡解是不同的。

全微分(2-3)式和(2-5)式,利用克莱姆法则得到：

$$\frac{\partial m^*}{\partial z}=\frac{-\varphi pzc}{-(fc+rmm\varphi pp)}<0,\frac{\partial p^*}{\partial z}=\frac{\varphi pzrmm}{-(fc+rmm\varphi pp)}>0 \tag{2-8}$$

第一个结果表明,回应型规制是可置信的,由于它降低了守规的边际成本,对于任意的m而言,z的上升,将会增加企业守规的概率,这相应地会降低预期的环保成本。由于规制是有成本的,此时,规制者发现降低规制概率是最优选择。

第二个结果表明,z的增加,将会提高企业的守规概率。

(2)阶段1

子博弈完美意味着企业可以观测到第二个阶段的均衡结果,在阶段1,企业会在给定 p^* ,m^* 的情况下,选择z。

阶段1企业的目标函数为:

$$\underbrace{\min}_{z} E^*(Cfirm)=(1-p^*)m^*f+z+\varphi(p^*,z) \tag{2-9}$$

这将产生下列一阶条件:

$$(-m^*f+\varphi p)\frac{dp^*}{dz}+\varphi z+1+(1-p^*)f\frac{dm^*}{dz}=0 \tag{2-10}$$

利用(2-3)式可得到:

$$\varphi z+1=-(1-p^*)f\frac{\partial m^*}{\partial z}>0 \tag{2-11}$$

(2-11)式的最优解可定义为 z^* 。

对这一条件进行分析,可得出下面由两个部分构成的命题。

命题1:

(A)当其他条件不变时,与非回应型规制相比,在回应型规制中,企业能够实现环保投资的额外收益。根据(2-4)式和(2-11)式,当 $\partial m^*/\partial z<0$ 时,企业将异常有动力增加环保投资z,因为这将带来m的下降。

(B)当其他条件不变时,与非回应型规制中的最佳投资相比,回应型规制将促使企业提高其环保投资,即 $z^*>Z^{ur}$ 。具体论证如下所述:

设 $f(x)$ 是定义在一系列实数 R^2 基础上的连续可微函数,设 $x*$ 和 x^{ur} 为函数的两个点,存在一个点 x^c 满足:

$$\Delta f=f(x*)-f(x^{ur})=\frac{\partial f}{\partial x}|x=x^c(x*-x^{ur}) \tag{A1}$$

其中,$x^c=x^{ur}+\theta(x*-x^{ur}),\theta\in(0,1)$ 。

$\Delta z=z*-z^{ur}$,其中,$x*$ 和 x^{ur} 分别是回应型规制和非回应型规制

中环保投资的水平。

$f(x)$ 是关于 $x*$ 和 x^{ur} 的函数 $\partial E(C_{firm})/\partial z$ 。利用(A1)式得到：

$$\Delta \frac{\partial E*}{\partial z} = \frac{\partial E*}{\partial z}\mid z = z* - \frac{\partial E*}{\partial z}\mid z = z^{ur} = \frac{\partial^2 E*}{\partial z}\mid z = z^c (z* - z^{ur}) \tag{A2}$$

重新调整后得到：

$$(z* - z^{ur}) = \frac{\frac{\partial E*}{\partial z}\mid z = z* - \frac{\partial E*}{\partial z}\mid z = z^{ur}}{\frac{\partial^2 E*}{\partial z^2}\mid z = z^c} \tag{A3}$$

从(2-11)式可得，

$\partial E*/\partial z\mid z = z* = 0$ ，$\partial E*/\partial z\mid z = z^{ur} = (1-p)(\partial m^*/\partial z)f < 0$ ，结果(A3)式的分子为正，由于成本最小化要求 $\partial^2 E*/\partial z^2\mid z = z^c > 0$ ，所以我们得到 $z* - z^{ur} > 0$ 。

命题1表明，当面对可置信回应型规制的时候，企业将会增加环保投资。因为规制者的最优反应函数在(m，p)区域里是向下倾斜的，所以规制者最具战略意义的回应便是减少规制概率。由于规制者的战略性回应将会有利于企业，和规制者未选择回应型策略时相比，企业将增加环保投资z。

二、基于规制的可置信性和社会成本的模型推论

(一)规制的可置信性

本书前述已经证明，可置信回应型规制将会提高企业的自愿投资水平。下面将借助于企业行为证实回应型规制是可置信的。为了证实这一点，本书将考察企业的决策对规制者收益的影响：

$$\frac{dE(Creg)}{dz} = -(1-m^*)c\frac{\partial p^*}{\partial z} + [rm - (1-p^*)c]\frac{\partial m^*}{\partial z} < 0 \tag{2-12}$$

由(2-5)式可知，$[rm - (1-p^*)c]\frac{\partial m^*}{\partial z} = 0$ ，再利用(2-8)式便可知，因为z中的规制成本在下降，故规制者将从回应型规制中受益。

当然，规制者在作出回应型规制前，规制者会面临一定的成本，一旦与回应型规制相关的成本产生了(即成为沉没成本)，规制者将会坚持实施回应型规制，因为不这么做将增加其预期成本。

(二)社会成本

如前所述,规制双方都将从回应型规制中受益,那么整个是否也将从中受益,在这一部分将考察回应型规制如何影响企业行为的社会成本。

这里有两个有趣的观察结果:第一,当社会不期望规制者实施回应型规制的时候,规制者却有可能实施回应型规制。在这种情况下,社会成本的最小化将要求企业减少其投资水平 z,然而这永远不会发生。这也是第二个结论的一部分。第二,企业对于 z 的选择通常情况下不同于它的社会成本最小化水平。下面将论证为了使企业在回应型规制下选择社会期望的 z,规制者就必须相应地调整罚金,$F=f-c$。这些观察结果是非常重要的,因为 EPA 及其所属机构都似乎倾向于实施回应型规制,但是从下面的分析中得到的结果表明,立法或司法部门的监督(旨在调整罚金)同时也要到位。

为了得出上述观察结果,本书首先开始考察回应型规制所导致的额外环保投资是不是社会所期望的水平。预期的社会成本是:

$$E(SC)=\{(1-p)mf+\varphi(p,z)+z\}+\{(1-m)(1-p)c+r(m)\}-(1-p)mF \tag{2-13}$$

其中,$(1-p)mf+\varphi(p,z)+z$,表示企业的预期成本;$(1-m)(1-p)c+r(m)$,表示规制者的成本;从前两项成本中还需要减去 $(1-p)mF$,即预期的罚款,因为对违规企业的罚款主要是交由相关的政府部门来实施环境的清洁、自然资源的恢复等项目使用,或者是通过其他途径来提高社会福利,所以它包含在社会收益中。

解这个表达式便可得出回应型规制中使得社会成本最小化的 z 的水平,得出命题 2。

命题 2:

与非回应型规制相比,回应型规制中使得社会成本最小化的 z 的水平可能会更大,也可能会更小。

具体论证如下所述:

在非回应型规制中关于 z 最小化(2-13)式,可得:$\varphi z+1=0$;在回应型规制中关于 z 最小化(z-13)式,可得:

$$\varphi z+1=-(\varphi p-c)\frac{\partial p^{*}}{\partial z}-rm\frac{\partial m^{*}}{\partial z} \tag{2-14}$$

其中,$rm\frac{\partial m^{*}}{\partial z}$ 和 $\frac{\partial p^{*}}{\partial z}$ 是正的,$-(\varphi p-c)$ 单从符号上来讲并无法确

定它的正负。这就使得(2-14)式的正负无法确定。结果是,只有企业守规的边际成本 φp 不仅要大于不守规的环保成本 c,还要大于减少规制所带来的成本节约,回应型规制中最小化社会成本的 z 的水平才会比非回应型规制中的小。

考虑到这一结果,从命题 1 可以得知,企业为了减少预期的罚款,将会提高其环保投资水平。从(2-12)式可知,规制者为了节约规制成本也将实施回应型规制。这些将能得到命题 2 的一个推论。

推论:

在其他条件不变的情况下,如果从社会成本角度考虑值得的话,规制者将会实施回应型规制。

由上述结果可知,对于给定的罚款额度,企业通常不会在回应型规制中确定最佳的 z 的数量。笔者现在认为,回应型规制通常会伴随着罚款数额的调整,以便企业设立最小化社会成本的 z 的水平。

首先假定,规制者决定 m,企业决定 p 和 z,最小化社会成本的行为主体(诸如政府的立法或司法部门)决定 F。

在这种情况下,基于非回应型规制中企业和规制者的行为,最小化(2-13)式将得到最佳罚款水平。

$$-mf+\varphi p=0$$

$$-(1-p)c+rm=0$$

$$\varphi z+1=0$$

这一最小化结果为:

$$(m^{ur}f-c)\frac{\partial p^{ur}}{\partial F}+(1-p^{ur})c\frac{\partial m^{ur}}{\partial F}=0 \tag{2-15}$$

尽管不使用具体的函数形式无法得到 F 的封闭解,不过还需要注意,从最小化社会成本角度看,当 F 是根据(2-15)式确定的话,无须实施回应型规制。然而,从(2-12)式中可以看到,即使罚款是确定的,规制者为了减少规制成本,也将会对企业实施回应型规制。

将(2-15)式作为一个标准,下面分析回应型规制中最小化社会成本的 F 的水平。在回应型规制中,最小化社会成本的行为主体必须考虑企业和规制者的行为,以确定 F 的水平。

$$-mf+\varphi p=0$$

$$-(1-p)c+rm=0$$

$(\varphi z+1)+(1-p)mf\frac{\partial m}{\partial z}$

这一最小化结果为：

$$(m^{*}f-c)\left(\frac{\partial p^{*}}{\partial z}\frac{\partial z^{*}}{\partial F}+\frac{\partial p^{*}}{\partial F}\right)+(1-p^{*})c\left(\frac{\partial m^{*}}{\partial z}\frac{\partial z^{*}}{\partial F}+\frac{\partial m^{*}}{\partial F}\right)+$$

$$\left[-(1-p^{*})f\frac{\partial m^{*}}{\partial F}\right]\frac{\partial z^{*}}{\partial F}=0 \tag{2-16}$$

同样不使用具体的函数形式，无法获得最佳的 F。不过，从(2-15)式与(2-16)式的对比中，通常情况下，两种机制中罚款数量 F 很明显是不同的。结果是，当规制者实施回应型规制的时候需要相应地调整 F，这一结论是非常重要的，而且知道这一点对于我们的研究已经足矣，因为本书的目的是解释回应型规制的实施，而不是解释回应型规制与 F 调整之间的关系。

三、博弈模型的结论与政策含义

根据前文分析，可得出以下结论：(1)在一定的规制目标下，政府回应型规制的实施将会使得企业的自愿性环保投资增加；(2)在政府实施回应型规制的同时，需要伴之以惩罚结构的调整；(3)在回应型规制实施的过程中，尽管所有参与博弈的代理人的行为都是自愿的，但是他们的行为也可能会导致次优的环保投资水平。因此，我们对我国现行的环保规制改革提出如下建议。

(一)政府应更多地实施回应型规制

当前，规制者的规制与被规制企业的自我规制依旧呈现“两张皮”的状态，二者之间尚未形成有效的互动。回应型环保规制的实施能够使得规制者根据规制环境的变化而采用不同的规制方案，这样不仅能够降低规制成本，还能够提高规制收益。

(二)回应型规制的实施需要伴随着激励结构的调整

回应型规制中被规制企业的预期直接决定其自愿性环保投资水平，规制者也根据被规制者的不同不断地调整惩罚结构。这样，规制者对企业自愿性投资的回应是减少对企业的惩罚，企业由于预期所受到的惩罚减少将会受到激励，进而提高自愿性投资水平，规制者和被规制企业之间实现了良性循环，最终能够实现环保规制的效率。

(三)回应型规制的有效实施需要健全的信息披露机制

规制者规制策略的制定与被规制企业对规制者政策的预期都需要拥

有相对完备的信息。回应型规制的有效实施需要做好信息的传递工作，这样能够让规制者与被规制企业都能够最大限度地拥有相关信息。

第三节 政府环境规制与企业社会责任耦合的“适度性”

一、政府环境规制的有界性假说

（一）政府环境规制有界性的提出

由于我国长期以来 GDP 导向与地方政府官员政治博弈的影响，加之受计划经济思想的影响，在经济发展中存在明显的唯 GDP 导向。唯 GDP 导向对经济增长而非经济发展有着强烈的偏好，对经济增长的强烈偏好又会影响经济增长方式，因此我国长期以来的经济增长方式是一种粗放型增长方式。其中，对环境成本的漠视是粗放型增长模式的一个显著特征。在经济快速增长的过程中，地方官员对地方经济增长表现出异乎寻常的兴趣和热情，在财政分权制度下，发展地方经济会给地方政府官员带来更大的经济上的激励，这种经济上的激励恰恰又成为地方官员晋升的重要考核指标，而地方官员的政治博弈是一个零和博弈，在地方官员政治博弈中，谁拥有较高的经济增长率，晋升的概率就会更大。在这种情况下，GDP 的增长就成为第一要务。因此，以环境为代价来换取经济的高速增长就成为必然选择。

由此可见，当前我国环境的根本问题是由粗放式的经济发展模式所引起的，而这一发展模式的根源在于“中国式央地分权”下的政府行为。这种具有中国特色的分权模式的独特之处在于中央政府在对地方经济放权的同时，仍然保持政治上的集权控制，上级政府根据绩效考核提拔地方官员，即“经济分权、政治集权”特性。在中国式分权下，我国的环境治理体制依据行政区域的划分来设置管理权限，按照政府层级的构成进行垂直式领导，即中央政府统一制定环境政策，地方政府负责各辖区内环境政策的执行。这种情况下，地方政府间更易出现“逐底竞争”，[①]环境敏感型企业也更易与地方政府形成“合谋”。

如前所述，环境敏感型企业违规所获取的超额收益和违规被发现的概

① 环境规制“逐底竞争”理论认为，在中国式分权背景下，由于政治晋升竞赛的激励，地方政府会出于各自目的而竞相降低本地环境规制，致使中央政府环境规制的实际效果大打折扣。

率对企业环境责任的履行将会产生较大影响。尤其是在违规超额收益较大或违规被发现的概率很低的情况下，无论中央政府的环境规制力度多大，都会出现一定程度的环境污染问题。因此，从长期来看，监管力度并不是越大越好，因为单方面加大监管力度可能造成更加严重的“规制困局”和行业收益水平退化的困境。基于此，笔者认为，政府环境规制是有界的，在一定范围内最有效，规制力度过大或过小都不利于解决环境保护问题。其内在机理在于：随着政府环境规制力度的加大，将会使得环境敏感型企业有更大的概率被发现违规行为，既会给企业带来高额的违规处罚，也会给企业的社会声誉带来不利影响。因此，为了降低被发现的概率风险，环境敏感型企业将会更倾向于向地方政府“寻租”，地方政府为了 GDP 政绩也更倾向于和企业“合谋”，对企业的违规行为采取“睁一只眼闭一只眼”的态度，这便会降低企业违规被发现的概率，最终会出现更多规制资源的投入却带来了更多环境问题的发生。

依据政府环境规制的有界性假说，我们认为，最有效的环境规制边界应当根据市场情况的不同而不同，主要取决于市场当期存在的违规行为数量、市场违规收益水平、生产者违规超额收益、违规发现概率等关键变量的变化。这样，政府环境规制力度应当根据环境敏感型企业的违规超额收益、违规被发现的概率来动态调整，使违规行为不一定是环境敏感型企业的最优策略选择，从而使环境保护市场存在可能的激励空间，即环境敏感型企业在减少违规行为的同时能提升收益水平。这样，政府环境规制力度应当根据环境敏感型企业的违规超额收益、违规被发现的概率进行调整。

（二）政府环境规制有界性的形成机理

本书通过探讨环境治理中的三方面矛盾关系，对环境规制有界性的形成机理进行进一步分析。

1. 政府“规制困境”与规制力度间的抉择

当政府规制力度较低时，环境敏感型企业承担的违规处罚风险较低，而选择违规行为能够获得额外收益。因此，大多数企业都会选择违规行为。当规制力度加大时，环境敏感型企业承担的违规惩罚风险较大，此时多数企业不会选择违规行为。抑或向辖区的地方政府“寻租”，以减少被发现的概率风险。而且，此时违规被发现的概率较大，会对企业的社会声誉带来较大的不利影响，企业的整体收益水平逐步下降。也就是说，当环境敏感型企业违规所带来的收益空间大于违规所受到的惩罚空间时，企业便会更倾向于违规，这又会进一步引起规制力度的加大，使得企业违规被发现的概率增加，带来企业的综合收益[①]水平的下降，进入恶性循环。由此形成了环境保护治理中的“规制困境”：规制力度过小，会带来较为严重的环境破坏；规制力度过大，会影响地区经济的发展。尤其是，当规制力度很大时，由于规制惩罚风险过高，抵消了超额违规收益空间的增加效应，企业不会较多地采取违规行为，但这会导致企业整体经济收益的降低。这充分说明规制力度并不是越大越好，单方面不断加大规制力度可能造成环境保护问题更加严重的“规制困境”和行业收益水平退化的困境。

2. 企业“违规困境”与激励空间的矛盾

现有研究多是从经济学视角广泛分析环境敏感型企业选择违规行为的经济动机，并从短期静态博弈角度得出短期内环境敏感型企业选择违规行为能够提升企业经济收益的结论。本书从长期动态的角度考察环境敏感型企业违规行为和经济收益之间的关系，发现短期内选择违规行为的确能够提升企业的经济收益水平，但从长期来看，未必如此。当规制力度较低时，环境敏感型企业普遍出现同质化高频率违规现象，但随着规制力度的加大，环境敏感型企业面临着更高的违规发现概率，违规频繁的环境敏感型企业遭受违规惩罚的次数增多，从而导致其长期平均收益水平随着违规次数的增多而降低。环境敏感型企业的“违规困境”表明，违规行为不一定是最优策略选择，环境保护领域存在着明显的激励空间，在减少环境领域违规行为的同时，能够提升企业的收益水平。具体而言，对于由于环境规制力度加大而导致的环境敏感型企业收益水平不断降低的难题，规制部门能够通过产业进入门槛、要素供给、金融优惠、税费减免等手段来平衡环境规制力度对环境敏感型企业的违规数量和收益水平的双重效应。

3. “政企合谋”与规制平衡的冲突

加大规制力度对企业的违规行为影响存在两面性的原因主要有：其一，加大规制力度能够提高环境敏感型企业的违规揭露概率，使得环境敏感型企业惩罚风险增加，进而对企业的违规行为产生威慑；其二，加大规制力度也会使得违规揭露水平提升，这会增加企业的“寻租”概率，更可能形

---

① 此处所说的“综合收益”包括：企业自身的生产经营行为带来的经济收益、企业良好的声誉所带来的社会收益。由于企业违规被发现的概率增大，企业一方面需要采取环境治理措施，需付出一定的经济成本；另一方面还可能去向辖区政府“寻租”，支付一定的租金。这些由于企业违规被发现概率加大所带来的企业成本的增加，都会导致企业综合收益水平下降。

成辖区地方政府和环境敏感型企业的"合谋",带来企业违规被揭露概率的下降。因此,单方面加大监管力度并不一定能够遏制环境敏感型企业的违规行为,规制部门应该根据现实环境中企业的总体违规水平和对企业声誉的影响,将监管力度控制在一定的范围内,既要避免监管力度过小导致违规威慑不足,也要避免监管力度过大导致"政企合谋"现象的出现。因此,在环境违规行为已经广泛存在的现实情境下,仅依靠加大规制力度这一路径来治理环境问题已经失灵,尤其是在规制资源有限的现实约束下,只有同时依靠企业和社会这两类主体的参与,才能长期地遏制环境敏感型企业的违规行为。

二、政府环境规制与企业社会责任耦合的最优边界①

耦合关系博弈模型的构建能够给我们提供一个框架,以分析当考虑环境保护中企业—政府关系时,企业应如何对社会作出贡献,政府应如何扮演温和角色。通过构建耦合关系博弈模型能够剖析政府规制与企业社会责任的耦合。其中,政府与企业能够相互协调,充分发挥耦合效应。然而,在政府环境规制的有界性假说之下,讨论政府环境规制与企业社会责任的耦合,不能绕开的一个问题便是政府环境规制与企业社会责任的耦合适度性问题。如果过度耦合,便会导致两种极端情况的出现:一是企业对政府影响过度,出现政府俘获现象;二是政府对企业影响过度,导致政企不分、企业办社会的现象将会再度出现;如果耦合度不足,则会使得政府规制的实施与企业社会责任的履行依旧是"两张皮"模式,二者之间的耦合效应不能得到很好地发挥。笔者认为,政府环境规制与企业社会责任耦合适度性的安排应该保证双赢战略的实现:通过合意的耦合边界的选择,既能够实现政府规制的目标,降低政府规制失灵的程度,使得政府有限的规制能力得以合理使用;也能够促使企业积极地践行社会责任。最终实现政府与企业之间的重复互动,并实现可预期的稳定的博弈均衡。

对于政府适度规制与企业相对自治耦合适度性的分析,实际上主要就是分析政府对于企业实施规制的力度。在实践中,多元主体在共同实施环境治理的过程中不可避免地存在"搭便车"现象和不协调、不合作的行为,这些都需要政府利用自身的政治强制力对各治理主体及其行为进行规制

---

①　该处部分内容参考樊慧玲:《政府食品安全规制与企业社会责任的耦合研究》,东北财经大学博士学位论文,2012年,第61页,内容有适当改动。

和激励。因此,政府依旧是环境治理的核心行动者,是环境治理的第一"责任人",对政府环境规制与企业社会责任耦合适度性的分析更多是在界定政府环境规制的最优行为边界。政府对企业实施规制的目的,就是要在一定程度上克服和弥补市场缺陷,使得企业既能够实现相对自治,实现自身的主动自我调适,充分发挥其作为市场经济细胞的基本功能。同时,又尽量地为企业履行社会责任提供适宜的外部环境。因此,政府规制尽管非常必要,但是规制的实施应该以促进企业有效履行社会责任为前提条件。政府实施规制的行为实际上就是恰当地平衡个人利益和社会利益,而且,在社会经济的发展过程中,这种平衡是必不可少的。显然,政府规制得"过度"或"不及",并不能达到这一点,而且都不利于企业社会责任的履行。本书采用成本与收益分析工具,对政府实施规制最优边界的确定及其实现的政策建议进行分析。

(一)政府环境规制力度最优数值点的确定

成本与收益分析方法表明:政府环境规制是有成本的。例如,政策、法律、法规的制定成本、执行成本与监督成本。同时,环境规制的收益并不一定会伴随着环境规制成本的提高而相应地增加。政府对企业实施规制的力度,即政府对企业行为的引导、监督、查处等方面的控制与监督的松紧程度,直接影响着政府环境规制的成本与收益状况。

假设:在坐标图中,纵轴表示政府环境规制的总成本,示为 TC;总收益,示为 TR;横轴表示环境规制力度,示为 T。政府环境规制的成本与收益关系如图 2-1 所示。

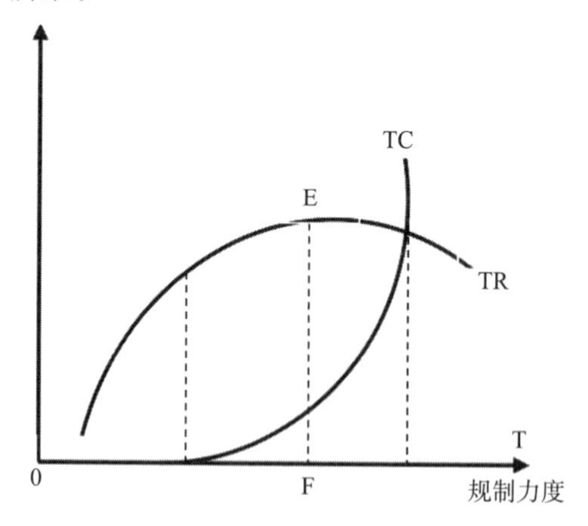

图 2-1 政府规制的成本收益与规制力度

由图 2-1 可知：第一，环境规制成本曲线 TC 呈现为 J 型曲线，当没有政府环境规制时，就不存在规制成本；当环境规制力度不断加强时，环境规制成本随之增加。第二，环境规制收益曲线 TR 呈现倒 U 型曲线，当环境规制力度较弱时，政府环境规制收益也较低；随着环境规制力度的加强，环境规制收益也随之增加；当环境规制力度增强到 F 点时，环境规制收益最大，也就是图 2-1 中的 E 点。之后，如果环境规制力度进一步增强，环境规制收益将会下降。第三，EF 曲线所表示的成本曲线 TC 与收益曲线 TR 之间的垂直距离最大，这就说明，环境规制总成本与总收益之间的差额最大，即环境规制的净收益最大，成本最小。可见，只有在政府环境规制力度在 F 点时，环境规制净收益最大。因此，此时的环境规制才是最有效率的。该 F 点便是政府环境规制力度的最优数值点。

（二）政府环境规制最优边界的确定

假设，政府环境规制的净收益为 NR，那么，NR＝TR－TC。对方程进行微分求解，可得到政府环境规制的最大净收益的极大值点：MR－MC＝0。其中，MR 是指政府环境规制的边际收益，MC 是指政府环境规制的边际成本。换句话说，政府环境规制净收益最大化的原则就是：实施政府环境规制的边际收益和其边际成本要相等，具体用公式可表示为：MR＝MC。当政府的环境规制力度处于最优数值点 F 的时候，即可从政府环境规制的边际收益曲线与边际成本曲线的交点出发，这样便可在理论上对政府环境规制的最优边界加以确定，如图 2-2 所示。

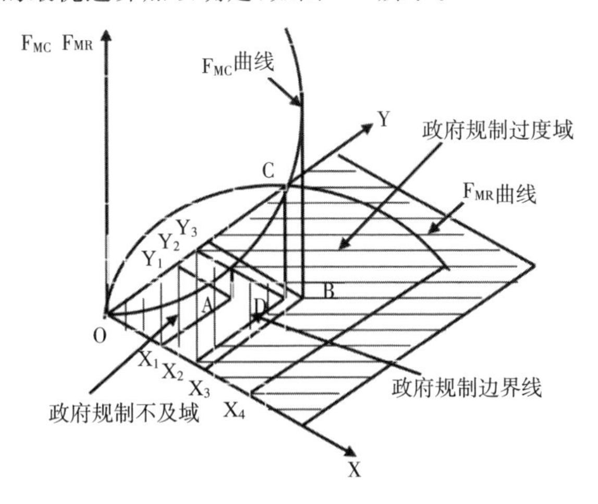

图 2-2　政府规制的最优边界线

在图 2-2 中，我们假定：政府对企业实施控制与监督的边界，是由政府对企业活动实施干预的深度与广度决定的。其中，干预的深度用 X 来表示，指的是政府环境规制在法律制度层面延伸的程度，是政府对企业活动进行干预的较为复杂性的标准，包括企业的排污标准、公众权益维护方面的要求等指标；干预的广度用 Y 来表示，指的是政府规制在企业业务范围内延伸的程度，是政府对企业活动进行广泛性干预的度量指标，包括企业的市场准入、经营范围等指标。若是从政府环境规制深度的复杂性与政府环境规制广度的宽泛性来讲，加大环境规制深度所带来的规制成本的增加效应，必然会大于加大环境规制广度所带来的规制成本的增加效应。这也就可以看出，政府环境规制深度对政府环境规制的边际成本影响相对较大。

在图 2-2 中，政府环境规制的边际成本函数为 $F_{MC}(X,Y)$，边际收益函数为 $F_{MR}(X,Y)$，$F_{MC}(X,Y)$、$F_{MR}(X,Y)$ 分别为两条空间曲线，它们均与 (X,Y) 平面的 X、Y 的取值有关。

由图 2-2 可知，随着 (X,Y) 取值的增大，$F_{MC}(X,Y)$ 曲线呈现出单调递增的态势，随着 (X,Y) 取值的增大，$F_{MR}(X,Y)$ 曲线呈现出先递增而后递减的态势，并且两条曲线交于 C 点，与平面 (X,Y) 内的 D 点相对应。按照之前所述的边际分析理论，在 C 点上政府环境规制的边际收益和政府环境规制的边际成本相等，用公式表示即为：$F_{MC}(X,Y)=F_{MR}(X,Y)$，这个时候可以称为政府环境对企业实施规制的最佳状态。

当 X 轴与 Y 轴所显示的政府环境规制力度，即当 (X,Y) 的取值小于 D 点的时候，如图中的 A 点，$F_{MC}(X,Y)$ 曲线呈现出递增的形状，与此同时，$F_{MR}(X,Y)$ 曲线也呈现出递增的形状。然而，当 (X,Y) 的取值大于 D 点的时候，如图中的 B 点，$F_{MC}(X,Y)$ 曲线呈现出递增的形状，与此同时，$F_{MR}(X,Y)$ 曲线却呈现出递减的形状。此时，如果政府仍然继续加大政府环境规制的力度，将会得不偿失。这种情况对于政府而言，是不划算的。因此，政府对企业实施规制的最优边界，应该是使得 $F_{MC}(X,Y)=F_{MR}(X,Y)$。如图 2-2 中所显示的 Y_2DX_2 的边界。

在规制的 OY_2DX_2 的区域内，政府对企业行为的干预深度和广度均低于最优水平。这就说明，此时政府环境规制的力度不足，加大政府环境规制的力度能够增加收益。因此，政府应该采取措施，进一步加大企业规制的力度；在区域 $X_4X_2DY_2$ 内，政府对企业行为的干预深度和广度均大于最优水平。这就说明，政府实施了过多的规制，对企业行为造成了一定程度的抑制。因此，政府必须放松规制，方能激发企业的活力。可见，政府环境规制必须稳定在最优边界上，也就是说只有环境规制的边际成本等于边际收益，此时方能达到政府环境规制的最优状态。

（三）政府环境规制力度最优边界的实现

实现政府环境规制力度的最优边界，关键的问题是政府在各种规制方式之间的选择与实现环境规制资源的优化配置。环境规制方式的不同，导致环境规制成本也会产生差异，进而对企业行为的影响也会不一样。因此，政府只有将有限的规制资源在不同成本、不同效应的规制方式之间进行优化配置，方能达到环境规制力度的最佳边界，如图 2-3 所示。

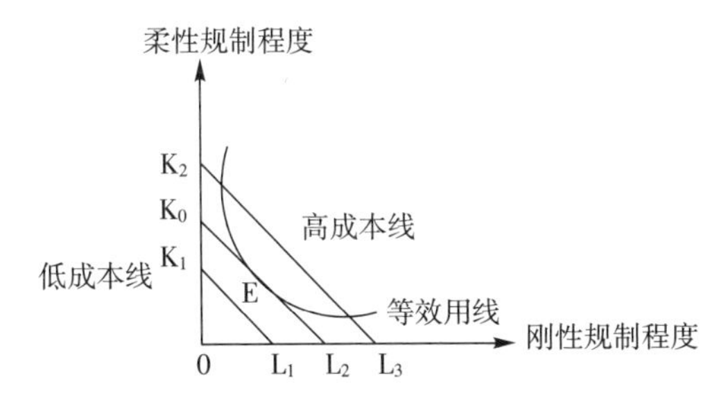

图 2-3　政府规制方式之间的权衡

如图 2-3 所示，如果将政府环境规制的方式分为刚性（也可称为强硬性规制方式）与柔性（也可称为温和性规制方式）两种的话，政府要想实现对企业规制的最优边界，就必须在两种规制方式之间进行权衡。只有在图中的 E 点，即政府环境规制的等效用线和等成本线相切的时候，刚性方式与柔性方式才会形成最优组合（L_0，K_0）。这个时候，我们可以说政府环境规制力度的最优边界得以实现。

但是，由于不同的政府环境规制方式的成本不同和资源配置比例的不同，便会导致等效用线与等成本线相切的最优点（L_0，K_0）也会有所不同。这就需要政府运用经济成本与收益的分析，对政府环境规制的两种方式进行对比，以便优化政府规制的资源配置。当柔性规制方式的成本比刚性规制成本高时，规制资源应该倾向于刚性规制配置；当柔性规制方式的成本比刚性规制成本低时，规制资源应该倾向于柔性规制配置。总而言之，政府应该对刚性与柔性两种规制方式进行权衡，在两种方式之间不断地调整，使得在每一种规制方式上所花费的最后一单位成本所产生的边际收益相等，以实现政府环境规制的最优边界。

(四)实现政府环境规制最优边界的路径

政府对企业行为的控制与监督也必须讲求效率,以避免规制的"过度"或者"不及"。也就是说,政府对企业规制的力度应该"适度"。如果政府能够运用成本与收益分析方法,对政府规制程度、规制方式与规制资源的配置等情况进行权衡,适时地调整不同规制方式之间的资源配置,在政府与企业之间的重复博弈中,政府规制一定能够接近于最优边界目标。为此,政府可以从以下方面着手:一是政府应该树立"成本与收益"分析意识。成本与收益之间的比较强调的更是效率。这种分析方法能够帮助政府决定诸如政府规制的原因、规制程度、规制方法、规制支出成本以及规制收益等问题。这样就能将政府规制建立在一个科学量化分析的基础之上,使得政府在实施规制之前,能够有一个对现实的整体性把握和政策性准备,进而提高规制效率。二是政府应该提高识别规制最优边界的认知能力。现实中,政府环境规制最优边界的确定是一个不断地适时调整的过程。如图 2-2 所示,政府环境规制需要不断地从 A 点向 D 点推进或者需要从 B 点向 D 点推进。这就要求政府必须充分利用各种信息,及时、准确地把握规制调整的方向。三是政府应该实行刚柔相济的综合性规制方式。所谓刚性的规制方式,主要指的就是法律、法规、规章制度等强硬性的规制措施;所谓柔性的规制方式,主要指的是政府更倾向于提供服务,创造一种公平与有效的市场竞争制度。这种规制方式更具有温和性。如果政府加大企业干预力度,并不能产生净收益的话,就说明政府没有必要继续实施刚性的规制方式了,这时候,政府应该考虑调整规制方式,为企业提供更多的引导、鼓励与服务。

第三章　黄河中下游地区政府环境规制与企业社会责任的耦合现状

企业与社会之间呈现和谐共生的关系，即企业的长期生存有赖于企业对社会责任的履行，而社会的安宁幸福又有赖于企业的盈利程度和责任心。随着环境问题的日益凸显，政府环境规制日益成为政府社会性规制的焦点，尤其是黄河流域的环境治理问题既是贯彻落实新发展理念的客观需要，也是推动区域高质量发展的现实需要。由于企业可能缺乏自愿承担环境保护责任的内在动力，这就需要政府环境规制的推动与保障。企业实施环境污染治理的过程就是企业履行环境责任的过程。本章通过耦合模式、路径的分析和耦合效应的测度，分别对当前黄河中下游地区政府环境规制与企业社会责任耦合现状进行定性描述和定量检验。

第一节　黄河中下游地区政府环境规制与企业社会责任的耦合模式

一、政府社会性规制与企业社会责任耦合的模式选择[①]

（一）企业社会责任的履行与政府规制的嵌入性

1. 企业履行社会责任的方式[②]

企业虽然是追求利润最大化的经济组织，但其在创造经济利润的同时，还要承担特定的社会责任，即履行企业社会责任，对企业员工、消费者、社区与环境负责。总体来说，企业履行其社会责任的基本方式主要有三种类型：政府或民间组织的规制或认证、基于博弈之上的契约方式和自愿承

① 该处部分内容参考樊慧玲：《政府食品安全规制与企业社会责任的耦合研究》，东北财经大学博士学位论文，2012 年第 41、76 页。其中，部分内容发表在樊慧玲：《政府社会性规制与企业社会责任耦合的模式选择》，载《管理现代化》，2013 年第 5 期，内容有适当改动。

② 杜中臣：《企业的社会责任及其实现方式》，载《中国人民大学学报》，2005 年第 4 期，第 39～46 页。

担社会责任。

(1)政府或民间组织的规制或认证方式

政府或者民间组织的规制或认证是政府或者民间组织以保护成员及消费者权益为目的,通过法律或社会舆论等手段迫使企业承担社会责任的一种方式。认证的方式是企业承担和履行社会责任的初级方式。但随着企业社会责任运动的逐渐发展和成熟,推动企业履行社会责任,促使企业承担社会责任主要有他律形式的政府行政行为、舆论监督和民间组织认证这三种方式。

政府行政行为。政府是保证企业承担社会责任的第一机制。美国于1970年成立职业安全和健康署,其职责是尽可能保障国家中每一个工作的人都具有安全及健康的工作条件,并对人力资源实施保护。近些年,中国也相应地颁布了与企业社会责任相关的法律,如《中华人民共和国劳动法》《中华人民共和国安全生产法》《中华人民共和国职业病防治法》《中华人民共和国食品安全法》《中华人民共和国工会法》等,其间都有对企业社会责任具体事项的详尽规定。

舆论监督。舆论监督来自劳工组织、贸易协会、消费者,通过舆论监督来促使企业承担社会责任。例如,1999年,荷兰发起的"洁净衣服运动";2002年,可口可乐公司的一个员工将可口可乐公司告上了法庭,其诉讼理由是:公司存在种族歧视,黑人的工资远远低于白人的工资。在年度股东大会上,可口可乐公司专门就公司的劳工问题举行了听证会。针对可口可乐公司员工在非洲、菲律宾、哥伦比亚等国存在的歧视性做法,董事会主席给予了批评和指责。

民间组织认证。尽管这种方式刚刚兴起,但是我们不能忽视其社会作用。目前,主要的民间组织有:公平劳工协会、工人权利联合会、社会责任国际贸易行为标准组织、服装厂行为标准组织,等等。这些组织都先后对各自的社会责任标准进行了明确。

(2)基于博弈之上的契约方式

为了保证公平和效率的实现,新制度经济学试图在交易活动中引入制度变量。近些年,交易费用经济学和博弈论逐步发展成为一种分析问题的范式框架。在该分析框架下可以研究:为了实现利益最大化,企业怎么样才能恰当地处理与多方利益相关者之间的利益关系。威廉姆森认为,由于利己动机、有限理性或者是信息不对称等原因,各个经济组织之间存在着很大的不确定性。这些不确定性的解决可以通过企业签约和市场签约的方式来实现。企业可以通过签约这种契约方式许下诺言，进而兑现诺言，这样便能够使得企业能够承担相应的社会责任，进而能够解决诸如劳工等问题。[①] 但是，并不总是与企业对等的主体与企业签约。例如，与企业的董事会相比，企业的内部职工总是处于弱势地位。即便是工会这样的组织，也有可能会“变节”，最终站在企业领导者的一边。签约过程实际上是一种博弈过程，因此，签约并不会总是符合人们所假设的那些条件。例如，参与人并不拥有完备的博弈客观结构方面的相关知识，“相反，我们认为，参与人对他们所进行的博弈拥有一种主观知识”。[②] 因此，实现企业社会责任必须依靠一定的制度安排。青木昌彦认为，制度是关于博弈重复进行的主要方式的共有信念的自我维系系统。博弈规则是由参与者的策略互动内生的，并不是外生给定的。博弈规则存在于参与主体的意识中，而且可以自我实施。[③]

总而言之，企业应该履行哪些社会责任，企业承担的社会责任应该到达何种程度，企业应该以何种方式承担其社会责任等，诸如此类问题的解决过程，实际上，就是企业与员工、民间社会组织、政府之间进行重复博弈的过程，并在此基础上企业与多方利益相关者达成共识。

(3)自愿承担社会责任的方式

企业自愿承担并履行社会责任需要满足两个基本前提，首先企业要对所应承担的社会责任有明确认知，其次企业要自觉地去努力履行社会责任。但是，要想同时实现这两大前提条件，也许是一个极为复杂的动机分析过程。譬如，企业的慈善和公益活动与企业利润最大化的动机明显相背离。那么，企业的真实动机又会是什么？一个企业也许偶尔会作出令人费解的极个别的行为，但是这种情况绝不会总是发生。我们如果深入分析企业的慈善或公益活动，也许会发现，企业一定有它作出这种行为的理由。可能的原因有两种：第一，类价值的需要。眼前的经济利益已经无法满足企业的需求。企业更高层次的需求是通过非对等的让渡、让与，甚至是牺牲去救助那些弱势群体。企业可以凭此获得社会的认同和良好的社会声

---

① 威廉姆森：《资本主义经济制度》，段毅才、王伟译，北京：商务印书馆，2002年，第418～420页。

② 青木昌彦：《比较制度分析》，周黎安译，上海：上海远东出版社，2001年，第235～236页。

③ 杜中臣：《企业的社会责任及其实现方式》，载《中国人民大学学报》，第2005年第4期，第39～46页。

誉。这样，企业自愿地、无条件地为社会作出贡献，自然也能从中得到满足感和幸福感。第二，社会认同的需要。近年来，企业管理学、公民社会理论、经济增长理论等都有社会资本的相关应用，社会资本的相关分析甚至深入到经济学、政治学的核心。尽管有些学者主张放弃“社会资本”。然而，社会资本的概念仍然被研究着。社会资本在一定程度上确实有着一定的解释能力。

社会资本这一概念描述的是：对于企业实现可持续发展而言，有形资本的投资和无形资本的投资都是必不可少的。其中，有形资本无须赘言，无形资本主要包括：信任体系、合作行为、知识系统。信任体系指的是，社会公众对企业的美誉；合作行为指的是，社会公众在行动上给予企业的支持；知识系统指的是，社会相关公众对于企业的认知。① “社会资本是关于互动模式的共享知识、理解、规范和期望，个人组成的群体利用这种模式来完成经常性活动”。② 与物质资本和人力资本相比，作为无形资本的社会资本有着自身的特点：“(1)社会资本不会因为使用但会由于不使用而枯竭；(2)社会资本不容易观察和测量；(3)社会资本难以通过外部干预建立；(4)全国性和区域性政府机构对个人用来追求长期发展努力的社会资本的类型和水平有重要影响。”③虽然借助于社会资本的概念，我们不能完全地解释企业承担社会责任的自愿方式，但是社会资本至少向我们表明了两点：其一，伴随着市场化进程的加速，市场化程度日渐成熟，只有逐渐地积累自身雄厚的社会资本才是企业能够实现利润最大化目标的根本途径。企业被动地去履行自身所应当承担的社会责任，或是逃避社会责任都不是最佳的选择；其二，在社会资本、人力资本和物质资本多种资本类型中，社会资本所发挥的作用越来越大。④

2.政府规制的嵌入性分析

由上分析可知，企业承担社会责任主要是通过政府或民间组织的规制

---

① 杜中臣选编：《企业的社会责任及其实现方式》，载《中国人民大学学报》，2005年第4期，第39～46页。

② 曹荣湘选编：《走出囚徒困境——社会资本与制度分析》，上海：上海三联书店，2003年，第27页。

③ 曹荣湘选编：《走出囚徒困境——社会资本与制度分析》，上海：上海三联书店，2003年，第24页。

④ 杜中臣选编：《企业的社会责任及其实现方式》，载《中国人民大学学报》，2005年第4期，第39～46页。

或认证、基于博弈之上的契约方式与企业自愿承担社会责任这三种方式。在实践中,企业无论采取哪种方式履行社会责任,都需要政府的嵌入。

就政府或者民间组织的规制或认证这种方式来说,首先肯定的是实施政府规制是促使企业承担社会责任最直接有效的途径,这是因为政府作为国家行政机关,具有强制性,政府通过运用公共权力,制定一定的规则和制度来促使企业履行社会责任,政府规制具有较强的外在强制力。相对于具有较高强制力的政府规制,民间组织主要是通过社会声誉和舆论来监督企业履行社会责任,这里更多的是把企业看作一个企业公民来监督和引导。政府规制和民间组织之间看似毫无交集,但在实际运行过程中,政府规制需要民间组织的配合以实现规章制度的明晰化,民间组织需要政府规制的强制力来保障其有序运行。因此,二者之间需要相互配合、相互调节。

基于博弈之上的契约方式实质上也是企业履行社会责任的过程中企业、政府和社会之间的博弈过程,这就更需要政府规制的嵌入。在博弈的过程中,政府是整个博弈规则的策划者,负责制定博弈规则,并根据现实变化来调节企业、政府与社会三者之间的关系。博弈规则不但会制约各方博弈主体的行动集,而且博弈的结果也会最终由各个博弈主体的策略性行动来决定。可见,如果改变博弈规则,不仅意味着要改变原有博弈的均衡状态,还会开始新的动态博弈。这就需要政府在适当的时机制定适合需求的博弈规则,以此实现最优博弈结果。可见,只有政府规制与企业社会责任实现耦合,才能够提供适合需求的博弈规则。

企业自愿承担社会责任需要完善的市场经济制度、合理有效的政府行为与健全完备的非政府组织体系。只有这些条件得以满足,企业方能自愿履行社会责任。在这一方式中,政府主要起保障作用,为企业提供制度和环境保障,以此促使和引导企业自愿承担社会责任。如果无法建立责任政府和服务政府,政府无法为企业自愿履行社会责任提供适宜的社会环境,企业将会无法自愿履行社会责任。基于政府的嵌入在以上三种方式中的作用可知,不论选择何种履行方式,政府规制与企业社会责任的耦合都是必要条件。

(二)政府社会性规制与企业社会责任的耦合模式

一个国家或地区的生产安全、消费安全与环境污染等问题的解决,不仅需要强调企业的社会责任,依靠企业行为的内在调适来实现,还需要政府的社会性规制,即政府通过强制性的命令和运用特有的控制权力,对环境、生产、消费安全实施规制,对企业行为施加外在强制性约束集,以此促使企业履行社会责任。政府社会性规制调节的是企业、劳动者、消费者与社会公众之间的利益关系,可以说,政府社会性规制与企业社会责任的预期目标之间存在着一致性,即政府社会性规制与企业社会责任之间存在着耦合关系。对于政府而言,政府进行生产与消费安全、环境保护的规制为公众的公共需求提供了制度保障,这是政府规制的优势表现。对于企业而言,企业如何履行社会责任,不仅直接影响企业自身的生产经营活动,也会涉及更大范围内的消费者和劳工权益维护、安全生产与生态环境保护等一系列社会问题,因而需要不断强化企业的社会责任。因此,政府社会性规制与企业社会责任的耦合是满足消费安全、生产安全及良好环境等公共需求的必然选择。基于此,我们尝试性地对政府社会性规制和企业社会责任耦合模式进行分析,认为授权型自我规制、共同规制和回应型规制是政府社会性规制与企业社会责任耦合模式的可行性选择。

1.授权型自我规制

授权型自我规制(Enforced Self-regulation)①是由 Braithwaite 提出的,指的是规制者强制被规制企业制定并执行企业内部的规则,进而实现规制者的政策目标。授权型自我规制有两个关键点:一是由公共部门授权私人部门制定规则;二是由公共部门监督私人部门执行规则。② 在由企业行为引发的健康、安全和环境规制过程中,越来越多地运用授权型自我规制对企业自身行为进行控制和监督。

自我规制和命令—控制型规制③被视为规制模式的两个极端。事实上,大多规制体系都包含这两种规制模式。④ 但是,命令—控制型规制存在诸如效率低下、成本高昂、缺少创新、执行困难等方面的缺陷。⑤ 为了弥

---

① Enforce,意为“强迫、迫使”。理论界通常认为授权型自我规制是政府要求企业在政府所限定的范围内制定并执行相关的规范。虽然从名义上来看是政府“授权”,但是实际上存在一定的“强迫”性质。故笔者同理论界通常的做法一样,将“Enforced Self-regulation”译为“授权型自我规制”。

② Ian Ayres and John Braithwaite. *Responsive Regulation: Transcending the Deregulation Debate* (Oxford: Oxford University Press, 1992), p. 437.

③ 当前学界同时存在命令-控制型规制和命令型规制两种表述,本书不作区分,根据需要同时采用这两种用法。

④ Neil Gunningham, Peter Grabosky and Darren Sinclair, Smart Regulation: Designing Environmental Policy (Oxford: Oxford University Press, 1998), p. 238.

⑤ Darren Sinclair, "Self-Regulation versus Command and Control? Beyond False Dichotomies," *Law & Policy*, 1997(19): 527~591.

补这些缺陷，需要在世界范围内开展规制变革。① 有学者认为，命令—控制型规制模式的变革，使得规制不再依赖传统的批准与认可，而是更多地关注规制结构、激励机制和自我规制。② 作为规制变革的一部分，授权型自我规制日益成为一种广泛被接受的模式，在灵活性、遵从性、执行性和责任性等方面有着显著优势。③

与传统的命令—控制型规制模式相比，授权型自我规制的优势突出表现为：第一，规制标准是由被规制企业而不是由规制者制定的，而且标准是由企业来实施的。这与由规制者制定和实施的规则相比，授权型自我规制的成本被企业内部化了。因此，企业也将更愿意遵守他们自己制定的规则；④第二，授权型自我规制可以不断地调整规则以适应企业。在政府直接规制模式下，根据企业的类型和规模来实施规制是不可能的。然而，授权型自我规制中的规则可以根据不断变化的企业环境不断进行调整，使得规则的覆盖面更为广泛。

尽管授权型自我规制比传统的命令—控制型规制有明显的优势，但也有其缺陷：企业在自我评估的运作方面存在一定困难，在实施自我评估和控制方面缺乏积极性；⑤在企业被详细地告知他们该做什么的时候，他们只会执行有利于促进企业安全水平的政策；自我规制取决于市场状况（必须有经济激励来促进企业实施自我规制）、企业内部的信息状况（企业需要知道做什么和怎么做）和应变能力。有许多的企业尤其是小型的企业，不知道自己的行为所产生的风险。因此，企业不会去采取任何安全规制措施。⑥

---

① Organization for Economic Co-operation and Development (OECD), *Regulatory Policy in DECD Countries: From Interventionism to Regulatory Governance*. Paris: DECD, 2002.

② Anthony Ogus and Carolyn Abbot, "Sanctions for Pollution: Do we have the Right Regime?" *Journal of Environmental Law*, 2002(14):283～298.

③ Robyn Fairman, "A Commentary on the Evolution of Environmental Health Risk Management: A U.S. Perspective," *Journal of Risk Research*, 1999(2): 101～115.

④ Ian Ayres and John Braithwaite. *Responsive Regulation: Transcending the Deregulation Debate* (Oxford: Oxford University Press, 1992), p. 441.

⑤ Great Britain, "Advisory Committee on the Safety of Nuclear Installations (ACSNI)," *Organizing for Safety*, London: HMSO, 1993, p. 245. Hazel Genn, "Business Responses to the Regulation of Health and Safety in England," *Law & Policy*, 1993(15): 219～331.

⑥ Charlotte Yapp and Robyn Fairman (forthcoming), "Factors Affecting Food Safety Compliance Within Small and Medium Sized Enterprises: Implications for Regulatory and Enforcement Strategies," *Journal of Food Control*, 2006(17): 42～57.

2.共同规制

共同规制(Co-regulation)[①]源于多个利益相关主体创建的混合机制，是一种公共—私人部门共同规制机制。所谓共同规制指的是企业、公民社会组织、政府性组织和国际性机构共同促成规制标准的制定、执行、监督并实现利益相关者之间的对话。Zadek 认为，共同规制是一种通过合作治理提供公共品的机制。[②] 在共同规制过程中，企业责任可转化为企业义务，进而将一个新的自愿性供给和强制机制融入其中。

20 世纪 90 年代，自我规制由于规制信息和沟通网络方面的高效性而备受推崇。然而，政府在对规制过程的控制方面是相对低效的。由于人们对自我规制的关注逐渐减弱，共同规制得以发展。伴随着公共部门和私人部门不同程度的参与，不同规制方式之间便有了共通之处，共同规制逐渐形成，成为一种更严密和更具平衡性的规制模式。政府、企业、非政府组织与其他利益相关者之间合作治理模式的创立使得利益相关者能够控制企业的社会事务，监督企业的相关政策及行为。

共同规制使得更多的企业能够提高企业在社会和环境方面的绩效水平。有效率的共同规制具有以下特征：其一，被规制企业和诸如消费者等外部利益集团共同参与规制；其二，共同规制的实施是透明的，必须将他们的决定向所有的利益集团作出解释；其三，共同规制能够在较大程度上保持规制的独立性和避免规制俘获问题。

共同规制虽然能在一定程度上提高企业在社会和环境方面的绩效水平，但它有一个很难被监督的问题，即规制俘获。因为非政府组织和大型企业之间的密切关系意味着“规制俘获”及“公共选择”的风险在增加。社会部门和企业之间的距离，不仅在直接关系方面逐渐拉近，而且对于市场发展和市场策略方面的态度也在接近。然而，规制获俘可能不只是来自被规制企业，还来自其他利益集团。不同形式的规制俘获实质上是一个经验问题，很难从制度设计方面进行预测。

---

① Co-，“together; with”，意为“共同，一起”。本书中共同规制强调的是，在规制过程中政府、企业与社会等多方利益相关者之间的对话与合作。故笔者认为，可将“Co-regulation”译为“共同规制”。

② Simon Zadek，“The Logic of Collaborative Governance: Corporate Responsibility, Accountability, and the Social Contract，” in *Corporate Social Responsibility Initiative Working Paper*, No. 17, John F. Kennedy School of Government (Cambridge: Harvard University, 2006), p. 442.

3. 回应型规制

Ayres & Braithwaite 认为，回应型规制（Responsive Regulation）[①]是背景依托型的，应该根据当前规制环境的变化而采用不同的规制方案。规制者应该广泛考虑被规制者所面临的问题和环境，同时应该根据被规制者的不同改变其行为，也应该根据被规制者的不同反应作出不同的回应。回应型规制的一个关键假设，是规制者首先应该实行授权型规制，当这些规制无效的时候，继而转向强制性机制，[②]实质就是一种“针锋相对策略”（tit for tat）。规制者首先采取劝告或教育的方式，如果企业没有按照规制者的要求行动，就会受到较为严厉的惩罚。[③]

政府规制的实施会面临各种问题：规制资源的有限导致对违规企业的监督不足；规制目标的不明确导致规制效力的有限；很难通过规制策略的调整来实现规制绩效的改进。在规制实施的同时，被规制企业也会对规制作出回应。在面临被规制企业的回应时，规制者应该如何调整规制策略，决定采取何种类型的规制行动变得尤为重要。回应型规制更多地强调政府与企业在解决社会问题中的回应性，从而使得政府和企业之间的合作博弈收益最大化。

如图 3-1 所示，“规制策略金字塔”[④]设立了一系列选择，从最底部的最少干预依次到顶部的最多干预，规制者可以运用不同的策略选择使得被规

---

① responsive，“giving the hoped-for response or result quickly or willingly”，意为“易起反应的，敏感的，反应快的”。本书中所界定的回应型规制主要强调的是，规制者与被规制企业之间根据各自的反应产生良性互动，这与“responsive”的本意是一致的。故笔者将“Responsive Regulation”译为“回应型规制”。

② Ian Ayres and John Braithwaite. *Responsive Regulation*: *Transcending the Deregulation Debate* (Oxford: Oxford University Press, 1992), p. 451.

③ Ian Ayres and John Braithwaite. *Responsive Regulation*: *Transcending the Deregulation Debate* (Oxford: Oxford University Press, 1992), p. 453.

④ 拒绝策略（rufuse to do），即拒绝对社会问题采取行动责任的企业所采取的一种策略。有时候拒绝策略是一种正确的选择，特别是一些不重要的小团体对企业提出不合理的要求时。推诿策略（strike to do），有时又被称为“抵制策略”，即在面临需要承担比自己所预期应该承担更多社会责任的时候，企业会拖延采取行动，来满足相应社会责任的需求。此时，企业力争避免承担社会责任，并试图通过法律或行政手段来规避企业的社会责任，但在强大的社会压力下也会承担，但只是被迫承担。采取这一策略的企业通常会以最慢的接受速度来承担社会责任。屈从策略（have to do），有时也被称为“适应策略”，即企业自愿地承担社会责任以达到公众的期望。采取这一策略的企业不反对、不强烈抑制社会责任，在行动上也不勉强。此类企业会承担社会责任以满足社会的期望。支持策略（nice to do），有时也被称为“提前行动策略”，即企业在利益相关者的需求或者压力出现之前就采取行动，以改善社会福利，彰显其对社会责任的主动承担。采取这一策略的企业也可以通过自愿努力去减少被政府更加严格规制的可能性。

制者遵从规制。在金字塔的底端,被规制者意识到强制力的存在,不需要强制性措施,被规制者便会遵从规制。如果需要被规制者更多地遵从规制,干预的层次将会逐步升级,直至干预产生预期的回应,一旦合作成为可能,干预将会降级。在回应型规制中,规制者首先需要为企业实施自我规制提供解决方案,只有当预期目标没有实现的时候,才会被建议实施酌情处罚的命令型规制,而后通过授权型自我规制实施更为严格的非酌情处罚的命令型规制。

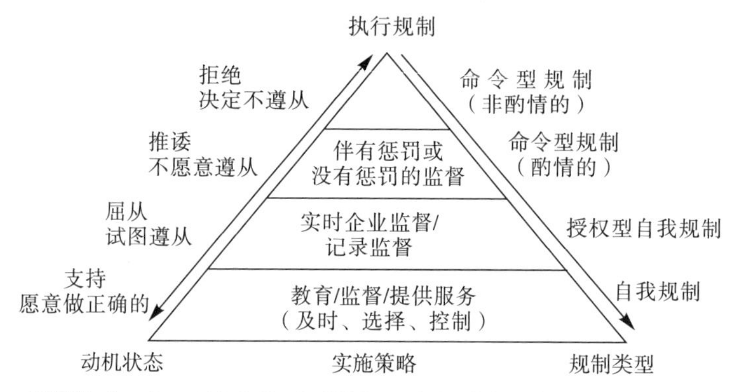

资料来源:Ayres, Ian, and John Braithwaite, 1992, Responsive Regulation. Oxford: Oxford Univ. Press.

图 3-1 规制策略金字塔

授权型自我规制、共同规制和回应型规制都是介于政府规制和市场规制之间的中间手段,在公共事务的治理方面都具有独特的优势,能够在一定程度上克服市场机制失灵和政府规制之不足。作为政府社会性规制与企业社会责任耦合的模式,必须既体现社会性规制的强制力,又具有企业社会责任的内生性;既要有一定的稳定性,又要具有一定的开放性。上述三种模式结合实践便可成为耦合模式的理想选择:授权型自我规制既包含了政府规制的指导,又具有企业自我规制的自觉性和内生性;共同规制既保证了政府的主体地位,又保证了企业的参与性;回应型规制强调了政府与企业在解决社会问题中的回应性,而且回应机制能够使政府和企业之间的合作博弈收益最大化。

然而,在公共事务的治理过程中,为了实现公共治理效率的提高,需要政府、企业与社会的合作治理,多方主体的参与势必会增加规制的复杂性,其中的不确定性也会随之增加。由于在现实经济中,对于社会性规制与企业社会责任耦合模式的选择问题,很难从理论上说具体选择哪一种耦合模式更正确。也许某一类现实情况可能同时适应于多种规制模式,只有多种规制模式的有机结合才能实现预定目标，因而就很难作出非此即彼的选择。因此，在复杂的现实问题面前，社会性规制与企业社会责任耦合的模式选择需要根据具体情况具体分析，这样方能实现较高的规制效率，促进社会福利的改进。

(三)流域环境治理中政府环境规制与企业社会责任的耦合

1.流域生态环境传统治理模式及其优劣

国内外关于流域生态环境治理的相关理论，为黄河中下游地区环境保护的研究提供了丰富的理论基础。与此同时，我国现有的关于流域环境治理的政策设计和实践为黄河中下游地区的环境保护提供了具有操作性的指导意义。在长期的理论和实践中，主要形成了三种流域环境治理模式：科层型治理、市场型治理和自治型治理。每种治理模式都有独有的特征和优势，也存有一定的不足。通过对上述三种流域环境治理模式的剖析和比较，能够为黄河中下游地区生态环境治理模式的选择起到较强的借鉴和启发作用。

(1)科层型治理模式及其优劣

以公共品理论和外部性理论为基础，科层型治理模式得以提出。由于流域生态资源同时具有消费的非竞争性和非排他性，流域生态资源既存在有效供给不足的问题，还是“公地悲剧”发生的高危领域。流域生态资源也具有较强的外部性特征：一方面，某一地区对流域生态环境的污染和破坏会影响整个流域的政府、企业和居民，而某一地区对流域生态环境的保护和治理又会让相邻区域甚至整个流域的政府、企业和居民受益，但是对于实施环境保护的地区而言，环境保护和治理的成本和收益存在严重不对等的情况，这便会导致流域环境保护和治理的动力不足。环境治理中的上述问题无法仅靠市场机制来有效调节，必然会出现市场失灵。在此背景下，科层型治理模式被提出。在世界各国流域环境治理中，科层型治理模式得到了广泛应用。它以行政等级为基础，依靠中央政府的权威，确定不同层级政府的环境保护和治理目标责任，采用“命令—控制”型的行政手段、排污收费等约束性的经济手段与强制性的法治手段，实现减少和限制污染物排放、改善流域环境治理的目的。

科层型治理模式在推动黄河中下游地区环境治理中有特有的优势，也存有一定的不足。就优势而言，科层型治理是借助于自上而下的行政体制，这种强有力的行政命令型的治理更有利于黄河中下游地区环境保护规划和政策的执行，对于流域生态环境保护中“公地悲剧”和外部性等问题的解决也会在短期内效果明显。然而，单一的科层型治理机制也有弊端，如容易引发排污企业的不合作行为、面临着较大的政策执行成本、难以解决点多面广的农村面源污染问题。另外，由于环境信息的偏在、环境治理专业知识的不完备、环境治理决策的片面性、环境治理政策执行的时滞性、政企“合谋”等问题的存在，科层型治理机制无法得以有效实施，从而导致环境治理政策无法执行。

(2)市场型治理模式及其优劣

以科斯的产权理论为基础，市场型治理模式得以提出。科斯著名的产权理论将外部性的产生归因于产权界定不清，他认为，“在交易费用为零和对产权充分界定并加以实施的条件下，外部性因素不会引起资源的不当配置”。根据科斯的观点，在流域生态资源的开发、利用和保护方面，如若产权界定清晰，便可通过市场机制将流域生态环境外部效应实现内部化，从而解决市场失灵的问题。在实践中，水权、排污权交易就是较为典型的市场型治理事例。具体而言，市场型协调机制可以分为两种类型：一是私人间双边市场，即流域生态资源的受益方与供给方之间开展直接交易；二是第三方规制市场，即以政府设立的市场中介组织为平台，企业之间开展自主交易。

市场型治理模式在现实的应用过程中，同时包含了政府、企业、第三方等多元主体共同参与治理。市场型治理机制能够同时兼顾公平和效率问题，借助于明确且具有可操作性的交易规则，取得了较明显的治理绩效。同时，市场型治理模式也在一定程度上实现了“污染者付费、受益者补偿”，这也能够更好地实现流域生态环境开发利用中外部效应的内部化。在现实中，存在水权、排污权交易“遇冷”的困境。以排污权交易为例，自2007年开始试点，没有得到广大企业的广泛参与，排污权交易更多带有浓厚的行政化色彩；在排污权交易实施过程中，还存在跨区域排污权交易的不易实现；难以监督、追踪和监测排污权交易所取得的经济效益，也可能是，现实中排污权交易的成本过高，致使排污权交易出现负收益；另外，在排污权交易过程中可能存在信息偏差情况，等等。

(3)自治型治理模式及其优劣

以集体行动理论和自主治理理论为基础，自治型治理模式得以提出。埃莉诺·奥斯特罗姆认为，公共事务的治理因具有高度的竞争性和低排他性而容易同时出现“市场失灵”和“政府失灵”现象。通过对世界多国公共事务治理成功经验的总结，她提出，可以在一定规模的组织中，通过建立适宜的规则体系，对参与各方的权、责、利进行明晰，最终实现资源的优化配置。这种基于集体行动和自主治理的制度安排既不是纯粹的市场机制，又非政府强制性治理机制，在解决了制度供给、可信承诺和相互监督等问题的基础上，也许能够实现更高的治理绩效。但是，在现实中，制度供给、可信承诺和相互监督等一系列条件和原则的满足存有一定困难。

自治型治理模式在实践中有两种表现形式：自发性自治和引导性自治。顾名思义，自发性自治指的是在一定区域内通过完全自发而形成的自治模式；引导性自治指的是通过外部力量的引导而形成的自治模式。流域环境保护问题具有一定的公共事务的特征。从实践来看，黄河流域的环境治理更多是实施引导性自治。黄河中下游各省（自治区）政府均为本区域公共利益的代表，通过互惠协商的方式处理府际环境保护和治理中的各种纠纷，有利于跨区域环境保护问题的改善。在长期的自治协作治理中，政府及相关职能部门加强沟通协商，基于长期动态的博弈而采取有利于合作的一致行动，则有利于降低交易成本，是推动黄河流域生态环境改善的有效治理机制。

2. 实现政府环境规制与企业社会责任耦合的合作治理①

如前所述，单一的科层型治理模式难以解决流域生态环境治理中的复杂性、动态性问题，也无法充分调动多方主体参与环境治理。另外，即使多元主体之间，诸如央地政府间、流域内不同地方政府间、不同层级政府间都存有利益博弈和冲突，加之信息偏差还会引发逆向选择和道德风险问题；市场型治理机制也会由于流域生态资源的产权不明确、市场交易机制不完善等问题的存在，无法充分发挥治理效能；自治型治理模式又需要满足一系列的原则和条件方能顺利得以实施。这就需要在黄河中下游的环境治理中寻求政府环境规制与企业社会责任耦合的新的治理模式。本书认为，与传统的科层型治理、市场型治理、自治型治理相比，合作治理是一种更优的治理模式。合作治理能够综合多种治理模式的优点，克服单一治理模式的缺陷，从而更有效地破解黄河中下游地区环境治理困境。

由于流域环境保护的公共品特征，黄河中下游政府环境规制与企业社

---

① 该处部分内容参考樊慧玲：《政府食品安全规制与企业社会责任的耦合研究》，东北财经大学博士学位论文，2012 年，第 34 页。其中，部分内容发表在樊慧玲、李军超：《社会性规制与 CSR 耦合的机制构建》，载《北京理工大学学报（社会科学版）》，2012 年第 2 期，第 40～44 页，内容有适当改动。

会责任的耦合,需要政府、企业及社会公众和组织通过跨部门的多边合作实现环境保护的流域合作治理。环境保护的合作治理因其独有的特征和优势或将成为当前黄河中下游地区生态环境保护的主导治理模式。

(1)合作治理模式的概念演绎

20世纪90年代以来,治理(Governance)①一词逐渐成为公共管理领域的一个核心概念,而且这一概念的应用逐渐扩展,不只是限于政治学领域,经济学界和社会学界也都在广泛地使用这个概念。从本质上来讲,治理是人类政治生活变革的一种产物,这种变革使得人类政治生活的重心由统治转向了治理。库伊曼在《将治理关系当作一种治理》一书中提出过三种治理模式:自我治理(Self-governance)、合作治理(Co-governance)、科层治理(Hierarchy-governance)。库伊曼也曾经在《新治理:政府与社会互动》一书中提及正在欧盟兴起的合作治理模式。其中提到,在欧盟正在兴起一种倾向于社会中心的治理模式。这种治理模式并不只是涉及政府结构的整合与人员的精简,而是一种关于社会政治的治理改造工程,这项工程涉及政府和民间社会之间互动关系的多个方面,诸如行为面、过程面、结构面,是多个方面的动态结合。②

Tam等人为了讨论个体间所存在的"共同价值和相互责任感"相互依赖问题,曾经提出过公私包容式的"合作治理"。他们认为,"只有通过对于维护共同价值的共同责任的追求,才能够保证对于个人目标的追求不会影响到社会的共同价值"。③同时,Tam等人还进一步指出,个体间所存在的共同价值会使个体间能够相互支持,通过社会道德的约束,还能够将不同的个体融为一个共同的"社区"。因此,合作治理也就是指,在自律性社区之中,所有个体之间相互影响,而且能够在各个方面达成共识的过程。

李砚忠认为,合作治理模式实际上就是以共同参与(Co-operative)、共同出力(Co-elaboration)、共同安排(Co-arrangement)、共同主事(Co-

① 对于治理一词的英文译法,国内有着不同的意见。有人将英文中的"govern"译为"治理""统治""驾驭"等,而将"governance"译为"治道";也有人经常将"governance"译为"治理""政治管理""政府管理"等。本书采取后一种译法。

② Jan Kooiman, *Modem Governance: New Government-Society Interactions* (2nd) (London: Sage, 1993), p. 8.

③ Henry Tam, *Communitarianism: A New Agenda for Politics and Citizenship* (New York: University Press, 1998), p. 105.

chairman)等为基础的互动关系的治理形式。[①] 合作治理模式强调的是，政策的制定需要多个治理主体的共同参与。政策的制定过程不是通过政府的强制力来实施的，当然也不只是依靠自上而下的专家指导来完成的。合作治理需要的是，多个社会主体之间的协同合作，以便实现多元社会主体之间的良性互动。

综上，笔者认为，治理模式发展到合作治理的过程，对于政府部门而言，就是一个由“划桨者”向“掌舵者”[②]转变的过程；对于非政府部门而言，就是一个由被动排斥向主动参与转变的过程。正如托尼·麦克格鲁所认为的那样：“合作治理是一种社会合作过程，并以公共利益为目标。其中，政府的作用是关键的，但是不一定是具有支配性的。”[③]合作治理的实质就是，为了实现公共利益，包括政府、市场、公民社会组织在内的多元治理主体共同管理公共事务，以实现相互合作、权利共享。其中，合作包括政府和公民社会之间的合作、政府和非政府组织之间的合作、公共机构和私人机构之间的合作。

在合作治理过程中，多元化的治理主体通过确立认同，订立共同的目标，建立合作、协商、伙伴关系等多种方式来实现对公共事务的共同治理。在合作治理过程中，政府作为对治理政策具有“掌舵”(Steering)能力的主体，能够灵活地运用多种治理工具，去影响并协调多个治理主体的行为，以便发挥“导航者”的作用，促进公共事务治理目标的实现。

合作治理还通过信任机制和互动机制的运作，以更好地实现多元主体之间的合作，进而实现多元治理主体的共同目标。其一是信任机制。多元治理主体只有在合作治理中相互信任，才能在治理中实现合作，并能够提高解决彼此间分歧的有效性，尽量减少集体行动过程中的障碍，最终为实现共同的目标通力配合。其二是互动机制。互动机制指的是多个治理主体之间通过直接或者间接的纽带，对其他治理主体会产生一定的影响，并

---

① 李砚忠：《以“合作式治理”提高和谐社会建设中的政府信任》，载《科学社会主义》，2007年第2期，第103～106页。

② 美国学者E.S.萨瓦斯(Savas)认为，“政府”一词源于古希腊语，它的意思是“掌舵”(Steering)。在合作治理过程中，政府对公共事务进行治理，它“掌舵”但不“划桨”，不直接介入公共事务，只介于负责统治的政治和负责具体事务的管理之间。转引自毛寿龙等：《西方政府的治道变革》，北京：中国人民大学出版社，1998年，第7页。

③ 托尼·麦克格鲁：《走向真正的全球治理》，见李惠斌：《全球化与公民社会》，桂林：广西师范大学出版社，2003年，第94页。

能够对外界环境有一定的反应能力。通过互动机制的运作,多元化的治理主体之间才能够实现资源的共享和知识的交流。

在“统治”一词广泛使用时期,政府被普遍地视为唯一能够决定公共事务的主体。社会普遍认为,政府能够集中所有的公共资源,能够处理一切公共事宜。但是,随着社会复杂程度的不断提高,政府越来越无法处理所有的公共事务,于是便出现了“政府失灵”现象。托克维尔说过:“一个中央政府,不管它如何精明强干,也不能明察秋毫,不能依靠自己去了解一个大国生活的一切细节。它办不到这一点,因为这样的工作超出了人力之所及。当它要独力创造那么多发条并使它们发动的时候,其结果不是很不完美,就是在徒劳无益地消耗自己的精力。”[①]弗里德曼及其“自由选择”认为:“政府超越其最低限度(‘公共利益’)职能(如防御和公共秩序,而不是邮政服务)的扩张,会削弱资源的有效利用,阻碍经济发展以及限制社会流动和政治自由。”[②]

认识到了政府的缺陷,许多人便开始推崇市场。以亚当·斯密为代表的古典自由主义学派认为,“一个功能广泛的市场经济产生于经济和技术的进步、资源的有效利用、生活水平的不断提高(除了某些公认的例外情况,这种提高是合理平等地分配的),以及以社会流动和政治自由为特征的社会”。[③] 古典自由主义学者相信,市场在实现经济主体私利的同时,也能够处理好公共事宜。因此,市场机制也可以作为一种有效治理公共事务的手段。但是,市场也不是万能的。市场也存在着种种弊端,从而也会导致资源配置效率的低下。

伴随着社会的发展,人们生产生活水平的提高,社会的公共需求也在随之发生很大的变化。不仅公共需求的形式越来越多样化,而且对公共事务质量的要求也越来越高。因此,无论是政府这只“有形之手”,抑或是市场这只“无形之手”都无力独自处理一切社会公共事务。单单选择政府治理或者市场治理都是一种不合适的选择。在日趋复杂的现代社会中,单独的政府治理或市场治理都会受到强烈的冲击。可见,政府治理模式与市场治理模式,对二者中的任何一种选择都无法很好地解决公共事务的治理

---

① 托克维尔:《论美国的民主》,董果良译,北京:商务印书馆,1988年,第100~101页。

② 查尔斯·沃尔夫:《市场或政府——权衡两种不完善的选择/兰德公司的一项研究》,谢旭译,北京:中国发展出版社,1994年,第2页。

③ 查尔斯·沃尔夫:《市场或政府——权衡两种不完善的选择/兰德公司的一项研究》,谢旭译,北京:中国发展出版社,1994年,第1页。

问题。

直至20世纪的90年代后期,出现了全球化、信息化以及分权化的趋势,公共治理的生态环境也随之发生了变化,社会生活的各个层面也都朝着多元化的方向发展。在治理领域,不仅治理方式呈现出多元化的态势,而且治理主体也逐渐地多元化。政府、工商界、公民社会之间的合作是提升国家竞争力,实现国家繁荣的基本要素。[①]

笔者也看到了,20世纪90年代以来,公民社会组织[②](CSOs)发展迅速,它们通过各种方式,与政府部门开展对话、协商与合作,从而推动了社会治理模式能够适应社会治理生态环境的变化。公民社会组织的兴起说明了这样一个问题:即政府应该脱离“划桨者”的身份,转而扮演“掌舵者”的角色。与此同时,这也意味着,政府在社会治理过程中的权威地位受到了挑战,以政府为中心的、传统的社会治理模式已经无法很好地解决社会问题了。因此,社会治理需要引入其他社会主体并相互合作,共同应对日益严峻的公共治理挑战。以此为契机,合作治理应运而生。在合作治理过程中,需要政府、企业和社会等众多行动主体共同参与、共同出力、共同安排、共同主事,实现主体间的合作与互动,唯有如此,方能实现公共事务的有效治理。此时,各个行动主体之间是真正的合作伙伴关系,合作者之间既不是排斥异己的垄断者,也不是事不关己的局外人。而且,合作伙伴都需要怀着合作的愿望,并作出合作行动的选择。

合作治理模式有别于其他治理模式,其特征主要表现在以下几个方面。

一是主体的多元性。合作治理的主体除了包含政府之外,还将一切可能参与进来的多个社会主体都囊括了进来。可以说,治理主体包括一系列社会公共机构及行为者,他们来自政府,但是不限于政府。政府也并不是国家唯一的权力中心。一系列的公共或者私人机构都有可能成为各个层面的权力中心,只要他们所行使的权力得到社会公众的认可,就具有合法性。治理过程实际上就是多个治理主体之间协调互动、相互影响的过程。多元治理主体对公共事务的共同治理主要是通过合作、协商的方式来实

① Gilles Parquet, *Governance Through Social Learning* (Ottawa: University of Ottawa Press, 1999).

② 无论是在学者的文章中还是在政府的文件中,经常使用的关于公民社会组织的称呼有:非政府组织、非营利组织、民间组织、公民团体、中介组织、群众团体、人民团体、社会团体、第三部门组织、志愿组织,等等。本书视这些组织是无本质区别的。

现的。

二是关系的依赖性。在合作治理模式中，单一的某个治理主体没有足够的资源和能力独立处理公共事务。因此，多元主体之间是共生共荣、相互依赖的关系。为了实现对公共事务的共同治理，各个治理主体之间必须相互依赖。为了实现共同的治理目标，各个治理主体需要相互交换资源。从这个角度来讲，合作治理过程实际上就是治理主体的互动过程。合作治理的实施，也就是能够相互发生影响的多元治理主体之间的持续互动过程。

三是功能的互补性。合作治理模式中各个治理主体的功能有所不同，各主体为了有效地治理社会事务，需要相互补充、互通有无。合作治理强调的是公共部门与私人部门之间，以及政府与民间的合作与互动。合作治理也可以说是多个公共的或者私人的个人或者机构共同管理公共事务的多种方式的总和。在特定的政策领域中，各个治理主体彼此都需要相互支持，每一个主体都能贡献彼此相关的知识或者其他资源。没有一个主体拥有可以使政策运作起来的所有知识或者资源。唯有主体之间的相互补充、互通有无，方能提高治理效率。

四是行动的自组织化。如果多个行为主体之间的关系松懈，或者都拥有运作自主权，彼此相互依赖，而且关系复杂，有着共同的利害关系或共同参与某些活动，则自组织便是特别适宜的协调方式，合作治理多元主体之间的关系恰恰符合上述情况。自组织治理的典型逻辑就是进行谈判的逻辑，通过谈判以达成共识。合作治理的行动机制便是以“反思的理性”为基础的，也就是说，将治理目标定位于谈判与反思之中，通过谈判和反思实现治理目标的不断调整，逐渐借助于谈判和协商的力量达成共识，通过增进相互间的信任，以便能够实现彼此之间的合作，最终能够在“正和博弈”中求得共赢。① 以反思的理性为基础，通过多元主体之间持续不断的对话，以便交换更多的信息，这样便能够减少单个主体的有限理性所带来的问题。与此同时，多个治理主体在协商的过程中，通过确立共同的目标，建立起相互信任的关系，以此也可以减少单个主体的机会主义行为。因此，自组织治理所采取的行动主体之间的协调方式，能够补充市场交换和政府自上而下调控的不足之处，从而起到多项资源的协同增效作用。

---

①　谭英俊：《公共事务合作治理模式：反思与探索》，载《贵州社会科学》，2009 年第 3 期，第 14～18 页。

五是结构的网络化。合作治理实际上是一个以互利、互信为基础的社会协调网络。[①] 治理网络是由相互依存的治理主体所组成的，而且这一网络在某些特定的领域拥有发号施令的权力。在合作治理的实现过程中，多元治理主体能够充分发挥各自的优势，并有效利用各自的资源，针对共同面临的问题，制定共同的目标，通过相互间的对话与协商，实施集体行动，通力合作，进而形成一种能够共同承担风险及责任的公共治理网络。[②]

(2)合作治理模式之于政府环境规制与企业社会责任耦合的适切性

第一，政府环境规制与企业社会责任耦合中合作治理模式的引入。如果从公共利益的角度去思考合作治理的问题，政府与其他一切社会治理力量都应该以公共利益的实现为共同目标。为了维护和增进公共利益，政府及其他治理主体需要广泛地开展合作，共同打造合作治理模式。由于“搭便车”问题的存在，私人提供公共产品或服务的效率往往较低，因而政府在这个方面依然有“失败”的可能。然而，在公共产品或服务的供给方面，合作治理模式有助于“维持社群所偏好的事务状态”，[③]从而有利于公共产品或服务供给效率的提高。

以往关于企业治理机制的研究主要集中在企业内部，研究的重点在于企业内部责权利的划分、激励与约束问题。然而，诸如环境保护、生产安全、食品安全等社会公共需求的治理已经突破了企业边界，延伸至公共领域之中，单靠企业治理(企业社会责任导向型的自我规制)或公共治理(政府通过规制提供)已经无法很好地解决此类公共需求问题了。因此，政府规制与企业社会责任需要耦合，政府与企业之间需要构建一种合作治理模式，以此推动政府规制与企业社会责任之间的耦合，为耦合的实现从组织上提供一定的保障。也就是说，在保护环境、保障生产及食品安全等公共需求的供给过程中，可以引入合作治理模式，引入多元的治理主体，进行相互之间的对话和合作，从而有效地实现企业治理和公共治理二者的结合，进而实现政府规制和企业社会责任的耦合，并运用互补性的政策战略与政策工具，最终实现社会公共需求的有效供给。

如前所述，虽然环境治理并非纯公共物品，但环境治理具有非竞争性

---

① 转引自俞可平主编:《治理与善治》,北京:社会科学文献出版社,2000年,第3页。

② 谭英俊:《公共事务合作治理模式:反思与探索》,载《贵州社会科学》,2009年第3期,第14～18页。

③ 迈克尔·麦金尼斯编著:《多中心体制与地方公共经济》,毛寿龙译,上海:上海三联书店,2000年,第46页。

和非排他性的属性，这意味着环境保护并不能完全依靠市场来提供。一方面，环境治理的公共品属性不仅会带来“公地悲剧”和“反公地悲剧”，甚至还会带来多元集体行动的无序；另一方面，由于环境治理的外部性特征，使得环境治理的成本与收益不对等，这又会带来环境治理的“搭便车”现象。因此，环境治理不能够仅靠市场机制来解决，也需要拥有政治权威的政府实施相应的政策鼓励和制度规范。

环境治理中的“公地悲剧”“反公地悲剧”及“搭便车”现象的出现，其根源在于环境本身的产权界定不明确，且产权界定成本高昂。加之，公共选择理论中的“集体行动的逻辑”，使得“经济人”个体的私利取向不利于集体的公共利益实现。因此，环境保护问题的解决不能仅靠市场对产权的确认，也无法仅靠政府的行政命令。由于环境治理的系统性、复杂性、跨域性和动态性，以及人类行为及其利益的多样性，环境保护问题的解决需要一种同时包括政府和市场在内的“多中心治理模式”。在多中心治理模式中，政府或市场不再是唯一的治理主体，环境保护问题的解决也不是依靠某一主体，不论是政府、企业，还是社会组织或个人，都没有足够的知识、能力和信息来解决复杂的环境治理问题，需要根据现实具体的环境治理实践构建多元主体共同参与协作机制，政府、企业及社会公众和组织应该充分发挥自身优势，充分发挥多元主体各自的环境治理潜能，实现彼此间的互动与合作。在奥斯特罗姆看来，在公共物品治理中，多中心秩序比单中心更有效率。[①] 国内学者金书泰在对国内外环境治理理论及实践进行考察的基础上，发现生态治理成效良好的国家和地区大多已经建立起了多元主体互动协同的治理机制。[②] 环境社会学学者王芳也指出，环境保护不仅需要市场的手段，也需要政府的努力和实践。她指出，政府环境治理责任不仅要构建环境治理和环境保护的制度及其相关法律与政策体系，也需要构建政府、社会组织、企业和公众间的协同机制。[③] 构建包含政府、企业、社会公众和组织在内的多中心环境治理模式，已成为解决环境保护问题的有效治理方式。

环境保护合作治理的实现需要政府对企业日常生产行为及其环境责

---

① 埃莉诺·奥斯特罗姆：《公共事务的治理之道：集体行动制度的演进》，余逊达等译，上海：上海译文出版社，2012年，第23页。

② 金书泰：《生态现代化理论：回顾和展望》，载《理论学刊》，2011年第7期，第59～62页。

③ 王芳、黄军：《乡镇政府生态治理能力提升路径探析》，载《人民论坛》，2017年第12期，第70～71页。

任的履行状况进行有效监督，还需要政府构建并顺畅社会公众和组织参与环境治理的渠道。环境敏感型企业作为环境污染的主要“生产者”，理应承担必要的环境治理责任，成为重要的环境治理主体。环境敏感型企业作为经济发展的“细胞”组织，一方面，成为地方经济发展的重要经济增长来源；另一方面，会对当地的生态环境造成较大的污染。因此，环境敏感型企业便成为政府实施环境规制的重要规制对象。政府通过行政、市场及法律等手段推动企业环境责任的履行，实现环境敏感型企业的节能转型。显而易见，环境敏感型企业是生产方式绿色化和发展“绿色”经济的重要实施主体。其一，企业需要按照绿色发展的要求开展自身的生产经营行为。其二，鉴于社会公众环保意识的逐步增强，企业必须生产顺应公众环保意识的产品。其三，企业自身应当更多采用新技术以减少资源的损耗和对环境的污染。其四，企业应当通过诸如缴纳环境税、参与碳交易和环境交易等，参与环境治理过程之中。社会公众作为环境治理的重要主体，是推动环境治理的关键力量，也是环境治理需求最为强烈的一方。根据国内外环境治理的实践经验，社会公众会主动监督企业的环境污染行为，也会主动对政府环保部门环境治理的全过程进行督促和监督。另外，社会公众还会通过“民主投票”的方式参与环境治理政策的制定、执行及监督。所有社会公众成功参与环境治理均依赖环境治理中社会公众参与机制和渠道的建立，取决于环境治理的核心行动者——政府对社会公众参与保护制度的构建和执行。与此同时，社会公众对企业的监督和施压，同样可以促使环境敏感型企业承担自身的环境治理责任。由此可见，环境保护问题的解决，不仅需要政府环境规制的实施，还需要企业环境责任履行，也需要政府、企业和社会公众与组织的协同合作。

第二，政府环境规制与企业社会责任合作治理域的确定。通过构建合作治理模式实现政府环境规制与企业社会责任的耦合，这是一个极其复杂的过程，需要全社会相关利益集团的共同参与。合作治理模式不仅要具有很强的包容性，还需要有较强的开放度，各主体需要共同参与构建合作治理模式。可用图 3-2 来表示合作治理域的确定。

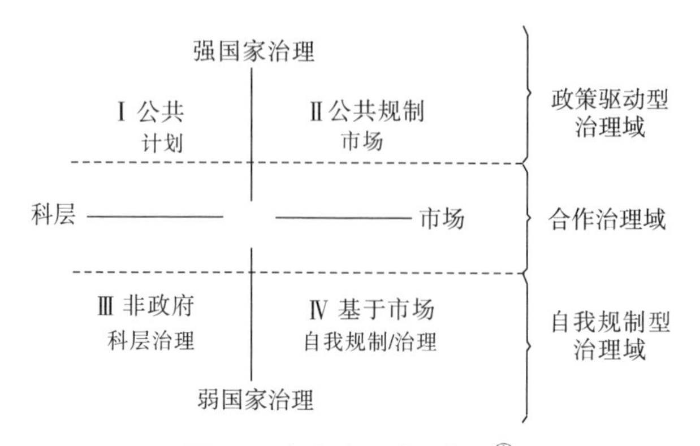

图 3-2　合作治理域示意图[①]

如图 3-2 所示，运用一个二维坐标图表示合作治理及其和公共治理、企业治理相关的内容。其中，水平轴表示计划经济（即科层制[②]）和以有管理的市场为基础的规制模式。图中上半部分代表了强国家治理，[③]包括区域Ⅰ和区域Ⅱ。其中，政策驱动型的治理域（公共治理）占大部分。下半部分代表了弱国家治理，[④]包括区域Ⅲ和区域Ⅳ。其中，以企业社会责任为导向的产业自我规制域（企业治理）占大部分。合作治理域指的就是两大区域交叉的中间部分，意在表示实现政府环境规制和企业自我规制的结合，进而实现合作治理。足够的合作治理域的形成，加之互补性的政策策略及政策工具的选择，便可提升合作治理的效率。

（3）黄河中下游地区生态环境合作治理的应然状态

政府在跨区域环境治理中处于中心地位，多元治理主体以竞合关系作为运转的基础，多元主体间基于信任、规范开展互动合作，共同管理公共事务，其合作呈现动态化和复杂化的特征。具体体现为：治理主体多元化、治理方式多样化、治理目标一致性三大特征。一是治理主体多元化。从治理主体来看，黄河中下游地区生态环境的治理包括政府、环境敏感型企业、社

---

① Atle Midttun, "Partnered Governance: Aligning Corporate Responsibility and Public Policy in the Global Economy," *Corporate Governance*, 2008(08): 406～418.

② 我们这里对于科层制的认知，主要是根据韦伯的界定，认为科层制是特定类型的行政管理结构，具有官僚形式的行政特征。将科层制的含义进一步泛化，通常认为科层制代表了规章制度臃肿而造成的低效率或盲目服从。

③ 所谓强国家指的就是，明显区别于公民社会，拥有足够的资源，因此也能够抗得住社会压力的国家。在强国家治理中，国家处于中心地位，由中央集权的国家实施监督、"指导"与再分配。

④ 所谓弱国家指的就是，国家变得不那么强有力，而是采取低姿态。在弱国家治理中，国家"只掌舵，不划船"，国家作为一个几乎并不比其他方面重要多少的合伙者，与私营利益集团一起在公共事务的治理网络中共同发挥作用。

会组织、社会公众等多元主体，而不再将政府作为单一的生态环境治理主体。政府之外的其他治理主体与政府的关系是合作伙伴关系，而不是纯粹的服从者。在黄河中下游地区的生态环境治理中，多元主体各自发挥比较优势，积极参与生态环境治理。二是治理方式多样化。从治理方式来看，黄河中下游地区的生态环境治理不仅单纯地实行强制管理，也会开展主体间的协商和谈判；既会采取法治方式，也会存有非正式制度的约束。同时，还会采取相应的激励措施，鼓励企业积极参与流域环境保护的治理和公共服务的供给。黄河中下游五省（自治区）在生态环境合作治理中各有任务分工，中央政府会对生态环境治理工作进行考核问责，政府对排污企业也可能采取强制措施，这是强制管理的一面。与此同时，也存在地方政府之间、地方政府和企业之间的协作共治。中央和地方政府既通过完善法规、规章、政策等正式制度为黄河中下游地区的生态环境治理提供制度保障，也会适当运用非正式规则来减少交易成本。三是治理目标一致性。从治理目标来看，在黄河中下游地区生态环境治理过程中，多元主体间以互信、互利、互存为基础，通过相互协商、谈判，求同存异，最终达成一致的目标。在黄河中下游五省（自治区）在生态环境治理中，中央政府和地方政府、中下游政府、政府与企业、政府与社会组织、政府与公众、企业与企业、企业与公众之间相互协商，不断互动，寻求黄河中下游地区生态环境治理的最大公约数，从而达成公共利益最大化、水资源配置效率最优化和污染负效应最小化。

（4）黄河中下游地区实现生态环境合作治理的内在要求

政府环境规制与企业社会责任耦合合作治理模式的特有优势使其成为当前黄河中下游地区生态环境保护的主导治理模式。① 生态环境合作治理模式的实现需要黄河中下游生态环境治理结构、政策体系、决策机制及政府关系等方面都需要作出相应的转变。具体体现为：一是治理结构需向扁平化转变。在治理结构上，需要实现从垂直型向扁平化转变。在黄河中下游生态环境的合作治理中，既包括纵向的“多层治理”，也包括横向的“伙伴治理”。“多层治理”指的是中央承担黄河中下游生态环境保护和治理规划、政策的制定和监督执行等职能，不同层级政府根据权责大小承担辖区内生态环境保护和治理的责任。“伙伴治理”指的是黄河中下游政府

---

① 之所以说是主导治理模式，是因为在较长的一段时间内，科层型治理、市场型治理和自治型治理模式还会存在，并继续发挥其功能和效应。

通过协商达成生态补偿方面的协议，或者政府引导企业、社会公众和组织参与黄河流域生态环境治理，从而实现“污染者付费，受益者补偿”。二是政策体系需向激励约束相容转变。在政策体系上，需要实现从以“命令—控制”为主导的强制性约束向激励约束相容转变。在治理结构向扁平化转变的同时，黄河中下游地区的生态环境治理还需要在政策体系方面实现强制性约束向激励约束相容转变。在生态环境治理中明确包括中央政府、省级政府、市县级政府在内的多层级政府的权、责、利，在多层级政府治理中引入激励约束相容的政策工具，以提高黄河中下游各层级政府参与生态环境治理的积极性和主动性，更好地处理好“条条”“块块”“条块”关系，打破条块分割的局面。三是决策机制需向多中心决策转变。在决策机制上，需要实现从单中心决策向多中心决策转变。在黄河中下游环境治理中，政府、环境敏感型企业、社会公众和组织的共同参与，使得决策机制开始向多中心决策转变，政府与排污企业、产业链关联企业之间形成伙伴关系；环境污染第三方治理中的企业和社会组织参与，政府与社会组织在生态环境治理中形成合作关系。多元主体共同参与黄河中下游环境治理的决策，更有利于发挥环境敏感型企业、社会公众和组织在生态环境治理中的优势，弥补政府及其职能部门在资金、知识、专业技术等方面的不足。四是区际政府关系需向竞争合作伙伴关系转变。在黄河中下游政府关系方面，需要实现从零和博弈向竞争合作并存的伙伴治理转变。在传统的治理机制下，黄河上下游地区各省（自治区）政府之间，存有利益博弈和冲突。上游地区的政府在生态环境治理上所付出的努力和取得的成果带来的正外部效应，被下游地区免费地享有，下游地区也没有或者较少为此付出一定的费用。长此以往，上下游地区政府在流域环境治理中就呈现出非合作博弈或零和博弈的局面，出现环境治理领域的“公地悲剧”。黄河中下游地区环境保护的合作治理机制可以通过跨部门、跨区域的协调，实现政府之间的平等协商和谈判，通过签署协议，实现受益方对受损方的生态利益补偿，从而达成某种均衡，实现共赢。

二、黄河中下游地区政府环境规制与企业社会责任耦合的命令型规制

随着工业化和城镇化的快速发展，环境问题日益严重，黄河中下游地区在经济高速增长的同时，承担了经济发展带来的环境后果，由于水质变化导致地区水资源紧张、环境污染加剧，给黄河中下游地区造成了巨大的

环境压力，黄河中下游地区经济与环境协调共生实现高质量发展的目标受阻。为保证黄河中下游地区持续性的高质量发展，必须重视环境问题。然而，黄河中下游五省（自治区）的经济发展压力较大，粗放型的经济增长方式占据主导地位，环境友好型的经济增长方式发展较弱，黄河中下游地区的环境问题多是由于企业环境污染行为导致的，企业自发实施环境治理的内生动力不足，因此需要政府规制的嵌入来处理环境问题，继而也就必须处理好政府环境规制与企业社会责任的耦合问题，提升环境治理效率和水平。本书在该部分通过审视当前我国在黄河流域所实施的环境规制安排，剖析当前黄河中下游地区政府环境规制与企业社会责任的耦合模式。

（一）黄河中下游地区水污染治理的规制安排

黄河中下游地区水污染具有跨界性和流动性的特点，《中华人民共和国水法》（2016 年 7 月修订）规定，我国流域水污染的规制原则：水资源归国家所有，水资源管理实施流域管理与行政区域管理相结合的制度。水利部履行国务院的水行政主管部门的职责，对全国的水资源实施统一管理和监督。生态环境部负责污染源、污染排放的管理工作，并不直接实施流域水质的管理。与此同时，我国采取了中央集中规制的方式处理流域水污染问题，黄河水利委员会作为水利部在黄河流域的派出机构在黄河流域行使水行政职能，主要包括流域水资源的合理开发与利用、流域水资源的管理和监督、流域水资源节约与保护等工作。黄河水利委员会对流域内的环境保护部门进行执法监督，对跨域水污染防治工作进行统一监管，并负责协调流域内水利、国土资源、森林等与水资源管理之间的关系。黄河水利委员会结合沿黄各省（自治区）的区域管理，依法行使国家法律、法规和水利部授予的管理和监督权力，对黄河流域的水资源进行管理。

根据《中华人民共和国水法》（2016 年 7 月修订）的上述规制原则，我国流域水污染治理的制度安排是国有水权制度，总体上来看采取的是相关责任部门相互协商的制度，在协商不成的情况下由上一级政府裁决，流域和流域之间的水资源可以由中央相关部门进行调配。黄河中下游地区由于经济增长势头迅猛，各省（自治区）对流域水资源争夺激烈，水资源的宏观管理制度实际上是将流域水资源划分成区域水资源，中下游各省（自治区）的地方政府通过直接行使或者发放许可证的方式向辖区内的企业和居民赋予水资源的使用权。因此，下游地区的水资源数量和治理就难以得到保障。

1. 国外跨界水污染治理机制

在分析我国跨界水污染治理之前，笔者先列举一些国外典型的跨界水污染治理机制，通过国内外水污染治理制度安排的比较，我们将更容易发现我国当前流域水污染治理相关制度安排所存在的问题。具体如表 3-1 所示。①

表 3-1 国外跨界水污染治理机制

流域名称	跨界水污染治理体制		跨界水污染治理机制	
	机构	职能	现行制度	职能
美国科罗拉多流域	联邦政府机构及下辖子机构	协调管理：全流域层面的跨界水权管理、环境保护等	科罗拉多河协议、博尔德峡谷项目法案等水资源分配协议	进行州际、国际水资源分配、水质管理
	科罗拉多河流域协调委员会	监督上游流域各州的水分配		
英国泰晤士河流域	以环保为主的国家政府部门	负责制定流域治理方面所有政策	自 15 世纪起涉及流域治理。目前仍然生效的法律有：1961 年流域法及河流污染防治法、1974 年污染控制法、1989 年水法、1995 年环境法等	1989 年私有化改革后，将 1973 年成立的 10 个地区税务局改组为上市的水务公司；1995 年将 1989 年成立的国家河流管理局并入新成立的环境署，负责所有流域水资源规划和规制职责。
	国家环境署	作为环境部的执行局，是非政府部门的公共组织，负责流域综合管理、水污染防治等		
	泰晤士水务公司	提供流域范围内水服务，包括水供给、污水处理等		

① 施祖麟、毕亮亮：《我国跨行政区河流域水污染治理管理机制的研究——以江浙边界水污染治理为例》，载《中国人口·资源与环境》，2013 年第 7 期，第 3～9 页。

续表

<table>
<tr><th rowspan="2">流域名称</th><th colspan="2">跨界水污染治理体制</th><th colspan="2">跨界水污染治理机制</th></tr>
<tr><th>机构</th><th>职能</th><th>现行制度</th><th>职能</th></tr>
<tr><td rowspan="3">日本淀川流域</td><td>国土厅</td><td>水资源综合规划、治水工程建设、环境保护</td><td rowspan="3">各机构、各部门严格遵守相关法律、协议、区域间有时直接缔结协议解决跨界水污染治理问题</td><td rowspan="2">属于“多龙治水、多龙管水”模式，中央直属各个机构按照法律赋予的权限进行管理、依法行政</td></tr>
<tr><td>厚生省环境厅</td><td>环境保护</td></tr>
<tr><td>水资源开发公团（具有半官半民的性质）</td><td>对日本七大水系进行开发治理，调整各方面关系、筹集资金、统筹全国水资源开发事业</td><td>流域内跨界事务通过水资源公团进行统一开发</td></tr>
</table>

从表 3-1 可知，尽管各个国家在跨界水污染治理中的做法不尽相同，但是依旧可以看出：一方面，在跨界水污染治理过程中，国际通行的做法是将流域作为一个整体进行管理，只有这样方能从根本上解决流域的跨界水污染治理问题；另一方面，从治理手段上来看，国际上流域成功治理的经验是，实现了流域综合管理，即从法律、行政、机制、技术等多个层面综合研究跨界水污染治理，尽可能多地吸纳水资源利益相关者广泛参与水污染治理。

2. 我国流域水污染治理相关制度安排

目前，我国涉及跨界水资源治理的相关制度安排如表 3-2 所示。[①]

① 曹伊清、吕明响：《跨行政区流域污染防治中的地方行政管辖权让渡：以巢湖流域为例》，载《中国人口・资源与环境》，2013 年第 7 期，第 164～170 页。

表 3-2　我国流域水资源治理相关制度安排

法律、规章依据	行政责任主体	管理体制	流域管辖权
根据《中华人民共和国水污染防治法》第4、8、15、17、26、28、77、78、79条规定	县级以上人民政府、县级以上人民政府环境保护主管部门	县级以上政府是基本的水环境行政责任主体、对本行政区域内的水环质量负责；县级以上人民政府环境保护主管部门对水污染防治实施统一监督管理	流域水污染纠纷，由有关地方人民政府协商解决，或者由其共同的上级人民主管部门协调解决
根据《中华人民共和国环境保护法》第10、20条规定	国务院环境保护行政主管部门、县级以上地方人民政府环境保护行政主管部门	国务院环境保护行政主管部门对全国环境保护工作实施统一监督管理。县级以上地方人民政府环境保护行政主管部门对本行政区域的环境保护工作实施统一管理	流域环境污染和环境破坏的防治工作，由有关地方人民政府协商解决，或者由上级人民政府协商解决，作出决定
根据《中华人民共和国水法》第12、13、32、56条规定	水行政主管部门、环境保护行政主管部门、有关部门和流域管理机构均是流域的管理部门	行政主管部门、理相结合的管理体制。水行政主管部门在国家确定的重要江河、湖泊设立流域管理机构	不同行政区域之间发生水事纠纷的，应协商处理；协商不成的，由上一级人民政府裁决，有关各方必须遵照执行。在水事纠纷解决前，未经各方达成协议或者共同的上一级人民政府批准，不得单方面改变水的现状
根据《环境行政处罚办法》第14、15、17条规定	县级以上环境保护主管部门在法定职权范围内实施环境行政处罚		造成流域污染的行政处罚案件，由污染行为发生地环境保护主管部门管辖。两个以上环境保护主管部门都有管辖权的环境行政处罚案件，由最先发现或者最先接到举报的环境保护主管部门管辖

综上，我国当前流域水资源管理实施流域管理与行政区域管理相结合的制度，即当前黄河中下游地区政府环境规制与企业社会责任的耦合模式过于单一，更多的是通过政府环境规制单向地嵌入企业社会责任来实现的，亦即主要采取的是命令型规制的耦合模式，耦合模式不够多样化。本

书针对黄河中下游的政府环境规制状况开展实地走访和问卷调查，调查研究同样发现当前黄河中下游地区自愿参与型的环境规制与市场激励型的环境规制实施不够充分，依然以命令型环境规制为主。

本书采用李克特量表对政府环境规制实施状况进行数据采集、分析与汇总。对自愿参与型环境规制实施状况主要从企业对外发布经营环境信息、环境管理标准通过 ISO 14000 认证、积极争取外界对环境影响评价报告意见、[①]积极主动承诺更高的环境绩效、[②]采用清洁生产和全过程控制等五个方面开展调查。对市场激励型环境规制实施状况主要从企业排污收费、排污保证金、治污财政补贴、治污税收优惠、废物回收获取押金退还等五个方面展开调查。每一指标有“完全符合”“基本符合”“不确定”“不太符合”“完全不符合”等选项，分别记为 5、4、3、2、1，当得分越接近 5 时，表明该项得分结果越好，当总分越接近 25 时，表明环境规制状况实施越好，通过对企业进行调研获取数据，并对其各项得分与总分进行汇总处理。

表 3-3　自愿参与型环境规制的各指标描述统计

	平均值	标准差	偏度	峰度
企业及时、准确地对外发布经营环境信息	3.37	0.829	0.185	−0.488
企业环境管理标准通过 ISO 14000 认证	3.72	0.812	0.202	−0.877
企业积极征求有关单位、专家和公众对环境影响评价报告的意见	3.50	0.915	0.342	−0.815
企业积极主动承诺达到比规制政策要求更高的环境绩效	3.26	0.955	0.509	−0.627
企业的生产过程采用清洁生产和全过程控制	3.31	0.854	0.564	−0.253

数据来源：根据统计软件分析问卷数据而得。

由表 3-3 可知，对自愿参与型环境规制实施状况进行调查，各测度指标的偏度和峰度接近于 0，因此可认为调查样本接近正态分布。各指标得分均在 3.5 上下浮动。其中，得分最高的指标为企业环境标准通过 ISO

① 关于“积极争取”的认定：近三年，被调查企业向有关单位、专家和公众就自身环评报告开展 3 次及以上的公开听证会或者报告会，视为“积极争取”，选择“完全符合”；1 次及以上，小于 3 次；选择“基本符合”；其他情况根据实际选择“不确定”或“不太符合”。

② 关于“积极主动”的认定：本书对“企业承诺达到比规制政策要求更高的环境绩效”作了简化处理，只要企业主动要求企业排污量不高于相关政策规定的标准，均视为“积极主动承诺更高的环境绩效”，选择“完全符合”；企业的排污量基本和规制政策规定的标准持平，选择“基本符合”；其他情况根据实际选择“不确定”或“不太符合”。

14000 认证，其得分为 3.72，而得分最低的指标为企业积极主动承诺达到比规制政策要求更高的环境绩效，其得分为 3.26，这表明在环境规制实施的过程中，企业环境标准通过 ISO 14000 认证实施效果最好。由图 3-3 可知，量表总分集中在 12～22 分，均值为 17.17，标准差为 2.261。其中，15～20 分频数分布最多，由于各方面实施状况都不理想，因此各项得分不高，最终导致环境规制总体实施状况得分较低。通过上述调查分析可知，当前黄河中下游地区环境敏感型企业积极、主动参与环境治理的现状并不乐观，自愿参与型环境规制实施并不充分，效果不够理想。

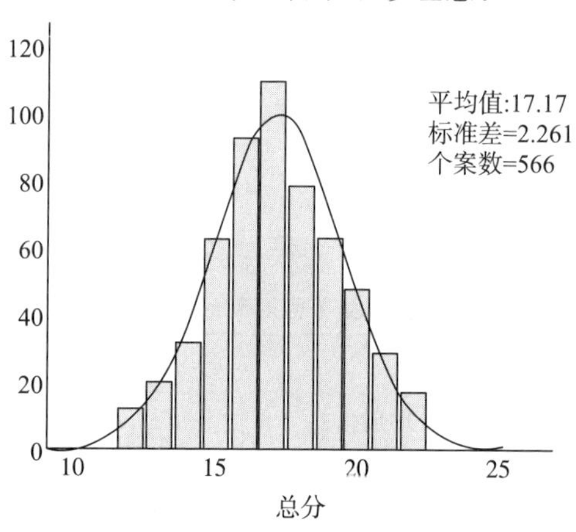

图 3-3 自愿参与型环境规制实施状况得分直方图

数据来源：根据统计软件计算所得。

表 3-4 市场激励型环境规制的各指标描述统计

	平均值	标准差	偏度	峰度
企业排污要承担相应的税费	3.61	0.727	0.741	−0.769
企业要缴纳一定的排污保证金	3.73	0.838	0.535	−1.369
企业进行环境污染治理能得到财政补贴	3.69	0.786	0.610	−1.127
企业进行环境污染治理能得到税收优惠	3.65	0.765	0.692	−0.970
企业进行产品废物回收处理能得到一定的押金退还	3.73	0.814	0.537	−1.287

数据来源：表格数据由统计软件计算所得。

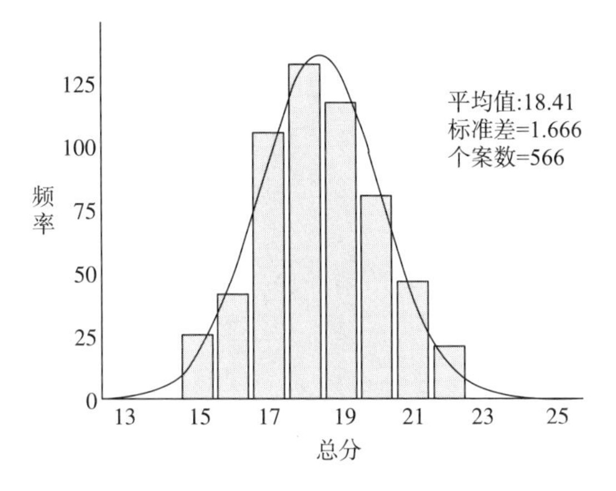

图 3-4　市场激励型环境规制实施状况得分直方图

数据来源:根据统计软件计算所得。

由表 3-4 可知,对市场激励型环境规制实施状况进行调查,各测度指标的偏度和峰度接近于 0,因此可认为调查样本接近正态分布。各指标得分比较接近,处于 3.61～3.73 区间内。其中,得分最高的指标为企业要缴纳一定的排污保证金、进行产品废物回收处理能得到一定的押金退还,而得分最低的指标为企业排污要承担相应的税费,这表明在环境规制实施过程中,各方面实施效果几乎没有差异,但各指标得分情况并不理想。由图 3-4 可知,量表总分集中在 15～22 分,均值为 18.41,标准差为 1.666。其中,17～20 分频数分布最多,由于各项得分比较相近,导致总体得分比较集中,但总体得分并不高,因此环境规制实施效果并不理想。通过上述调查分析可知,当前黄河中下游地区市场激励型环境规制的实施并不完全,既没有对多数环境敏感型企业实施负向激励,也没有惠及主动实施污染治理的企业。

综上,通过审视我国当前流域水资源管理实施流域管理与行政区域管理相结合的制度,并结合实地调查数据,笔者认为当前我国黄河中下游地区政府环境规制与企业社会责任的耦合主要是以政府命令型规制的方式单向嵌入企业社会责任来实现的,主要表现为中央政府嵌入的命令型规制和地方政府嵌入的命令型规制。

(二)中央政府嵌入的命令型规制①

中央政府是最高国家行政机关,拥有统一领导全国地方各级行政机关的权力,是一切部门的总指挥,在环境规制中占据绝对的领导地位。自中华人民共和国成立以来,中央政府就格外关注黄河流域的环境治理与经济发展工作,制定的一系列法律条例、规划方案等对黄河流域环境改善与促进企业社会责任履行起了重要作用。1954 年,黄河规划委员会出台《黄河综合利用规划技术经济报告》,这是中华人民共和国成立以来的第一个江河综合开发规划,该报告主要针对黄河流域的综合发展提出一系列规划,有利于治理黄河下游的洪水与黄河流域的灌溉、用水用电等问题的解决。1955 年 7 月,在第一届全国人民代表大会第二次会议上,批准并通过国务院提出的《关于根治黄河水害和开发黄河水利的综合规划的决议》,推动建立三峡水库、刘家峡水库等一批黄河综合水利开发工程。1994 年,为了解决黄河流域水资源短缺问题,根据《中华人民共和国水法》与国家有关规定,水利部制定并颁布《黄河下游引黄灌溉管理规定》,该规定对黄河流域引水灌溉的程序、规则、引水量进行详细的规定,促使黄河中下游地区水资源合理利用,推进节水灌溉快速发展,以强制性的命令对各级单位和企业的用水量进行控制,推动企业节约用水。1997 年,水利部制定《黄河治理开发规划纲要》,纲要提出黄河流域水资源治理与开发的方式、目标、具体措施,要求各级政府与企业承担各自责任,共同应对黄河流域环境治理。

进入 21 世纪以来,中央政府更加注重黄河流域水资源保护与环境治理问题,2001 年水利部提出建设"数字黄河"工程,建立黄河流域数字化系统平台,解决黄河流域水资源保护与环境治理问题,并制定三步发展目标,到 2020 年基本实现黄河流域自然—生态—经济耦合。另外,2013 年,国务院批复《黄河流域综合规划》,规划指出要在实行最严格的水资源管理制度的基础上,加强水资源保护和污染防治工作,加大饮用水水源地保护力度,建立并完善黄河流域水资源监管体系,提高流域水污染治理水平。

中央政府对流域环境的规制也同样影响着黄河流域。2015 年国务院

---

① 黄河中下游地区中央政府嵌入的命令型规制与黄河流域整体的中央层面的政府环境规制并无区别,所以该部分在对黄河中下游地区中央政府嵌入的命令型规制的分析中主要内容是黄河流域水资源治理中的中央政府嵌入的命令型规制。

印发《水污染防治行动计划》(简称“水十条”),旨在提高水环境治理、修复受损水生态、加大水污染防治力度,提升水安全水平,最终实现生态环境质量全面改善,生态系统实现良性循环。“水十条”提出,要推动建立“政府统领、企业施治、市场驱动、公众参与”的水污染防治新机制,具体从全面控制污染物排放、推动经济结构转型升级、着力节约保护水资源、强化科技支撑、充分发挥市场机制作用、严格环境执法监管、切实加强水环境管理、全力保障水生态环境安全、明确和落实各方责任、强化公众参与和社会监督十个方面提出水污染防治行动计划。2017 年,环境立法工作顺利完成。首先,对《中华人民共和国水污染防治法》进行第二次修正,强化地方政府的环境责任,加强水环境质量达标执行情况的监督;完善水污染防治监督管理制度,加大对违法排污行为的处罚力度。此外,党的十九大报告也提出,建立环保信息强制性披露制度,促使排污者自我公开环保信息,有利于排污企业改变其环境行为,为企业履行环境责任起到了督促作用。2017 年 9 月,我国财政部、税务总局、环境保护部等部门联合公布《关于印发节能节水和环境保护专用设备企业所得税优惠目录(2017 年版)的通知》,以减免税收的方式鼓励企业购置环境保护专用设备,促使企业自觉承担起环境责任,实施绿色生产。

(三)地方政府嵌入的命令型规制

地方政府是相对于中央人民政府而言的各级人民政府,与中央政府相比,地方政府的权力有限。地方政府主要是环境规制的执行主体,可以根据中央政府的政策指引,结合当地实际情况对生态环境进行有效的治理。如前所述,当前黄河流域水资源治理的原则是中央集中规制和地方政府区域管理相结合。在中央实施的环境规制政策下,黄河中下游五省(自治区)的地方人民政府在辖区内进行水资源治理。具体来说,黄河中下游地区环境规制的执行主体主要包括内蒙古、山西、陕西、河南、山东五省(自治区)在内的省区级人民政府。近年来,黄河中下游地区各省(自治区)地方政府也采取了各种措施与手段进行环境规制,为黄河中下游地区生态环境治理提供了制度保障和监管依据。

在黄河中下游地区,各省(自治区)均按照中共中央办公厅、国务院办公厅印发的《关于全面推行河长制的意见》要求，在全流域推行“河长制”，[①]2017 年，内蒙古、山西、陕西、河南、山东分别制定并发布《全面推行河长制工作方案》(以下简称《方案》),《方案》明确了在全省区范围内对黄河流域工作进行分级管理与执行，建立省、市、县、乡四级河长体系，这就需要黄河流域中下游地区相互联系，政府、企业、社会协同治理。“河长制”的推行，调动了社会各界参与的积极性，激励企业承担社会责任。

黄河中下游地区虽然都实行“河长制”，但是不同地方政府具体采取的环境规制措施各有差异。

1.内蒙古自治区的政府环境规制

2019 年内蒙古自治区水利投资 130.68 亿元，加大呼伦湖补水力度，对岱海流域生态破坏进行全面综合治理，2019 年全年共治理小流域 22 条，水土流失治理 62.13 万公顷，内蒙古自治区内湖泊生态环境明显好转。其一，在环境规制的政策方面。2019 年，内蒙古自治区出台《内蒙古自治区水文管理办法》，印发《关于印发开展河湖执法检查活动实施计划的通知》，对非法采砂、无证取水等违法违规行为进行监督审查，[②]完善审查监督机制，对企业行为进行约束使其承担社会责任。2019 年，内蒙古自治区还筹措出台《内蒙古自治区水资源管理条例》，为此开展前期调研准备工作。其二，进一步实现高质量的水资源管理。2019 年，内蒙古自治区配合水利部制定《西辽河流域“量水而行”以水定需方案》，深入开展全区量水而行研究，编制完成《内蒙古自治区“量水而行”推动高质量发展水资源支撑保障专题研究报告》，印发《内蒙古自治区地水生态保护治理规划和实施纲要》，与农牧厅共同完成《内蒙古农牧交错带“量水而行”农牧业协调发展总体方案》。其三，水土保持方面。2019 年，内蒙古自治区完成水土保持治理侵蚀沟 199 条、淤地坝除险加固 55 座，完成治理面积 632.6 平方公里。

2.山西省的政府环境规制[③]

2019 年山西省累计完成水利投资 328.51 亿元，完成水土流失治理

---

① “河长制”是指由中国各级党政主要负责人担任“河长”，负责组织领导相应河湖的管理和保护工作的制度。2016 年 12 月，中国中共中央办公厅、国务院办公厅印发《关于全面推行河长制的意见》，并发出通知，要求各地区、各部门结合实际认真贯彻落实。全面推行河长制，是以保护水资源、防治水污染、改善水环境、修复水生态为主要任务，全面建立省、市、县、乡四级河长体系，构建责任明确、协调有序、监管严格、保护有力的河湖管理保护机制，为维护河湖健康生命、实现河湖功能永续利用提供制度保障。

② 水利部黄河水利委员会编:《黄河年鉴》，郑州:黄河年鉴社，2020 年，第 474～478 页。

③ 水利部黄河水利委员会编:《黄河年鉴》，郑州:黄河年鉴社，2020 年，第 479～486 页。

553.31万亩，比计划标准多了28万亩。其一，在政府环境规制的政策方面。山西省通过并颁布《山西省汾河流域生态修复与保护条例》，为汾河流域生态环境治理与修复提供法律依据和保障，该条例规定实施排污总量控制制度，要求排污企业应当合理设置排污口，加强对冶金、煤炭等高耗能企业的节水改造。另外，山西省水利厅还在汾河源头、省内各河口、工业聚集区等污水集中汇入的河段设置25个水质监测断面，对省内黄河流域各个排污口进行严格监控，打击乱排、多排污水的行为。《山西省黄河流域生态保护和高质量发展水利专题研究报告》和《山西省黄河流域生态保护和高质量发展水利行动方案》为山西省黄河流域生态保护和高质量发展奠定了基础。其二，在水资源治理方面。山西省水利厅印发《关于做好2019年度水权制度改革试点工作的通知》，推进水资源税改革，截至年底，山西省共征收水资源税38.62亿元，较2018年增长3.36亿元。其三，在水土保持方面。2019年，山西省国家水土保持重点建设投资7716万元，截至年底完成投资6667万元，完成水土流失治理面积349.24平方公里。

3.陕西省的政府环境规制①

2019年陕西省强力推进生态保护和高质量发展。其一，在政府环境规制政策方面。2019年陕西省政府坚持深化“放管服”改革，对政府规制先后进行5次整改，提高行政审批效率。陕西省水利厅在实行“河长制”的基础上，开展全面河道执法检查，2019年陕西省取缔违法砂石场142个，查处56起违法向河道弃渣行为。其二，在水资源管理方面。陕西省致力于节水型社会建设，2019年全省创建节水型企事业单位83个，带动企业节约用水，履行社会责任。陕西省积极开展入河排污口检查，对省内812个入河排污口进行登记核查，发现问题及时解决，严防无证排污行为。其三，在水生态环境修复方面。陕西省编制秦岭水生态治理规划、秦岭水土保持专项规划和渭河重点区域水生态修复实施方案。水土流失综合治理与生态修复面积达3057平方公里，加固病险淤地坝158座，新建和修复涝池塘堰876座。渭河滩面整治21.35万亩，先行建设“千里最美家乡河、一方水域生态区”。全省水功能区达标率81.8%，超过国家核定标准5个百分点，国省控断面Ⅰ～Ⅲ类水体比例上升3.9个百分点。其四，在水土保持方面。2019年陕西省编制完成《陕西省黄河流域生态保护和高质量发

① 水利部黄河水利委员会编：《黄河年鉴》，郑州：黄河年鉴社，2020年，第487～489页。

展水土保持专项规划》,“天地一体化”动态监测首次实现全省“人为水土流失监管”全覆盖,水土流失综合治理和生态修复面积3057平方公里,占目标任务的101.9%。持续加大重点地区水土流失治理力度,提出“下发一个文件、开展一期培训、编制一本手册、组织一次自查、安排一回摸底、落实一批资金”的“六个一”工作方案。

4.河南省的政府环境规制①

2019年,河南省围绕黄河流域生态保护和高质量发展,开展调研和专题研究工作,形成“1+2+7”工作成果,即1个专项规划大纲:《河南省黄河流域生态保护和高质量发展水利专项规划工作大纲;2项工作方案:《郑州市建设国家中心城市水资源优化配置及重大建设项目规划方案》《河南省饮用水地表化专项行动方案》;7个专题报告:《桃花峪水库规划建设专题调研报告》《河南省黄河流域水资源节约集约利用专题调研报告》《河南省黄河滩区治理及居民迁建专题调研告》《河南省黄河流域水生态保护与修复专题调研报告》《河南省沿黄地区水资源需求分析及分水方案研究报告》《河南省黄河滩区综合治理及利用的思路举措研究报告》《河南省黄河供水安全和水资源优化利用研究报告》。其一,在政府环境规制政策方面。2017年11月,河南省人民政府审议通过《河南省黄河河道管理办法》,对河南省黄河流域河道整治与建设、河道管理与保护、滩区居民迁建和法律责任作了详细的规定,在水污染防治方面,提出加大黄河河道排污口建设力度,开展河道水质监测工作,对水污染防治进行监督管理。2021年3月,河南省制定实施《河南省黄河流域水污染物排放标准》,规定河南省黄河流域水污染物排放控制要求、监测监控要求、实施与监督要求等。其二,在水资源利用方面。全省开展节水型公共机构、节水型企业建设,加强计划用水管理,控制水资源的浪费。河南省水利厅会同河南省发展和改革委员会印发《河南省节水行动实施方案》,大力推进农业、工业、城镇等重点领域节水,全年节约控制指标37.4亿立方米,用水效率达0.61。其三,在水土保持方面。2019年河南省积极开展水土保持监督执法试点,进行水土保持方案55个,监督检查98次,征收水土保持补偿费3600万元,新增水土流失治理面积1280.58平方公里。河南省积极开展黄河流域生态保护调研,深入调研黄河陆域水土流失现状,启动河南省黄河流域生态保护和

① 水利部黄河水利委员会编:《黄河年鉴》,郑州:黄河年鉴社,2020年,第491～495页。

高质量发展水土保持专项规划编制工作。

5. 山东省的政府环境规制①

山东省作为黄河入海口城市，在黄河流域环境治理中的地位极为重要。2019 年山东省制定《山东省水利厅关于推进黄河流域生态保护和高质量发展工作方案》，完成《山东省黄河水资源利用研究》专题，在全省组织开展黄河流域生态保护和高质量发展重大政策、重大事项和重大工程项目清单的梳理和汇总，配合黄河水利委员会开展《黄河流域生态保护和高质量发展水利专项规划》的编制。其一，在水资源管理方面。2017 年山东省第十二届人民代表大会常务委员会第三十二次会议通过《山东省水资源条例》，对各区域排污口的设置进行严格的规定，要求区域各级政府、企事业单位加强污水处理，工业聚集区应按照规定对污水集中处理，明确环境责任，做到达标排放。另外，山东省鼓励企业或个人为水资源保护、节约等方面作贡献，视情况对其进行奖励。其二，在水土保持方面。2019 年山东省实施国家水土保持重点工程项目 38 个，总投资 20018 万元，治理水土流失面积 404.77 平方公里。

综上，无论是中央层面的政府环境规制，还是地方层面的政府环境规制，都是主要从政策、监督、激励三个方面实现了对企业履行环境责任的嵌入，更多的还是以行政手段实现对企业履行环境责任的嵌入，企业自我规制与市场型激励手段尚未普及。但是，无论是中央层面的政府环境规制，还是地方层面的政府环境规制都对黄河中下游地区企业环境责任的履行起到一定的促进作用，不管政府采取哪种模式，都从制度上保障了政府、企业和社会之间协同治理，共同参与环境保护，促进政府环境规制与企业社会责任的耦合，提高了黄河中下游地区环境治理水平。

第二节　黄河中下游地区政府环境规制与企业社会责任的耦合路径

如上所述，企业社会责任的履行和政府社会性规制的实施有着目的一致性，即政府社会性规制与企业社会责任之间存在耦合关系。随着当前公民对公共事务意识的不断增强和公共需求的不断增加，政府公共服务供给

① 水利部黄河水利委员会编：《黄河年鉴》，郑州：黄河年鉴社，2020 年，第 497～501 页。

的职能日益突出，如何实现政府规制与企业社会责任的耦合，以保障公共利益的实现，提高公众生产、生活的满意度，成为当前亟须解决的一个现实问题。本节尝试性地从政府与企业互动的行为机制、外部信息的提供和传导机制两个角度对黄河中下游地区政府社会性规制与企业社会责任的耦合路径进行分析。

一、政府社会性规制与企业社会责任的耦合路径①

(一)政府社会性规制与企业社会责任互动的行为路径

1.政府以制度供给推进企业社会责任的实现

政府作为社会管理者，需要对企业的行为加以规范，以便使其更好地符合社会发展的要求。因而，政府有干预企业的社会责任，有规制企业行为的必要。当前，政府通过自身的规制行为对企业社会责任活动实施干预，是推进企业社会责任履行的主要驱动力之一。其中，规制的实施主要是以制度为推手实现的。诺斯认为，在特定情形下，社会制度决定促使个人实施有益于社会的行为激励或约束机制。政府是最为重要的制度供给者，而且政府规制对企业社会责任的推动作用也主要表现在制度供给方面。一方面，政府天然地具有优势来实施制度的供给；另一方面，政府的制度供给也是构建企业社会责任监督机制的基础。

(1)政府的制度供给优势

新制度经济学认为，制度供给的主体包括政府、集体、个人等。其中，政府是国家行政机关，是制度供给中最重要的角色，因此政府具有天然的制度供给优势。首先，政府是外在制度的制定者。外在制度即在制度设计主体权力高于共同体的前提下，具有较大强制力的主体制定并实施于各个共同体，对共同体有约束力和强制执行力的制度。外在制度是任何制度形势下的社会都需要的硬性条件，这种制度往往需要通过暴力手段来惩治违规者，而政府作为社会的管理者，具有合法使用暴力手段惩治违规者的权力。因此，对于其他形式的制度供给而言，政府制度供给处于不可超越的优势地位。

---

① 该处部分内容参考樊慧玲：《政府食品安全规制与企业社会责任的耦合研究》，东北财经大学博士学位论文，2012 年，第 67 页，部分内容发表在樊慧玲、何立胜、李军超：《试论社会性规制与 CSR 耦合的实现——制度框架、机制构建、路径及模式选择》，载《经济经纬》，2011 年第 3 期，第 58～61 页，樊慧玲、李军超：《社会性规制与 CSR 耦合的机制构建》，载《北京理工大学学报(社会科学版)》，2012 年第 2 期，第 40～44 页，内容有适当改动。

其次,政府作为制度供给者能够提高制度供给效率。主要表现在:其一,由政府制定和执行规则,可以在一定程度上有效缓解"搭便车"问题。一般而言,制度属于公共品,也就是说制度有着非竞争性与非排他性的特征。这就意味着,制度供给如果由集体或个人来实施的话,集体或个人将会承担高昂的制度创新成本。但是,制度创新的收益却不会被他们全部拥有。这样,制度创新活动便会有着很强的"外部性"。因此,由政府来实施制度创新,承担起制度创新的成本,可以在一定程度上解决"搭便车"和"外部性"问题,并能够提高制度供给的效率。其二,由政府来实施制度约束可以相对有效地克服"公地悲剧"。当集体成员在使用某一项公共资产的时候,往往会陷入"囚徒困境",以及个体利益和集体利益的不相容。尤其是当集体成员数目较多的时候,公用地更容易被过度使用。此时,如果由政府对集体成员实施外在的制度约束,可以在一定程度上抑制公用地被滥用。

(2)政府的制度供给是构建企业监督机制的基础

各地通过制定各种法规、条例、政治经济制度,对企业进行监督和约束,从而促使企业履行社会责任,对企业承担社会责任在制度层面上给予监督保障作用,有利于维护公众利益,保障社会有序运转。因此,政府的制度供给为构建企业监督机制奠定了基础,对企业行为进行引导、监督和矫正,促使政府规制与企业社会责任的耦合。

另外,在实行政府规制的过程中,政府通过一定的制度设计,促使企业将承担社会责任的外在约束内化成为企业的自发行为,逐渐地成为一种企业的道德伦理观念,企业自身的行为受到外在力量的影响和制约,开展多重博弈,最终企业不得不实施一种自主性行为,进而能够最终实现政府规制的企业化和企业社会责任的普适化。

当然,政府对企业社会责任行为的监督与约束也要适度,否则政府对经济实施的规制将会达不到预期的效果。企业也应该充分考虑政府规制的影响,将政府规制作为企业决策的内生变量。另外,政府对于企业行为实施规制的时候,也要进行有效的成本与收益分析。既要充分考虑企业逃避社会责任的行为带来的公众福利的损失,又要考虑政府对此类行为实施规制所产生的成本。二者相权要取其轻,从中选择出最优方案。

2.企业自我规制推进政府社会性规制的变革

1976年,澳大利亚经济发展委员会在《企业社会责任》一文中指出,从企业的角度来看,应该在社会对企业的期待转化为法律要求之前就提前采取行动。企业要么自觉主动承担起自身的社会责任;要么被动地等待政府机构强制自己履行其社会责任。[①] 企业实施自我规制,自觉履行社会责任,主要是出于维护企业形象和企业长久发展的需要,但企业实施自我规制最主要的动力在于企业社会责任对企业竞争力产生的影响。一方面,企业自我规制,自觉履行社会责任,有助于提升企业的竞争力;另一方面,企业自我规制同时推动了政府规制方向、规制模式的变革。

(1)企业自我规制有助于提升企业竞争力

企业社会责任的履行对其竞争力的提升主要表现在以下几方面:企业通过自我规制,积极自觉履行社会责任,可以提升企业的"软实力",进而促使其得到更好的社会声誉,因而企业发展的阻力变小,从而提高企业的竞争力,实现企业可持续性发展。

首先,企业自我规制可以提高企业的国际竞争力。伴随着全球化的深入与信息技术的发展,面对日益广阔的国际市场,国际社会对进出口产品的质量、价格与环境标准制定更多的规范和要求,严格把关,同时跨国公司也对合作伙伴提出更多的标准和要求。因此,要想在竞争激烈的国际市场中站住脚跟、获得更多的市场优势,就要求企业必须实行自我规制,自觉承担社会责任,接受社会公众的监督和检验,提升企业的国际竞争力。

其次,企业积极履行社会责任,采用新技术和新设备,可以提升企业竞争力。从企业长期发展来看,企业的投入要选用环保材料,而且要节约资源。另外,企业的生产也需要采用新技术和新设备,以便提高产出效率、节约资源,同时减少污染物的排放。如果企业能够承担社会责任,实现资源的节约,进而既节约了成本,也生产出绿色环保的产品,最终将会获得良好的社会声誉,提高企业的竞争力。

总而言之,由于企业社会责任的履行所带来的自身竞争力的提升,企业意识到社会责任有利于企业的长远发展,应该变成企业的一种战略,内化为企业的日常经营管理行为,最终企业自觉履行社会责任,能够使得企业更好地处理与政府及社会之间的关系,促进经济社会的良性发展。

(2)企业自我规制推动政府社会性规制变革

企业自我规制有助于提高企业的竞争力,但从另一个角度讲,企业自我规制也推进了政府规制的变革。企业实施自我规制,自觉履行社会责任,这

---

① 刘俊海:《公司的社会责任》,北京:法律出版社,1999年,第52页。

时候政府规制必须跟上企业的步伐，调整好政府与企业的关系，需要政府管的地方要管好，需要政府退出的领域一定要“放权于企”。另外，政府需要引导其他社会主体共同参与，实现政府、企业和社会之间的共治、合治。

首先，政府规制的实现要融合市场机制，如果做不到这一点，便无法提高效率，无法在其他方面取得良好的经济效益。[①] 而且，借助于市场的资源配置机制更有利于规制目标的实现。因此，规制变革的方向应该是更多地依靠市场机制。然而，这并不是只是禁止不必要的政府干预，还应该包括更多地通过市场刺激，以实现政府规制的目标。在市场机制能够实现理想化运作的时候，绝对没有比市场机制更好的机制能够有效地利用社会的有限资源为社会供给有效的产品及服务。因此，在竞争性市场方面的价格与生产等领域，政府应该尽量避免直接规制。政府对于进入私人市场的规制，也要只是止于涉及必需的健康和安全，以及公共资源的有效管理方面。

其次，在规制变革中要做到有张有弛，既要强化政府社会性规制，也要放松一些能够产生反竞争效应的、过时的、为经济性规制作掩护的社会性规制。这种观点已得到广泛的认可。当前有些规制的实施已经偏离了当初制定时的目的，成为“日落的”规则，其不仅成为某些既得利益集团的“保护伞”，甚至成为新企业进入的壁垒。因此，在强化政府社会性规制的同时应该废除这些“日落的”规制。当然，政府规制发展至今，已经积累了名目繁多的法规、细则等，我们只能逐步地对其进行清理和变革。

再次，要注意规制工具的创新，传统的命令—控制型规制工具无法对所有对象进行全面监督，因而真正执行起来较为困难。而且，规制标准的稳定也不适用多变的社会环境，无法有效地引导企业经营活动。同时，政府直接规制手段的运用又会产生大量的成本，造成一定程度社会福利的损失。因此，创新规制工具是实现政府规制预期效果的必不可少的条件。创新规制工具应该使其更具有灵活性，为此可以提倡有限的适用目标标准，也就是说，为了达到规制目标，企业可以自行设定成本最低的方式，以及其他更为优化的规制形式，包括企业自行设定自愿性行为守则，实施自我规制、企业采取信息规制等。

---

① Alfred E. Kahn, *The Economics of Regulation: Principles and Institutions*, *Vol.* Ⅱ (New York: John Wiley Sons, 1971), pp. 12～15.

(二)非政府组织信息影响的循环路径

在现代市场经济发展进程中,利益相关者呈现出多元化趋势,为了实现多个利益相关者之间的利益均衡,不能只依靠政府,相应的非政府组织(Non-governmental Organization,简称"NGOs")的建立也是十分必需的。为了更好地实现政府规制与企业社会责任耦合过程中的信息沟通,非政府组织的建立更是不可或缺。

1. 非政府组织的信息优势

作为一个从西方引入的概念,非政府组织尚未被严格地定义。处于政府和市场之外的所有民间组织和民间关系都可以被称为非政府组织。[①]因此,非政府组织通常指的是,独立于政府和市场之外,兼具非政治性、非营利性、社会公益性等特征,以实现组织内成员的共同意志为目的的自愿型组织。要想更好地实现政府规制和企业社会责任的耦合,仅仅依靠政府与企业发挥作用完全不够,也需要非政府组织发挥作用和优势,更多地实现各种非政府组织之间的自愿合作及其对权威的自觉认同。尤其是在当前社会的快速发展、非政府组织的日益成熟的情况下,只有非政府组织积极参与政府规制与企业社会责任耦合的过程,并相互之间保持良好稳定的合作关系,才能实现政府、社会和企业之间合作治理的良好形势,从而使政府规制与企业社会责任实现耦合,创造良好的经济社会氛围。从某种意义上来讲,没有成熟、完善的非政府组织,就不会有能够对社会需求作出积极、有效回应的合作治理机制。非政府组织在合作治理机制的运行过程中更多是发挥信息沟通优势,这将直接会影响社会治理效率。非政府组织的信息优势具体体现在如下几个方面。

一是影响决策的优势。社会公众的意见是政府在进行相关政策和执行相关法规、条例过程中占有重要地位,社会公众的参与能够使政府决策更为科学化和合理化。但是,当前社会民主化程度不高,在政府决策过程中并不能够充分保障政府与社会公众之间的信息沟通渠道畅通,这时就需要非政府组织充当政府与社会公众之间的信息沟通桥梁,通过民间调查收集民意,并整理反馈给相关政府部门进行汇总,以此来影响政府的决策。

二是协商治理的优势。非政府组织独立于政府和市场,同时具有民间

---

① 学界普遍认为,非政府组织是与社会组织、非营利组织、民间组织、志愿组织或第三部门在同一意义上使用的,主要包括社会团体、基金会、民办非企业单位及各种草根组织等。本书对上述概念不作区分。

性和民主性，随着社会的发展，以政府为中心的治理方式已经不再适用当前社会的需要，政府需要简政放权，把有些职能归还社会，此时就需要非政府组织的协助，非政府组织通过与政府开展协商，继而参与社会治理，这也能够在一定程度上对传统治理模式的缺陷进行弥补。同时，非政府组织通过与政府协商参与社会治理，可以减少政府的社会性职能，进而可以精简政府机构，节约治理成本，提升治理效率。

三是社会监督的优势。非政府组织具有自治性，它们具有社会监督的优势。一方面，非政府组织作为中间机构可以对政府的行为进行监督，对政府决策制定、执行与实施效果进行监督和评估，以此促进政府工作效率的提高；另一方面，有些非政府组织本身就是一些社团的代表，组织本身就具有对产品或服务质量进行监督的作用。

四是服务供给的优势。非政府组织的成员多是来源于社会基层，其组织主要目的并不在于盈利，更多的是对公众利益的关注。因此，非政府组织大多能够对公众的需求作出更灵敏的回应，能够通过社会力量满足社会多样化的公共需求，这便能够在一定程度上弥补政府在满足社会公众多样化公共需求方面的一些“盲区”，最终推进社会福利的提升。

综上可见，非政府组织在社会发展中起着社会“缓冲器”的作用，并可以作为杠杆平衡政府、市场和多方利益攸关主体之间的关系，用以处理众多政府和市场“双失灵”领域的公共事务。①

2. 以非政府组织为媒介的循环路径

随着公民社会的兴起，非政府组织在经济社会中的作用日益突出，非政府组织现已成为市场经济体制的重要组成部分。一方面，非政府组织承担了部分原属于政府部门的社会职能，这样不仅节约了政府的治理成本，而且大大提高了治理效率。对此，“现代管理之父”彼得·德鲁克评论说，非营利组织在几十年前曾被人们认为是政府的辅助组织，仅发挥着拾遗补阙的作用，政府起主要作用，然而在今天，人们发现政府组织在社会职责履行过程中的能力是极为有限的，发挥巨大作用的恰是非营利组织；②另一方面，非政府组织具有桥梁与纽带作用，不断促进政府、企业和社会进行信

---

① 戴维·奥斯本、特勒·盖布勒：《改革政府：企业家精神如何改革着公营部门》，周敦仁等译，上海：上海译文出版社，1996年，第22页。

② 转引自周志忍、陈庆云：《自律与他律——第三部门监督机制个案研究》，杭州：浙江人民出版社，1999年，第42页。

息交流沟通。首先,非政府组织不仅可以为企业的决策部门提供能够影响企业经营的相关政策、计划、行动,指导企业及时依据政府规制调整企业战略和经营手段。其次,非政府组织也可以把从企业中获取的相关信息,传达给政府与社会公众,为政府与社会更加真实地了解企业的实际状况提供信息保障。这样,政府与企业之间就形成了一个"缓冲区",通过非政府组织这个"缓冲器"进行信息沟通和交流,不但降低了沟通成本,还大大减少了政府与企业之间的矛盾,促进政府社会性规制与企业社会责任的耦合,为推进政府、企业与社会之间的互动与合作提供了桥梁。

由此说来,非政府组织在沟通、协调多方利益主体间关系方面有着不可或缺的作用。一方面,非政府组织可以设立一个能够让政府、企业与社会之间开展对话、沟通与协商的机制;另一方面,非政府组织可以通过信息传递可以实现企业与社会组织之间的相互监督与制衡。由此,我们可以充分发挥非政府组织提供和传递外部信息的职能,从而为社会性规制与企业社会责任的耦合建立一个外部监督机制与信息平台,进而通过非政府组织的媒介作用,搭建政府规制与企业社会责任耦合的开放式循环路径。

可见,要想实现政府规制与企业社会责任的耦合,就要构建政府、企业与社会多个治理主体间长效联动机制。政府、企业与社会联动机制的形成,离不开企业通过自我规制承担社会责任,离不开政府通过制度设计实现的制度性约束,也离不开非政府组织的信息传导作用,①需要政府、企业与社会多个治理主体之间的长效联动。政府需要通过制度设计实现对企业强制性的外在约束集;企业需要将外在约束内化到自身生产经营活动之中,通过企业积极主动履行社会责任以实现规制成本的降低,也有利于最终将政府规制的外在约束落到实处;同时,非政府组织作为政府、企业与社会多方治理主体间的信息沟通推进器,其信息平台作用也不可或缺。这样政府、企业与社会三方都发挥各自优势,形成政府规制与企业社会责任耦合的循环路径,推进政府规制与企业社会责任耦合的实现。具体循环流程如图 3-5 所示。

---

① 查尔斯·沃尔夫:《市场或政府——权衡两种不完善的选择/兰德公司的一项研究》,谢旭译,北京:中国发展出版社,1994 年,第 15 页。

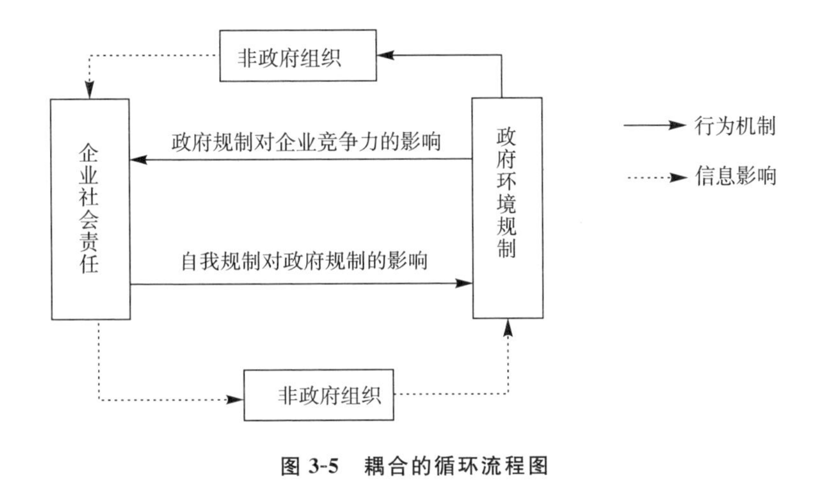

图 3-5　耦合的循环流程图

二、黄河中下游地区政府环境规制与企业环境责任耦合的行为及循环路径

(一)黄河中下游地区环境治理中政府与企业互动的行为路径

1.政府环境规制对环境敏感型企业行为的影响

政府主要以制度供给的形式来约束、监督和管理企业,使企业自觉承担社会责任。在环境规制方面,针对黄河中下游地区的环境问题,中央政府和地方各级政府分别提供不同的制度供给,促进政府环境规制与企业环境责任的耦合,加快了黄河中下游地区环境治理的步伐。环境治理涉及大气污染防治、水污染防治、土壤污染防治三大重点领域,本书主要研究的是以黄河流域为中心的环境治理,因而以下对于黄河中下游地区政府环境规制与企业环境责任的分析主要侧重水污染防治领域。

首先,对于中央政府来说,中央政府一直秉承监管、污染防治与生态环保相统一的原则,针对流域环境治理出台一系列法规制度来改善污染现状,约束排污行为。近年来,中央政府高度重视水污染防治问题,党中央及各级部门以习近平生态文明思想为基础,贯彻落实党中央的决策导向,在水污染防治方面,主要围绕水源地保护、黑臭水体治理、长江流域生态修复、农村水污染治理和渤海综合治理等重大战役,促使全国水污染防治工作取得重大成效。2012 年,中央政府颁布实施《国务院关于实行最严格水资源管理制度的意见》,制定水资源管理“三条红线”,控制用水总量;2015 年,国务院发布《水污染防治行动计划》(简称“水十条”),全面控制污染物排放，明确落实政府与企业各方责任；进一步要求提高工业、农业、城市等不同领域的用水效率；2018年，国务院发布《关于全面加强生态环境保护坚决打好污染防治攻坚战的意见》，针对重点领域，全面防治水污染。2019年9月，习近平总书记在郑州召开黄河流域生态保护和高质量发展座谈会，将黄河流域生态保护和高质量发展上升为重大国家战略。中央政府除在大环境下统筹整体战略外，还利用各种激励政策激励企业履行环境责任，如调整税费征收标准、征收环境补偿费、排污权交易、固定污染源“一证式”管理等形式，推动构建节水型企业，提高企业环保意识，使其自觉承担环境责任。2018年，我国颁布实施《中华人民共和国环境保护税法》，按照“多排多缴、少排少缴、不排不缴”的原则，征收环境保护税，这对企业形成了一种约束和激励作用，企业在环保税的引导和倒逼下，化被动为主动，主动承担社会责任，节能减排，促进政府环境规制与企业社会责任的耦合。

其次，黄河中下游地区地方政府跟随中央政府的政策指引，针对流域环境尤其是水环境问题进行一系列环境规制，制定针对地方的更为详尽的规划。山西省相继出台《山西省水污染防治条例》《山西省汾河流域生态修复与保护条例》《污水综合排放标准》；河南省颁布《河南省黄河河道管理办法》《河南省碧水工程行动计划（水污染防治工作方案）》《河南省水污染防治条例》等法律、法规；陕西省发布《陕西省水污染防治2016年度工作方案》，对污染企业实行“亮牌制”，公布重点污染企业信息。另外，内蒙古自治区、山东省也都相继颁布有关地方水污染防治的法律、法规，地方政府的制度供给更加针对当地实际情况，因而对企业的环境行为也有更加到位具有针对性的约束，进而促进企业履行环境责任。

另外，无论是中央政府还是地方政府，通过制度供给方式对企业形成的监督机制，其作用也是不容忽视的。政府依据水污染防治条例，在黄河中下游地区开展河道排污口审查、整治工作。例如，山西省作为煤矿大省，根据长江流域河道排污口审查整顿工作的经验，依据“查、测、溯、治”的原则推进汾河流域河道排污口整治。全面排查排污口、排污企业，实时监测排污口水质情况，溯清源头，彻底整治。这样就在监管方面成了企业的“紧箍咒”，让企业自觉减少排污、杜绝非法排污，形成了企业履行环境责任的监督机制，促进政府环境规制与企业环境责任的耦合，有利于改善流域内环境状况，提高环境治理水平。

2.企业自我规制促进政府环境规制变革

政府以制度供给为推手约束企业行为，促使企业承担环境责任，这是政府向企业采取的政策措施。政府与企业之间的行为互动的同时也需要企业的自我规制，即企业自觉履行环境责任，承担排污后果，以提升企业的竞争力。企业是生态环境治理的执行主体，对于黄河中下游地区的环境治理来说，大型工业企业出于长远发展和公司利益考虑，它们大多数会为了自身企业形象自觉遵守政府的环境规制。企业通过自我规制，自觉履行环境责任主要体现在以下两个方面。

第一，企业自觉依法排污，缴纳环境保护税。企业按照“谁污染，谁承担”的原则，承担污染后果，这主要表现在环境保护税的缴纳上。2018年，我国宣布取消征收排污费，同时实施《中华人民共和国环境保护税法》，全国各地区确定环境保护税征收办法，各地企业在节能环保上更加注重减排，加大了节能减排力度。2018年，内蒙古自治区共有3000多户纳税人完成环保税纳税申报，征收入库税金2.7亿元。2018年，山西省仅太原市就有690户环保税纳税人纳税申报，申报入库税款9222万元。2018年河南省开始依照《中华人民共和国环境保护法》征收环境保护税，当年河南省申报环境保护税额14.6亿元，比2017年征收排污费指标大有提升，企业自觉节能减排动力提升。[①] 河南省在征收环境保护税前，对排污企业实施征收排污费政策，2016年排污费征收额为8.9亿元。可见，河南省征收环境保护税之后，对排污企业所增加的税收负担整体可控。同时，2018年，山东省共1.17万纳税人申报环境保护税29.45亿元，环境保护税入库金额更是高达19.08亿元。[②] 这些都说明企业自觉履行环境责任，自觉缴纳环境保护税。

第二，企业自觉进行环保技术改造，加大环保投入力度。近年来，企业逐渐树立生态保护意识和理念，对环保的投入不断增加。就黄河中下游地区来说，五省（自治区）内的企业都有不同规模的环保投入。例如，内蒙古自治区的伊泰煤炭股份有限公司塔拉壕煤矿，2018年在我国开征环境保护税不久就加大环保设施的投入力度，降低污染物排放浓度，甚至将企业污染物排放浓度降至规定标准以下，最终企业在申报环境保护税的同时还获得税收减免。同样，2018年山西省太原市在征收环境保护税的同时，也对重点企业、典型企业及排污大户的节能减排行为进行税收减免，共计减

---

① 孔凡哲：《深入推进大气污染防治攻坚》，载《河南经济报》，2019年1月10日。

② 桂圆：《征收环境保护税倒逼山东各地加大环保减排力度》，央广网。http://news.cnr.cn/native/city/20190411/t20190411_524574316.shtml.

免税款 6229.91 万元。2018 年,山东省对全省 142 家重点排污企业跟踪调查发现,多数企业都加大了环保投入力度。菏泽市铁雄新沙能源公司投入 4.4 亿元建设新型发电装置,减少污染排放 290 吨。[①] 还有陕西略阳钢铁有限公司 2018 年环保投入 3.3 亿元,减少能源浪费和环境污染;[②]河南省安阳市 2018 年全市企业用于污染防治的资金超过 66 亿元。[③] 可见,环境保护税作为我国的首个绿色税种,能够通过建立正向减排激励机制,实现企业的转型升级,具体通过企业自觉进行环保投入,改进生产技术和模式,积极承担环境责任,促进了黄河中下游地区政府环境规制与企业社会责任的耦合。

此外,企业的自我规制行为也推动政府不断改进规制方式和手段,这就形成了企业与政府的互动行为。政府根据企业的变化,对政府规制进行一系列调整。例如,不断修订《中华人民共和国水污染防治法》,更加详细地规定排污标准和总量;2018 年出台《中华人民共和国环境保护税法》,将征收排污费改为征收环境保护税;政府出台《国家重点监控企业自行监测及信息公开办法》,把一部分监督权交给企业自身,设立信息公开平台,不断创新监管机制。

（二）黄河中下游地区环境治理中非政府组织信息影响的循环路径

在政府环境规制与企业环境责任的耦合路径中,政府与企业是环境治理的行为主体,但是政府与企业之间往往存在信息沟通障碍,信息沟通不畅会加大政府的治理成本,阻碍治理水平的提高,因而需要利用非政府组织的信息沟通作用,保障政府与企业之间信息沟通顺畅,解决"政府失灵"和"市场失灵"问题,提高政府规制与企业责任的耦合协调度。近些年,我国的非政府组织发展迅猛。中国社会组织网的数据显示,截至 2021 年 1 月 20 日 13 时,全国社会组织累计登记数量达到 900914 家,超过 90 万家。[④] 其中,环保类非政府组织占很大比例,黄河中下游地区环境治理中比较有代表性的环保类非政府组织主要包括自然之友、绿色家园志愿者、

---

① 桂圆:《征收环境保护税倒逼山东各地加大环保减排力度》,央广网。http://news.cnr.cn/native/city/20190411/t20190411_524574316.shtml.

② 张苓:《陕西略钢今年环保投入超 3 亿元》,载《中国冶金报》,2019 年 4 月 2 日。

③ 银新玉:《加强环保治理安阳市企业投入治污经费达 66 亿元》,河南省人民政府门户网。www.henan.gov.cn,2018—12—30.

④ 王勇:《我国社会组织登记总数已突破 90 万家》,载《公益时报》。https://thepaper.cn/newsDetail_forward_10871600.

阿拉善SEE生态协会、中华环保基金会、中国绿化基金会、绿行齐鲁环保公益服务中心、绿色中原、污染受害者法律帮助中心，等等。在黄河中下游地区的环境治理中，非政府组织主要从以下三个方面影响政府环境规制与企业环境责任的耦合。

1.环境非政府组织影响政府的科学决策

近年来，非政府性环保组织带来的影响越来越大，逐步参与到我国的立法决策过程中。以自然之友为例，2018年，作为中国成立最早的环保类非政府组织“自然之友”与其他环保民间组织全年共参与国家10项环境立法和环保政策的提议、制定和修改过程，多家环保民间组织共同参与《中华人民共和国土壤污染防治法》立法过程和《中华人民共和国固体废物污染环境防治法》《排污许可管理条例》等法律法规的制定，并发布第二卷《中国环境公益诉讼年度观察报告》。① 2019年，“自然之友”新提起6起环境公益诉讼，已结案1起。参与9项环境法律法规立法和修法，参与提交5项全国性提案、建议及2项省级提案、建议。提交《中华人民共和国固体废物法》《中华人民共和国土壤污染防治法》相关配套办法。截至2021年12月31日，自然之友共提起51起环境公益诉讼案件。其中，44起得以立案(包括大气污染案件15起，水污染案件4起，应对气候变化案件2起，土壤污染案件8起，海洋污染案件1起，生物多样性保护案件12起，行政诉讼案件2起)，已结案25起，尚有19起案件仍在审理中。② 可见，诸如自然之友类环保型社会组织越来越多地参与了我国的环境决策过程，并通过民间环保组织参与立法工作，起到了影响政府决策的作用，继而提高了政府决策的科学性。

2.环境非政府组织影响企业的行为

非政府组织由于具有社会监督的优势，可以更加准确实际地监督企业的行为，推动企业承担社会责任。以阿拉善SEE生态协会为例，由内蒙古自治区阿拉善起源的阿拉善SEE生态协会于2017年推出“卫蓝侠”项目，项目主要围绕环境污染源、污染信息公开、企业节能减排、保护水土环境与公众监督等问题展开行动，截至2017年底，“卫蓝侠”项目已经覆盖全国34个城市，联合全国51家环保民间组织共同发动64082人参与环境保护行动，该项目对全国14555家企业的污染状况进行实地调查取证，实施监督，

---

① 自然之友：《自然之友2018年度报告》，自然之友网。http://www.fon.org.cn/.

② 自然之友：《环境公益诉讼》，自然之友网。http://www.fon.org.cn/.

推动3383家企业进行污染防治整改，减少了污染排放总量。[①] 截至2020年末，“卫篮侠”支持的环境数据库覆盖全国800万家企业，推动超2万家企业使用“蔚蓝生态链”履行企业环境责任。2020年，阿拉善SEE生态协会通过《乌兰布和生态教育示范基地》项目和政府合作，并基于《SEE植被恢复与保护项目发展规划》积极推进黄河上游地区植被恢复与保护的项目规划。阿拉善SEE生态协会还通过成立黄河项目中心、齐鲁项目中心、山西项目中心，引导河南、山东、山西等地的企业家关注区域污染防治和黄河流域的保护问题。[②]

3.环境非政府组织可作为政府与企业的“缓冲器”

非政府组织在影响政府决策与企业行为的同时，还作为二者的“信息桥梁”。一方面，非政府组织通过调查企业状况，将结果反馈给政府，促使政府获得真实有用的信息。山西省民间公益环保组织“好空气保卫侠”很早之前就开始针对临汾工业污染企业进行调查，2016—2017年，“好空气保卫侠”对临汾污染问题展开4次调查，2次发布“霾战临汾”大气排查第三方调查通报，向山西省环保厅、临汾环保局反馈企业污染信息，为政府提供了企业行为的信息依据；另一方面，环保民间组织还开展第三方调查。2016年至今，该组织先后4次深入临汾周边进行环保问题调查，并2次发布“霾战临汾”大气排查第三方调查通报，同时向环保厅督察组、临汾环保局进行反馈。同时，非政府组织积极宣传、解读政府的环境政策，为企业环保提供政策指引，影响企业正确决策。2018年山东省“绿行齐鲁”环保民间组织通过开展一系列专题活动，号召企业参与环保座谈会，对《山东省水污染防治条例》等一系列政府环境文件进行详细解读，指导企业正确排污，控制污染，促进环境治理。

① 阿拉善SEE基金会：《卫蓝侠项目介绍》，阿拉善SEE基金会网。http://www.see.org.cn/Foundation/Article/Detail/23.

② 阿拉善SEE基金会：《阿拉善SEE生态协会2020年度报告》，阿拉善SEE基金会网。http://conservation.see.org.cn/uploads/pdf/2020SEEConservation.pdf.

第三节　黄河中下游地区政府环境规制与企业社会责任的耦合效应测度

如前所述，耦合效应，又称“互动效应”“联动效应”，指的是两个或两个以上的个体通过相互作用、彼此影响，从而联合起来产生增力的现象。当前黄河中下游地区政府环境规制与企业社会责任耦合效应的评价主要是从政府环境规制与企业社会责任两个方面入手，分别构建政府环境规制和企业社会责任子系统的评价指标体系。采用黄河中下游五省（自治区）2001—2019年相关指标的统计数据，利用耦合度和耦合协调度函数，构建耦合度和耦合协调度模型，对当前黄河中下游五省（自治区）的政府环境规制与企业社会责任的耦合度及耦合协调度进行测度和评价。

一、模型合理性度量指标的选取

（一）政府环境规制方面的指标选取

政府环境规制指标的选取既要能够反映政府环境规制的成本与收益，又要能够反映政府环境规制的强度。根据指标确定的合理性、科学性和数据的可获得性原则，本书主要选取当前黄河流域环境规制方面的环保系统机构数、环保系统人员数、排污费缴纳单位数、每单位平均排污费缴纳额、环境行政处罚案件数、环保投资占工业GDP的比重等6项指标，如表3-5所示。上述指标能够在一定程度上反映政府环境规制的严厉程度，即政府环境规制的强度。环保治理投资和排污收费，能够有效弥补环境污染负的外部效应，既可以对企业生产活动起到一定的约束和导向作用，又可以为开展新能源技术、低碳环保技术创新活动等提供资金支持。因此，这些投资或收费体现了地方政府和企业在环境保护和污染治理方面的投入，既能够反映环境规制政策的强度，很大程度上也能够决定环境规制的效果。而环保系统人员投入和环境案件处罚数量能够反映环保机构对环境规制政策的执行力度。

表 3-5　政府环境规制评价指标体系

目标层	准则层	指标层
政府环境规制	政府环境监测强度	环保系统机构数(个)
		环保人员数(人)
	政府环境执法强度	排污费缴纳单位数(个)
		每单位平均排污费缴纳额(万元)
		环境行政处罚案件数(起)
	环保投资强度	环境治理投资占 GDP 比值(%)

注:1.用(各省(自治区)排污费收入/各省(自治区)缴纳单位数)表示各省(自治区)每单位平均排污费缴纳额。

2.采用[各省(自治区)工业污染治理投资+三同时环保项目投资)/各省(自治区)工业 GDP]表示各省(自治区)环境治理投资占 GDP 比值这一指标。

3.排污收费主要包括污水排污费、废气排污费、固体废物及危险废物排污费和噪声超标排污费四大项。

4.工业污染治理投资更能够反映出在环境规制约束下,企业在环境污染治理方面的努力,环境规制越严格,工业企业环境污染治理投资越多。因此,很多国内外学者采用工业污染治理投资来表征环境规制强度。

(二)企业环境责任方面的指标体系

企业环境责任①方面的指标确定主要是考虑企业履行环境责任的成本与收益,也要考虑指标能否反映企业环境责任的履行程度。按照指标设计的科学性、合理性和数据的可得性原则,本书选取了工业废气排放强度、工业废水排放强度、工业固体废物综合利用率、工业废气处理设施数、工业废水处理设施数、工业污染治理项目数、工业污染治理投资额、三同时环保项目数、三同时项目环保投资额等 9 项指标,如表 3-6 所示。其中,用企业污染治理的项目和投资额、设施数反映企业环境责任的成本;用企业减排的效果反映企业环境责任的收益,从实际获取的数据可以明显看到废水减排效果明显,固体废物综合利用率提高明显。

① 企业社会责任涵盖多方面的内容,既包括对股东、对员工的社会责任,也包括对社会、对环境的社会责任。有些学者在讨论企业对环境的社会责任时运用"企业环境责任"这一概念。此处,为了更明确地表达企业对环境的责任,也运用了"企业环境责任"这一说法,不过有时也用"企业社会责任"一词来指代"企业环境责任",对二者不作区分。

表 3-6　企业环境责任评价指标体系①

目标层	准则层	指标层
企业环境责任	企业环境投资收益	每亿元工业 GDP 废水排放量(万吨)
		每亿元工业 GDP 废气排放量(亿立方米)
		工业固体废物综合利用率(%)
	企业环境投资成本	工业废水处理设施数(套)
		工业废气处理设施数(套)
		本年工业污染施工治理项目数(个)
		工业污染治理投资(亿元)
		实际执行三同时环保项目数(个)
		三同时环保投资(万元)

(三)模型指标数据的处理

1.数据的规范化处理

首先以 2001 年为基期,将有关货币数值根据不同年份的 GDP 平减指数调整为可进行对比的数值。由于数据量纲不同,采用极差法规范化数据。极差法:原始数据的线性变换,使结果落到[0,1]区间,转换函数如下:正向影响值:$X_{ij}=\frac{x_{ij}-\min x_{ij}}{\max x_{ij}-\min x_{ij}}$,负向影响值:$X_{ij}=\frac{\max x_{ij}-x_{ij}}{\max x_{ij}-\min x_{ij}}$,$X_{ij}$ 为规范化值,x_{ij} 为实际观测值,$\max x_{ij}$ 、$\min x_{ij}$ 为每个省份各个年度观测指标样本中的最大值和最小值。

2.指标权重的计算

采用熵值法计算各指标权重。具体如下:

(1)求取指标权重。第 i 年第 j 项指标的比重 P_{ij} ,为:

$$Pij=\frac{Xij}{\sum_{i=1}^{n}Xij}$$

① 本书针对表 3-6 中 9 项指标,对黄河中下游各省(自治区)的数据计算方法如下:工业废气排放强度:各省(自治区)工业废气排放量/各省(自治区)工业 GDP;工业废水排放强度:各省(自治区)工业废水排放量/各省(自治区)工业 GDP;工业固体废物综合利用率:各省(自治区)工业废物综合利用量/各省(自治区)工业废物产生量;工业废气处理设施数、工业废水处理设施数、工业污染治理项目数、工业污染治理投资额、三同时环保项目数、三同时项目环保投资额 6 项指标均采用各省(自治区)的年鉴数据。

(2)求取指标熵值。第 j 项指标的熵值 Ej 为：

$$Ej = -k\sum_{i=1}^{n} Pij\ln Pij$$

式中，$k = 1/\ln n$ 。其中，n 为年数；$0 \leqslant Ej \leqslant 1$ ；当 $Pij = 0$ 时，令 $Pij\ln Pij = 0$

(3)求取指标熵冗余度 $D\mathrm{j}$ ：

$$D\mathrm{j} = 1 - Ej$$

(4)计算权重结果 Wj ：

$$Wj = \frac{D\mathrm{j}}{\sum_{j=1}^{m} D\mathrm{j}}$$

3. 两个指标系统综合发展水平的计算

采用权重和指标加权求和的方法计算综合评价值，$f(X)$ 、$g(X)$ 分别代表政府环境规制指标系统和企业环境责任指标系统的综合水平值，其计算方法为：

$$f(X) = \sum_{j=1}^{m} WjXij$$

$$g(X) = \sum_{j=1}^{n} WjXij$$

其中，Wj 代表不同指标的权重，m 、n 是指标的个数，Xij 代表两个指标系统各个指标的标准化值。

通过构建上述指标与对指标数据的规范化处理，分别得出政府环境规制与企业环境责任两方面的综合发展指数，如图 3-6 和图 3-7 所示，具体数据见附录。

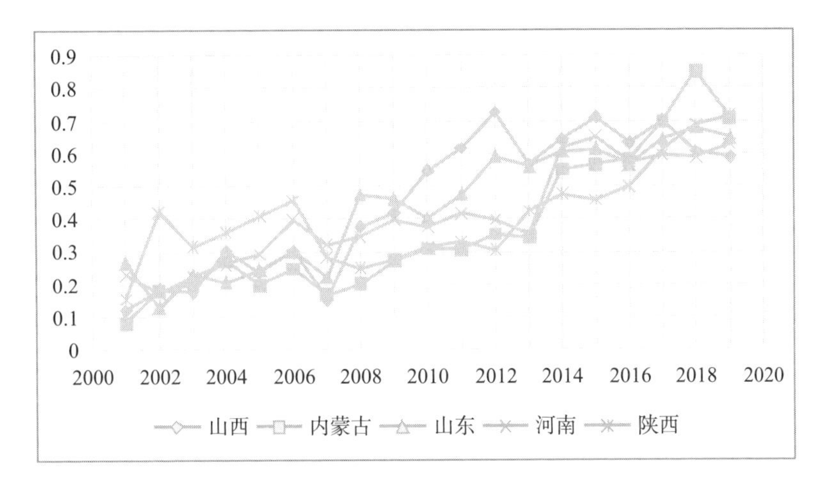

图 3-6　2001—2019 年黄河中下游五省(自治区)政府环境规制综合发展指数趋势图

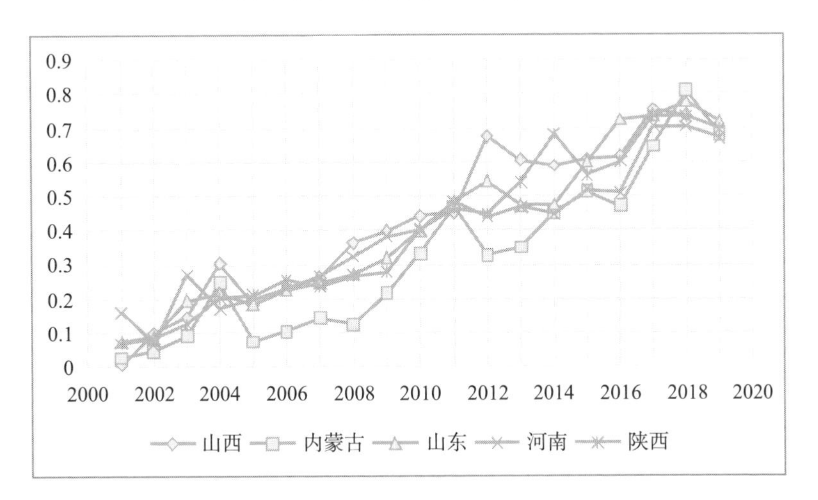

图 3-7　2001—2019 年黄河中下游五省(自治区)企业社会责任综合发展指数趋势图

二、耦合度及耦合协调度的测度

(一)政府环境规制与企业社会责任耦合度及耦合协调度的测度方法

1. 耦合度

耦合度指的是两个或两个以上系统相互影响的强弱程度。两个系统的耦合度一般采用如下模型：

$$C = 2\frac{\sqrt{f(x)*g(x)}}{f(x)+g(x)}$$

其中,C 表示耦合度,f(x)、g(x)分别表示政府环境规制和企业环境责任的综合发展水平。

2.耦合协调度

耦合度只能说明系统之间的相互作用关系，或者说耦合度指标更多的是反映系统要素之间的相似性，无法反映系统之间耦合协调水平的高低，不能很好地反映要素发展的整体水平与二者的协同效应，也就是说，仅靠耦合度指标无法表示政府环境规制与企业环境责任的发展水平及其协调性，为此，需要进一步构造耦合协调度模型，公式如下：

$$D = (C * T)^{\frac{1}{2}} ,\ T = \alpha f(x) + \beta g(y)$$

其中，D 表示耦合协调度；T 表示政府环境规制与企业社会责任的综合协调指数；α、β 分别是政府环境规制和企业环境责任的贡献程度，考虑到二者贡献度不分彼此，此处取 $\alpha = \beta = 0.5$ 。

根据系统间耦合协调度的高低，可将耦合协调分为三个阶段，如表 3-7 所示。

表 3-7　耦合协调阶段的划分

阶段	D 值	类型
低度耦合协调	(0,0.2)	严重失调
	[0.2,0.3)	中度失调
	[0.3,0.4)	轻度失调
中度耦合协调	[0.4,0.5)	濒临失调
	[0.5,0.6)	勉强失调
	[0.7,0.8)	中级协调
优质耦合协调	[0.8,0.9)	良好协调
	[0.9,1)	优质协调

由表 3-7 可知，当耦合协调度在 0～0.4 时，政府环境规制与企业社会责任的耦合协调处于低度耦合协调阶段；当耦合协调度在 0.4～0.8 时，政府环境规制与企业社会责任的耦合协调处于中度耦合协调阶段；当耦合协调度在 0.8～1 时，政府环境规制与企业社会责任处于优质耦合协调阶段。

（二）黄河中下游地区政府环境规制与企业社会责任的耦合度及耦合协调度

通过收集黄河中下游五省（自治区）2001－2019 年的年鉴数据，运用前述的政府环境规制与企业社会责任耦合效应评价指标体系，并运用耦合度和耦合协调度测度模型，对 2001—2019 年黄河中下游五省(自治区)政府环境规制与企业社会责任的耦合协调程度动态演变格局进行实证评价，得到黄河中下游地区政府环境规制与企业社会责任的耦合度和耦合协调度的整体发展态势。具体结果如附录所示，由此可得黄河中下游五省(自治区)政府环境规制与企业社会责任的耦合度和耦合协调度的变化趋势图，如图 3-8 和 3-9 所示。

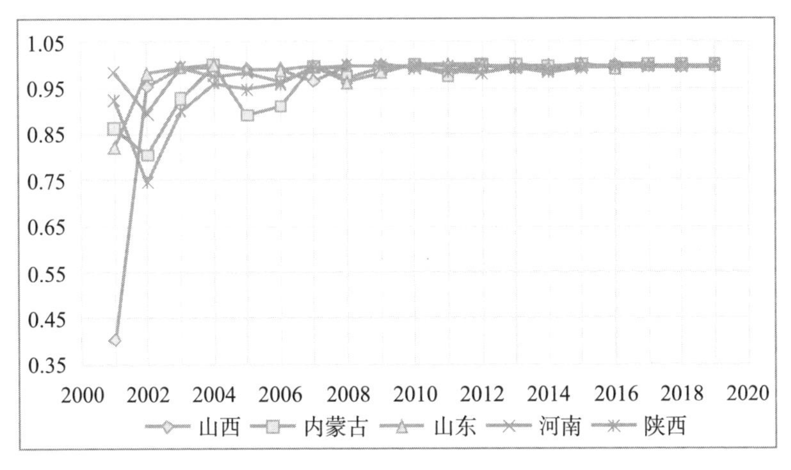

3-8　2001—2019 年黄河中下游五省(自治区)政府环境规制与企业社会责任耦合度变动趋势图

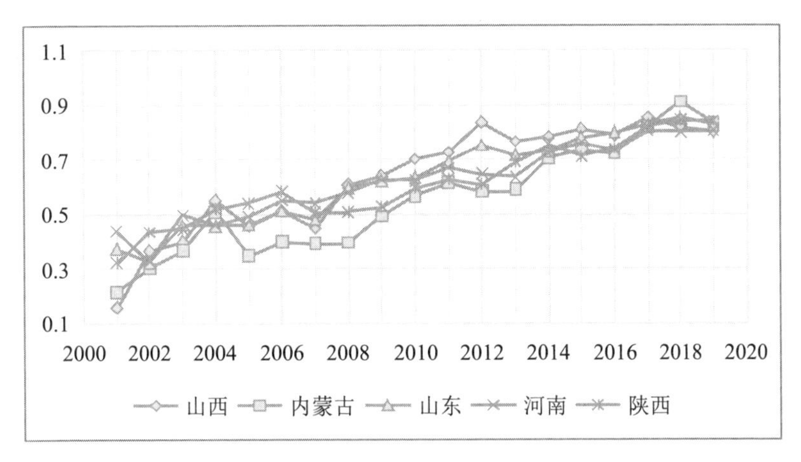

图 3-9　2001—2019 年黄河中下游五省(自治区)政府环境规制与企业责任耦合协调度变动趋势图

其一，图 3-8 的研究结果表明：黄河中下游所涉及各省(自治区)的政府环境规制与企业社会责任的耦合度较高。仅从耦合度指标的测度结果可知,2001—2007 年,五省(自治区)之间政府环境规制与企业社会责任的耦合度有明显差异,且波动较大。2001 年,政府环境规制与企业社会责任的耦合度最低的是山西省,仅为 0.4,耦合度最高的是河南省,达到 0.98;与此同时,各省(自治区)政府环境规制与企业社会责任耦合度水平波动较大,尤其是内蒙古自治区、山西省、陕西省,大体是由于 2007 年之前中央财政对环境治理没有支出,各省(自治区)也没有相应的专项治理投资。但在 2007—2019 年,各省(自治区)的耦合度皆高于 0.9,且各省(自治区)之间没有较大差异。表明在此期间黄河中下游各省(自治区)政府环境规制与企业社会责任之间存在较强的耦合关系,彼此存在比较紧密的相互作用和彼此影响的关系。

其二,图 3-9 的研究结果表明:黄河中下游各省(自治区)政府环境规制与企业社会责任的耦合协调度不够理想。从耦合协调度的测度结果来看,总体而言,各省(自治区)政府环境规制与企业社会责任之间的耦合协调度在逐步提升,但通过对比表 3-7 的评价标准,当前黄河中下游各省(自治区)政府环境规制与企业社会责任之间的耦合协调关系尚未处于最佳状态,协同效应并不理想,且各省(自治区)之间存有明显差异。2001 年,除河南之外的其余省(自治区)耦合协调度均低于 0.4,处于低度耦合协调的阶段,尤其是山西省处于严重失调状态;2017 年之前,除山西之外的其余省(自治区)的耦合协调度一直低于 0.8,处于低度耦合协调和中度耦合协调阶段,尤其是内蒙古在 2001—2008 年的多数年份都处于低度耦合协调阶段;自 2017 年起,五省(自治区)的耦合协调度开始高于 0.8,开始过渡到优质耦合协调阶段,但是除内蒙古自治区外的其余四省均尚未突破 0.9,只是处于良好协调状态,并未实现优质协调。

第四章　黄河中下游地区政府环境规制与企业社会责任耦合的现实困境

由计划到市场、由集权到分权的体制转型与变革，使得环境治理与环境保护的社会责任应由政府、企业、社会和公众多元主体来承担。然而，现实中，原本由政府与市场来调节和引导的事情，因政府在计划经济时期过多地承担了环境保护者的角色，产生了路径依赖，致使政府承担了本应由社会公众共同承担的环境责任，其结果是政府环境治理中责任过多，压力过大，从而导致环境治理缺乏自我发展的内在机制的形成。缺乏经济利益驱动的环境治理投资体制，既不利于调动社会公众参与环境保护的积极性，也不利于环境保护发展内在机制的形成。本章在结合调研数据的基础上，从当前流域环境治理的“网格结构”和“矩阵结构”入手，分析政府环境规制与企业社会责任耦合模式的单一问题；从当前流域环境治理中相邻辖区地方政府间的“邻避冲突”入手，分析黄河中下游地区政府环境规制与企业社会责任耦合的动力问题；从当前流域环境治理中规制者管辖权与环境问题范围不一致入手，分析黄河中下游地区环境规制与企业社会责任耦合的行为机制和信息影响问题。

第一节　黄河中下游地区政府环境规制与企业社会责任耦合模式的单一

正如本书在第三章中所论述的那样，当前我国黄河中下游地区生态环境治理过程中，企业环境责任履行过程中政府环境规制的嵌入主要是政府以命令—控制型环境规制的方式进行的，较少有企业以自愿型环境规制、与市场机制相结合的激励型环境规制等方式嵌入。另外，由于当前我国黄河流域环境治理的“网格结构”和“矩阵结构”，黄河中下游地区政府环境规制与企业社会责任的耦合过程中不可避免地会出现命令型规制实施过程中的“公地悲剧”和“反公地悲剧”困境。

一、黄河中下游地区命令型规制的“公地悲剧”困境

1968年,英国教授加勒特·哈丁在《公地的悲剧》中从英国当时的一种土地制度——公地制度中提出“公地悲剧”一词。封建主在自己的领地中划出一片尚未耕种的土地作为免费牧场,当地牧民可以无偿在该牧场放牧。由于是无偿放牧,每个牧民都想尽可能多地增加自己的牛羊数量,随着牛羊数量无节制地增加,牧场最终因过度放牧而成了不毛之地,由此产生“公地悲剧”。这便是经济学中“公地悲剧”的理论来源。“公地悲剧”之所以会出现是因为其公共产权的性质。公用地作为一种公共资源,有许多拥有者,他们中的每个人都有使用权,而且没有人有权阻止其他人对公用地的使用,其结果必然导致公共资源的过度使用,最终造成公共资源的枯竭。①

从上述对“公地悲剧”的概念分析中可以看出,“公地悲剧”产生的根本原因在于公共资源的产权没有被明确界定。在黄河中下游地区的环境治理过程中,流域环境污染同样是无法对流域内的环境资源产权进行明确界定。因此,流域污染治理领域是“公地悲剧”产生的高危领域。尤其是在当前我国黄河中下游地区正处于经济迅猛发展的特殊阶段,环境污染治理领域更易于出现“公地悲剧”,其原因主要有以下几方面。

(一)我国长期以来GDP导向及地方官员政治博弈的影响

由于当前我国所处的工业化发展阶段,在经济发展过程中形成了明显的唯GDP导向。对经济增长的偏好要远远比对经济发展的偏好强烈,对经济增长的偏好又会直接对经济增长方式产生较大的影响。因此,我国长期以来都是按照粗放型经济增长方式实现经济增长。粗放型经济增长方式的典型特征就是以牺牲环境为代价来换取经济的增长速度。在经济快速增长的过程中,地方政府的行政官员对辖区的经济增长也会有着浓厚的兴趣和热情,尤其是在中国式财政分权制度下,地方政府官员会有更强烈的财政激励动机去发展当地经济。与此同时,这种财政激励恰恰又是地方政府官员实现职位晋升的一项重要考察指标。在地方政府官员职位晋升的政治博弈是一个零和博弈,也就是说,在地方政府官员的政治博弈中,谁拥有较高的经济增长率,晋升的概率就会更大。在这种情况下,GDP增长

---

① 李晓峰:《从“公地悲剧”到“反公地悲剧”》,载《经济经纬》,2004年第3期,第26~28页。

就成为第一要务。因此，以环境为代价来换取经济的高速增长就成为必然选择。地处黄河流域中下游的内蒙古、陕西、山西、河南、山东等省（自治区）GDP规模过万亿元、增速超5%，是黄河流域的资源能源集聚区、生产活动高度密集区，且黄河中下游五省（自治区）均处于工业化发展的中后期，经济增长的动机都非常强烈，更易出现对环境资源的过度开发和利用，出现“公地悲剧”现象。

（二）对水资源的定价机制尚未成熟

依照哈丁的理论逻辑，“公地悲剧”的解决主要就是依靠对公共资源产权的明晰化。但是，实践中，公共资源的定价问题是一个国际性难题。按照经济学的逻辑，供求关系决定价格，但对于公共资源而言，其供给量很难进行测度，这也就意味着对公共资源的定价很困难，即便能够对公共资源进行定价，这一价格也很难反映出公共资源的真实供求关系。对流域水资源的定价更是如此，由于流域内水资源是开放性的，加上流域水资源的流动性和整体性特征，流域水资源具有较为明显的共享性特征，对于水资源的使用者而言，水资源的使用量与使用者所获取的经济效益呈现正相关关系。与此同时，在唯GDP导向的影响下，地方政府为了降低当地企业的成本，吸引更多的投资，在对流域水资源进行定价时，会有强烈的动机去压低水资源的价格。在价格不能正确反映供求关系，或者不能反映市场价值的时候，水资源的过度使用就成为必然。近年来，由于黄河中下游工业化和城镇化发展势头迅猛，对水资源的刚性需求持续增长。2019年，黄河中下游五省（自治区）的水资源平均开发利用率80%，远远高于流域水资源开发警戒线，河南、山东两省的水资源开发利用率已经分别达到115.4%和141.0%，内蒙古自治区、山西省的水资源开发利用率也已超过40%的水资源开发生态警戒线。仅内蒙古、河南、山东省（自治区）的用水总量之和就占到整个黄河流域用水总量的50%。

（三）政府不作为与政府规制的缺位

依照凯恩斯的理论，当市场机制无法实现资源有效配置、出现市场失灵的时候，政府就应该履行其矫正市场失灵的责任。由于环境污染的外部性特征，加上环境资源开发利用的非竞争性和非排他性，治理环境污染，实施环境保护成为市场机制无法有效解决的一个问题。因此，治理环境污染便成为政府的一项责任。根据哈丁的理论逻辑，“公地悲剧”问题的解决除了通过产权的明晰化来解决之外，还可以通过政府命令—控制型的规制行为来解决。然而，政府行为也会存在失灵现象，尤其是在我国处于转型期的特殊阶段，政府失灵更易出现，也会变得更为严重。流域环境污染的治理行为具有显著的溢出效应，也会出现“搭便车”现象，加上如前所述的唯GDP导向与地方官员的政治博弈的影响，在黄河中下游环境污染治理过程中，各辖区地方政府不但没有足够的动力去治理污染，反而会对污染行为采取默许，甚至充当“保护伞”的角色。伴随着我国经济的迅速发展，虽然我国的政府规制体系也得到了一定程度的优化，但是我国政府规制供给的数量和质量与现实的需求之间存有一定的缺口，与西方发达国家相比，还有待进一步提高。政府规制效率过低、规制力度不足、对污染主体尚未形成强有力的外在约束，黄河中下游地区也不例外，在当地经济增长目标的驱使下，地方政府表现出规制效率偏低的特征。因此，政府不作为与政府规制的缺位加剧了我国黄河中下游地区环境污染领域的“公地悲剧”。通过本书对当前黄河中下游地区命令型环境规制的调查情况也可印证该问题。

本书采用李克特量表对命令型环境规制实施状况进行数据采集、分析与汇总，主要从环境敏感型企业的生产经营是否遵循严格的技术标准、满足相关的环保标准、遵守政府规制部门的相关规定等三个方面开展调查，每一指标有“完全符合”“基本符合”“不确定”“不太符合”“完全不符合”等回答，分别记为5、4、3、2、1，当得分越接近5时，表明该项得分结果越好，当总分越接近15时，表明环境规制状况实施越好，通过对企业进行调研获取数据，并对各项得分与总分进行汇总处理。由表4-1可知：对命令型环境规制实施状况调查的各测度指标的偏度和峰度接近于0，因此，笔者认为调查样本接近正态分布。各指标得分十分接近，在4.10上下浮动。其中，企业生产经营产品满足相关产品环保标准得分最高，为4.15，这表明该项指标在实际实施过程中效果最好。由图4-1可知，量表总分集中在9～15，均值为12.35，标准差为1.08。其中，11～13分布频数最多，由于各指标实施效果比较接近，从而使得总体实施得分比较集中。上述调查数据表明，当前黄河中下游地区命令型环境规制的实施效果与理想水平之间仍然存在差距。

表 4-1　命令型环境规制实施调查表

	平均值	标准差	偏度	峰度
生产经营遵循严格技术标准	4.10	0.626	−0.076	−0.477
生产经营产品满足相关产品环保标准	4.15	0.655	−0.165	−0.704
生产经营许可由政府规制部门决定	4.10	0.701	−0.141	−0.958

注：根据统计软件分析调查数据而得。

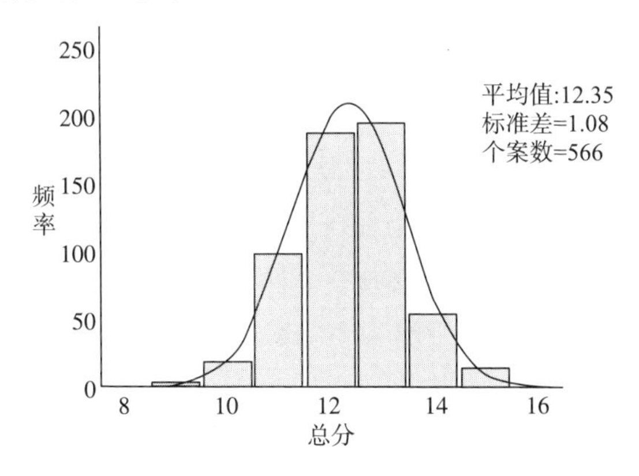

图 4-1　命令型环境规制的实施状况调查

注：根据统计软件分析调查数据而得。

(四)流域环境污染的外部性

由于流域环境污染存有明显的越界特征，具有较强的流域外部性，①加之我国当前所设计的流域环境治理的制度安排，我国当前的流域环境污染实际上处于弱规制甚至是无规制的状态。与此同时，地方政府在跨界环境污染治理过程中具有“经济人”特征，拥有较强的动机去“搭便车”转移污染，致使辖区内的环境污染强度较低。流域环境污染的外部性问题，究其实质依旧是环境污染和治理过程中的社会成本和私人成本的不一致导致的市场失灵问题。为了解决此类市场失灵问题，实现环境污染负外部性的内部化，并确定最优的污染水平，不同的学者提出了不同的理论。

科斯定理是在环境治理中非常流行的一个理论：如果产权界定清晰，便可实现环境污染负外部性的内部化。科斯的产权理论在环境领域的运用则是以加拿大经济学家戴尔斯(1968)排污权概念的提出作为基础的。1968 年，戴尔斯在其《污染、产权与价格》一书中指出，企业的排污行为实

① 对于流域(越界)污染的外部性问题，曾文慧于 2005 年进行了系统详细的分析。

际上是政府赋予排污企业的一种产权，这种产权可以转让，因此，可以通过对排污产权的市场交易来提高对生态环境资源的开发和利用效率。在同年的《土地、水和所有权》一文中，戴尔斯又在分析水污染治理的过程中运用到了排污权交易一词。1971年，鲍默尔和奥茨对同一税率在实现预定的环境目标时所产生的经济性进行了论证，认为环境保护部门应该设立同一税率，并将设定的同一税率适用于所有的排污企业，最终可以最小化的成本实现对污染行为的控制。排污企业会根据税率的设定，使其自身生产的边际控制成本等于税率，这样最终能够实现所有排污企业的边际控制成本的统一。鲍默尔和奥茨还认为，排污许可证交易可以产生相等的同一价格，从而可以实现环境资源的有效分配。[①] 此后的学者开始针对不同污染物的排污权展开相关研究。泰坦博格认为，鲍默尔和奥茨的研究结果只适用于排污企业的排污行为会对环境产生相同影响的情况，也就是说环境政策的控制目标是"均匀混合"的污染物，而泰坦博格将研究拓展到非均匀混合污染物的排污权交易上，认为基于排污权交易理论所设计的诸如环境税、排污许可权交易等经济激励性的环境治理工具在过去的三四十年中获得了较大的发展。[②] 但是，另外一些经济学家，如 Ayres & Kheese 则认为，通过纯粹的市场交易行为不可能将环境污染的负外部性内部化。即使环境资源的交易市场非常发达，此类公共物品的市场供给依旧可能是低效率的，唯有政府对其实施环境规制行为方可提高环境资源的市场效率。因此，对环境污染外部性问题的考察，既要从环境资源的市场交易的维度开展分析，还需要从政府的角度开展环境资源类公共物品的供给制度。[③]

1. 政府环境规制与流域环境污染的外部性

流域越界污染最显著的特征在于其单向外部性特征：上游地区可利用先天的地理优势向下游地区排污，下游地区却很难影响上游地区的水质状况。从经济学资源最优配置的边际条件来看，当水资源有限时，众多水资源的使用者之间便存在竞争，水资源实现最优配置的标准就是让所有水资源使用者的边际净收益相等。如果水资源稀缺程度很高，此时若要实现水

---

① William J.，"On the Social Rate of Discount," *American Economic Review*，1968(57)：788～802.

② Thomas H. Tietenberg，"Spatially Differentiated Air Pollution Emission Charges：An Economic and Legal Analysis," *Land Economies*，1978(54)：265～277.

③ Robert U. and Allen V. Kneese，"Production Consumption and Externalities," *American Economic Review*，1969(59)：282～297.

资源的有效配置就需要考虑水资源使用者采用替代资源或者节水技术的能力。然而,流域水资源的自然属性使得水资源的有效配置无法得以实现。由于水资源使用者在水资源的配置顺序上有先后之分:上游地区的水资源使用者不仅在获取水资源方面拥有先天的地理优势,也为流域越界水污染提供了便利。即便上游地区的水资源使用者在采用替代资源或者节水技术方面有比较高的潜力,但是如若没有相应的激励措施,上游地区的水资源使用者不会从整个流域的角度出发去考虑水资源的配置效率问题,而是会倾向于利用更多的水资源。上游地区的环境敏感型企业也会为了节约环保成本而倾向于逃避自身的环境保护责任,利用水资源的流动性和整体性等特性向流域排放污染,以"搭便车"的方式将污染从上游地区转移至下游地区。从整个流域的角度来看,流域内水资源的使用者都拥有流域水资源的分散使用权,但是符合一定质量要求的水资源是一种联合供给的公共物品,取决于每一个水资源使用者的使用行为。但是,下游地区的水资源使用者的权益维护会处于不利地位。其主要原因就在于水资源的流动性、整体性和供给的不确定性,水资源的数量和质量都不易测算和监测,也不易设置水资源使用者的用水权。

我国当前对流域水资源的治理主要采取的是由中央政府集中规制的方式,由中央授权的流域管理机构对水资源实施统一的监督和管理,在服从流域整体规划的基础上,各行政辖区对辖区内的流域水资源进行监督和管理。但是,在实践中,由于流域管理机构缺乏行政等级,很难发挥有效的协调职能。新《中华人民共和国水法》中虽然就水资源的统一管理、流域管理与行政区域管理等问题进行相应的规定,但是尚未针对水资源管理的具体实施办法作出明确界定。现实中,流域水资源是被分割成不同行政辖区的地方水资源分别进行管理的。每一个行政区只是负责辖区的环境治理和跨区域的环境协商,但是针对跨界的环境污染问题和流域性的环境保护问题并没有具体的规制政策和规制工具。在当地经济发展的利益驱使下,各行政区都只会考虑自身的经济发展,而忽略整个流域的发展,而且由于没有跨区域的生态补偿机制,跨区域的环境协调难以实现,使得流域环境污染问题日益恶化。在这种情况下,分块管理的流域水资源成为各行政辖区的"私人物品",各辖区只会从自身的经济利益出发考虑辖区内水资源的开发和利用问题。各辖区政府在以辖区居民福利最大化为目标函数,确定自身的最优污染水平时,需要对水资源为当地所带来的收益与水污染所带来的损失进行比较,也不会将当地所产生的跨界环境污染考虑在内,因为辖区并没有因为自身的污染行为遭受任何损失,而是由相邻辖区承担了这部分成本。在跨界环境污染发生以后,流域管理机构没有足够的权限对上游地区的政府进行惩罚,只能通过上下游地区的政府间协商来解决,但是下游地区政府要求上游地区降低污染水平的诉求,往往会由于与上游政府居民福利最大化的目标相悖而不被满足。因此,最终上下游地区政府间的协商往往会以失败而告终。由于流域环境资源的承载能力有限,上游地区的环境污染不仅会影响相邻辖区的生产和生活,还会影响环境治理的社会成本和社会收益。上游地区的相邻辖区为了保证辖区内水资源的数量和质量,往往会采取强化环境规制的方式。

综上,在当前我国流域环境治理体制下,流域内各辖区的环境责任不明晰,导致流域内各辖区有足够的动力以"搭便车"的方式向相邻辖区转移环境污染的成本:上游地区向中游地区转移污染,中游地区只能通过强化当地环境规制力度的方式来保障当地的环境质量,因而中游省份的总体规制强度应高于上游省份的总体规制强度。中游地区又会向下游地区转移污染,因此中游地区的环境规制行为更类似于上游地区的环境规制行为,其环境规制强度有着基本一致的化趋势,这就是为什么总体而言规制强度会随着经济社会发展而逐年提高。

2. 中国式财政分权①与流域环境污染的外部性

中国式财政分权制度促进了中国经济的增长。改革开放以来,我国坚持以"以经济建设为中心",在该目标导向下,经济发展往往被作为中央政府对地方政府政绩考核的一项重要指标。尽管在中国实施财政分权之后,地方政府在经济自主性和资源配置方面拥有了相当的权力,但是地方政府

---

① 中国与西方的财政分权制度有着本质的不同,有些学者将其称为"中国式财政分权"。中国式财政分权的核心特征主要表现为以下三个方面。第一,经济分权与政治集权的结合。在西方财政分权制度中,经济分权和政治分权是并行的,而中国财政分权则是在中央政治集权框架下进行的,这样便会导致地方政府行为的"唯上"而非"唯下",继而导致西方财政分权制度中"用手投票"机制的失灵。第二,"自上而下"的供给主导型分权。西方财政分权理论认为,当上级政府和下级政府都可以提供某种公共物品时,由下级政府提供该公共物品将会更有效率,这是一种"自下而上"的供给模式。但是,在中国,中央政府为了保障自身足够的财政资源和宏观调控能力,更多的是由中央政府作出决策,由地方政府负责执行,这是一种"自上而下"的供给模式。第三,居民对政府行为约束的缺乏。中国户籍制度的长期存在,对社会公众的自由流动进行了限制,这将导致西方财政分权制度中"用脚投票"约束地方政府行为机制的失灵,因为该机制的实施是通过社会公众的自由流动来实现的。

官员的晋升和任免归中央政府管理。因此，中国式财政分权机制使得地方政府能够做到和中央政府目标的高度一致性。显而易见，中国式财政分权能够促进中国经济的高速发展。周黎安、陈烨的相关研究认为，中国地方政府官员的晋升和经济绩效之间存在显著的正相关关系，这也能够在一定程度上印证在中国式财政分权体制下，“中央政府通过政绩考核和晋升激励鼓励地方政府发展经济的事实”；[①]也有学者认为，中国能够实现经济的持续增长，关键问题不是“作对价格”，而是“作对激励”。[②] 因此，地方政府就有很强的财政激励来支持辖区内企业的发展，以实现地区 GDP 政绩，最终地方政府为了追求自身财政利益的最大化，会去主动保障当地企业利润的最大化，从这一意义上来说，地方政府同当地企业形成了利益共同体。根据《中华人民共和国环境保护法》和《中华人民共和国水污染防治法》的相关规定，对排污企业关停并转的权力不在环境保护部门手中，而在地方政府那里。在现实中，地方政府官员的 GDP 政绩和职位提升与辖区内经济的发展是成正比的。因此，存在环境污染治理无效或者治理后又回潮的现象。地方政府受辖区经济利益最大化的动机驱使，会尽可能地对本地企业实施保护，也会尽可能多地吸引其他地区的资本流向本地。

中国式财政分权带来了公共物品供给的相对不足。中国式财政分权体制既促进了中国经济的持续增长，也会造成公共物品供给的相对不足。为了得到中央政府更多的政策激励，地方政府会将有限的资源优先用在与中央政府目标一致的经济发展领域，这样便会对社会公共物品供给的支出进行挤占。[③] 区域间为了实现经济利益，不惜采取“让利竞争”。[④] 对于环境保护这种公共物品而言，地方政府的本期财政偏好往往大于长期的环境偏好，而且当存在跨界环境污染的情况时，环境污染所带来的损失并不是由辖区的地方政府或者排污企业所承担。因此，吸引外部资源更多在当地开办包括污染型企业在内的工业项目，便是地方政府符合“经济理性”的选

---

① 周黎安、陈烨:《中国农村税费改革的政策效果:基于双重差分模型的估计》,载《经济研究》,2005 年第 8 期,第 44～53 页。

② 王永钦、张宴、章元等:《中国的大国发展道路——论分权式改革的得失》,载《经济研究》,2007 年第 1 期,第 4～16 页。

③ 傅勇、张宴:《中国式分权与财政支出结构偏向:为增长而竞争的代价》,载《管理世界》,2007 年第 3 期,第 4～12、22 页。

④ 各地区通过出让利益给投资商来获得区域竞争上的优势,如以低于成本的价格出让土地、减免税收、电价补贴,或者采取更为隐蔽的方式,对企业放松管制,免除应交的各种税费、通过放松污染控制等方式降低企业成本等。

择，从而导致环境整体恶化的“竞相到底”问题。[①] 以发展经济为中心的制度安排，凭借其较大的影响力左右着政府收入与分配状态，直接关系到资源的配置效率。对地方政府来说，这种以经济效率为中心的制度安排创造的机会大大超过因创造这机会而支付的经济成本，则被认为提供了净利益，而不考虑环境成本或者忽视环境成本。[②]

综上，中国式财政分权制度加剧了我国流域环境污染日益恶化的态势。中国式财政分权使得地方政府在发展当地经济方面拥有了更多的主动权，这也同时意味着地方政府需要在诸多的公共问题上进行政策协调。然而，在当前我国流域环境治理体制下，地方政府间尚未形成稳定的协调机制，为了实现当地经济利益的最大化，地方政府有强烈的财政动机将污染转移到流域下游地区。在公共流域地区，如果存在诸多地方政府之间的经济竞争，流域的这种越界污染将会更加严重。黄河中下游五省（自治区）均表现出较强的经济增长动力，且经济增长方式多为粗放型，当环境保护与经济利益发生冲突时，更多的是以牺牲环境质量来获取经济的增长。因此，在流域环境污染中，黄河中下游地区间的跨界污染会较为严重。

3. 环境责任规避与流域环境污染的外部性

责任规避指的是经济行为主体通过机会主义的方式逃避本应由其承担的成本，从而将经济成本外部化。现代公共管理理论认为，可以通过契约制来实现公共部门之间关系的协调，各地区政府负责人的环境责任也应纳入其中，通过将环境责任纳入政府内部契约制的方式矫正地方政府官员GDP政绩观的激励扭曲效应。由于流域水资源的流动性和整体性特征，加上不同辖区政府的环境治理能力不同，跨界水污染问题治理受到一定影响。

通过边界环境标准对区域水权进行界定的方式，无法确立完备的环境产权结构。行政命令型和经济型的环境治理工具虽然能在一定程度上提供环境治理效率，但无法完全解决契约的不完备所带来的环境责任规避问题。当我们努力将污染带来的外部性内部化时，由于合约的不完备性或者意外干扰，合约不能被有效地执行，尤其是如果一方行为者强加给他方的

① 在我国当前“经济分权、政治集权”的制度下，为了辖区的经济利益最大化，各地区之间存在竞争，地方政府为了吸引更多的外部资本流入而主动采取降低环境标准，放松环境规制的方式，纵容甚至鼓励辖区内的企业争夺有限的环境资源，以实现地方经济效益提升的目标。

② 陈耀：《新时期中国区域竞争态势及其转型》，载《中国经济时报》，2005年6月17日。

成本不易被识别、检测和衡量等使信息成本太高，或对这种行为进行处罚的成本太高，就会导致责任规避效应。

我国当前流域环境治理中，对流域内各区域的环境责任界定不清，水质监测机构也只是负责技术报告，并没有执行能力；即使中央政府和各区域就区域水资源权属达成协议，但是由于气候变化或者其他不可预测因素仍然无法保障流域水资源的数量和质量的稳定性；上游地区通过“搭便车”行为跨区域转移环境污染不易被监测；地方政府为了实现本地经济利益的最大化，各区域攫取水资源环境价值的寻租成本（例如环境监管部门对越界污染行为的惩罚）可能大大低于因此获得的区域经济收益，上述这些因素，都是导致环境责任规避的潜在因素。黄河中下游的各地方政府为了最大化本区域的经济利益最大化，往往存在规避本地环境责任的倾向，产生对相邻区域环境污染的负外部性。

二、黄河中下游地区命令型规制的“反公地悲剧”困境

美国密歇根大学黑勒教授在 1998 年提出的“反公地悲剧”，描述了一个与“公地悲剧”相对的产权问题。在“公地悲剧”中，公用地作为一种公共资源，有许多拥有者，他们中的每个人都有使用权，而且没有人有权阻止其他人对公用地的使用，其结果必然是对公共资源的过度使用，最终造成公共资源的枯竭。而在“反公地悲剧”中，“反公地”作为一种公共资源，有许多拥有者，他们中的每个人都有权阻止他人使用资源，最终导致了资源的价值无法实现。流域水资源管理中公共权力冲突的存在，导致了“反公地悲剧”的出现。

在黄河中下游地区政府环境规制的实施过程中，不仅存在着不同层级政府间的冲突，还存在同级政府不同部门之间在水资源管理过程中阐述的公共权力冲突。也就是说，在流域环境治理过程中，不仅存在“公地悲剧”，也存在“反公地悲剧”。黄河中下游河段流经内蒙古、陕西、山西、河南、山东五个行政辖区，被行政边界分割的地方政府内部与中央层面的水资源管理部门的垂直分布需要实现配套，因此便会存在一系列相关的水资源管理部门，从而导致黄河中下游地区水资源开发、利用和管理上的“反公地悲剧”问题。《中华人民共和国水法》第十三条规定，国务院有关部门按照职责分工，负责水资源的开发、利用、节约和保护的有关工作。县级以上地方人民政府有关部门按照职责分工，负责本行政区域内水资源开发、利用、节

约和保护的有关工作。《黄河流域综合规划》指出，要在实行最严格的水资源管理制度的基础上，加强水资源保护和污染防治工作，加大饮用水水源地保护力度，建立并完善黄河流域水资源监管体系，提高流域水污染治理水平。但是这些规定都较为笼统，并没有明确界定各部门的管理责任，因此，黄河中下游地区水资源在多部门管理下呈现出“反公地”的特征。其主要成因来自以下几个方面。

（一）水资源管理政出多门

水资源管理权归属多个部门，导致流域水资源管理的“反公地悲剧”。我国当前水资源的管理权分属水利、电力、农业、林业、水产、交通等部门。水资源的管理部门与水污染控制部门相互分离，国家与地方相关部门的条块分割，尤其是行政区划上划分将整个流域人为地分开，各地区各部门的权责交叉，各地区各自为政，难以统一协调，且不利于实现流域水资源的开发和利用，也不利于实现流域水污染的有效治理。在这种情况下，一方面，黄河中下游地区各省、自治区都会想从流域水资源的开发和利用中分得一杯羹，使得黄河流域水资源存在过度开发和利用的情况，也就是说，黄河中下游地区的水资源的利用出现了“公地悲剧”；另一方面，一旦出现黄河中下游地区的水污染现象，由于水资源的管理归属多个管理部门，不同河段又归属不同行政辖区，现实中就会存在明显的部门利益最大化和地方保护主义，黄河中下游地区的水资源利用尚未实现价值最大化。也就是说，出现了“反公地悲剧”的现象。

（二）环境规制部门权责不对称

在当前我国黄河流域的水污染治理中，有权实施水资源管理的部门并不负责水质保护的工作，有权进行水质管理的部门并不一定拥有强制执行权。为了健全黄河流域的水资源管理体系，水利部通过建立黄河水利委员会负责黄河流域水资源的管理工作。从职能界定上来讲，黄河水利委员会有协调流域内各地区之间和各部门之间矛盾的权力，确保按规定优先满足各种用水要求，然而黄河流域流经的各省、自治区之间并没有就水量分配和污染总量等具体事宜达成协议，这也就妨碍了黄河水利委员会协调功能的发挥。从原则上来讲，黄河水利委员会应该与流域内各省（自治区）及相关水资源管理部门进行充分沟通的基础上，负责黄河流域整体的水资源的开发、利用及管理等工作，但是在实际运行过程中，尚未形成具体的、正式的协商机制，黄河流域的各行政辖区违反流域分水方案和逃避环境污染责任的事件屡见不鲜。可见，环境规制部门权责不对称直接导致了规制部门的行为边界不明晰，在实践中既可能表现为对黄河流域水污染行为的过度规制，也可表现为对黄河流域水污染行为的规制缺失，过度规制和规制缺失都不利于黄河流域水资源的合理开发和利用。

（三）环境规制政策的外部性

环境规制政策的外部性会加剧“反公地悲剧”。在环境规制政策的制定过程中，中央政府和地方政府间具有明显的目标差异性。对于地方政府而言，环境规制政策不仅具有财富转移效应，而且具有明显的溢出效应。具体到黄河中下游地区的水污染治理方面，每个地方政府所采取的环境规制政策具有明显的正外溢效应，环境规制政策的财富转移效应主要表现在辖区内 GDP 的变化上。这就使得拥有污染控制权力的环境保护部门与实际掌握水资源用水控制权的地方政府的利益不一致的情况，尤其是当国家水权被分割成区域水权后进一步加剧了这一问题，致使理性的地方政府将辖区的经济发展和社会福利放在首位，无视辖区内行为主体的行为给相邻辖区所带来的污染，更不会考虑其环境规制责任。因此，对于每一个具有“经济人”特征的地方政府而言，必将缺乏环境规制政策的执行动力，这会最终影响到整个黄河中下游地区的水资源的开发与利用和水资源污染的治理。

（四）流域水污染治理中管辖权让渡的问题

流域水污染治理中管辖权让渡的问题加剧了“反公地悲剧”。因为我国流域水污染治理涉及多个管理部门，所以如若想实现水污染的有效治理，必须解决水资源管辖权的适度让渡问题。然而，实践中，负责水污染治理的多个管理部门之间存在对公共权力的恶性竞争。这种恶性竞争既会使得流域内各辖区地方政府的保护主义猖獗，又会导致各管理部门无法明确各自的行为边界。因此，在这种情况下，水资源过度使用所带来的短期利益对水资源合理利用所带来的长期利益就形成了一定的挤出效应，从长期来看，水资源的有效利用率便会降低。也就是说，出现了“反公地悲剧”现象。

第二节　黄河中下游地区政府环境规制与企业社会责任的耦合动力不足

本书对黄河中下游地区政府环境规制与企业社会责任耦合动力的分析，主要是从企业环境责任履行过程中政府环境规制的嵌入展开的。如前所述，当前黄河中下游地区政府环境规制主要采取的是命令型规制，而且，当前我国流域环境的治理由于“嵌入”了多个地方政府，致使上下游政府之间、相邻辖区政府之间往往会利用“邻避”政治将环境污染的成本转移到相邻辖区。基于此，本书将从当前流域环境治理中相邻辖区地方政府间的“邻避冲突”入手，通过分析地方政府间的竞争，探讨黄河中下游地区政府环境规制与企业社会责任耦合的动力问题。

一、流域环境治理中的“邻避冲突”与地方政府官员的政治激励

“邻避”是个舶来词，源于 20 世纪五六十年代欧美国家的市民反对将垃圾处理厂、变电站等公共设施建在自己附近“NIMBY(Not In My Back Yard，‘别在我家后院’)”的一系列抗议活动。后来，用“邻避冲突”泛指，当政府推行某项必要的社会政策时，政策目标地区的居民会通过体制内或者体制外的手段强烈干预并反对设施建设的草根运动，又被叫作“邻避现象、邻避效应”。与此相联系的还有“邻避情境”或者“邻避综合征”(Not In My Back Yard Syndrome)。[①]

当前虽然我国流域水资源的权属归国家，但是流域内所有的地区都拥有对水资源的使用权。而且行政区划导致一整个流域被人为分割成多个区域实施水资源管理。如前所述，各地区地方政府都会以牺牲环境为代价以实现当地经济发展。同时，各地还会尽可能地将辖区环境污染的成本转移至相邻辖区，从而出现流域环境治理中的“邻避冲突”。流域环境治理中“邻避冲突”的出现，主要原因在于地方政府官员的政治激励。

在我国经济快速增长的过程中，地方政府官员扮演着重要的角色，他们在招商引资、发展地方民营经济及区域经济合作等方面均发挥着积极作用。因此，在我国经济发展过程中，对地方政府官员的激励变得尤其重要。

---

① 杨志军：《环境治理的困局与生态型政府的构建》，载《大连理工大学学报(社会科学版)》，2012 年第 9 期，第 103～107 页。

Qian & Roland(1998) 的“中国特色的联邦主义”认为财政分权式改革与财政包干等都能够对地方政府产生一定的激励。对此周黎安(2007) 提出了不同的意见,认为行政分权和财政分权确实对地方政府产生了一定的激励,但仅凭行政分权和财政分权无法实现对地方政府产生足够的激励,而是更应该从地方政府官员的晋升激励的角度来分析地方政府官员对经济发展的推动作用。与辖区的地方财政收入相比,地方政府官员更在意自身在政治生涯中的晋升,因此,地方政府官员的晋升激励更容易对地方政府官员产生直接的影响。周黎安等(2005) 验证了地方政府官员在其任职期间的经济绩效能够对官员的晋升及连任产生比较积极的影响;徐现祥等(2010)也证实了地方政府官员会对政治激励作出有利于本辖区经济增长的反应。因此,地方政府官员为了获得自身职位的晋升或者连任,会竭尽所能地利用其所能控制和影响的资源,以推动本辖区的经济快速增长。这种为增长而竞争的激励成为地方政府推动经济增长的动力源泉。正如周黎安等(2005)所强调的,“在中国经济以奇迹般速度增长的过程中,地方官员对当地经济发展所体现出的兴趣和热情在世界范围内可能也是不多见的”。

二、地方政府官员的政治激励导致政府环境规制动力缺失

由于我国所处的经济发展阶段,在过去的 30 多年中,我国一直都是对地方政府实行的以 GDP 为核心的单维激励方式。在这种以 GDP 为核心的激励方式下,地方政府为了自身的政治生涯考虑,将会单方面地追求当地经济增长的速度,充分地激励支持本地企业和发展当地经济,而无视快速的经济增长所带来的诸如地方环境破坏、跨区域环境污染等负外部效应。也就是说,地方政府为了追求政治晋升,将不会有充足的动力去实施环境规制。仲伟周和王军(2010)就指出,地方政府官员的决策在实现辖区经济增长的同时,也会对地区的能源效率产生明显的负向影响。尽管中央政府已经意识到经济增长所带来的生态环境损失,然而地方政府官员在财政收入和政治晋升的激励下,依旧无法从大局出发全面地看待经济增长的质量问题。很多地方政府为了为辖区吸引外来资本,竞相降低当地区环境保护的门槛,有些地方政府甚至还会通过对建设项目的环境影响评价和审批的干预,主动引入污染项目。另外,有些地方政府为了支持当地企业的发展,会在土地要素、信贷支持等方面给予企业一定的优惠,降低生产要素

的价格，这在客观上相当于给了企业一定的逆向激励，不利于刺激企业改革原有落后的生产技术，变相鼓励企业不思减排。还有可能会出现地方政府与排污企业的“合谋”，导致“资本挟持环境治理”。[①] 尤其是在一些中小城市，为了辖区的财政收入，地方政府甚至出面干涉环境保护部门的执法来实现对排污企业的保护。Lopez & Mitra 在分析政府“寻租”腐败行为与环境污染的关系时，认为政企合谋将会加剧环境污染状况，提高“环境库兹涅茨曲线”(Environmental Kuznets Curve，EKC)拐点。因此，我国当前普遍存在有经济高速增长与资源高消耗及环境破坏并存的现象。

在黄河中下游地区经济高增长与高污染、高能耗并存的现象更为普遍。地处黄河中下游的内蒙古、陕西、山西、河南、山东省(自治区)经济发展整体规模较大，GDP 增速较快，但是由于长期以来的粗放型经济增长方式导致了黄河中下游地区经济发展与环境容量之间存在张力。2019 年，五省(自治区)GDP 均过万亿元，GDP 增速均超 5%。但传统产业及高污染、高耗能、高风险产业在产值中仍占比较高，2018 年，山西省煤炭产业占比高达 56.5%，整体产业结构层次低，内蒙古自治区战略性新兴产业 GDP 占比仅 5.1%，生态开发强度较弱，资源环境承载能力较差。同时，由于地方政府受到强烈的政治晋升激励的影响，政府没有充足的动力实施环境规制，甚至还会存在规制缺失，不利于政府环境规制与企业社会责任耦合的实现。本书的调查数据也验证了这一点。如图 4-2 所示，本书对政府环境规制中需要改善之处的调查数据显示，61%的被调查企业认为，政府在环境规制的章程中需要明晰各辖区的环境责任；72%的被调查企业认为，需要提供环境资源交易市场的效率；75%的被调查企业认为，需要提高政府规制效率。这些数据表明，当前地方政府所实施的环境规制效率不高，甚至存在环境规制缺失问题。

---

① 地方政府会以优惠的政策措施吸引企业投资、留住资本，而投资者则会以资本为筹码阻碍严格的环境治理标准。这就出现了“资本挟持环境治理”的特殊现象。地方政府需要企业来促进当地经济增长、增加地方财政收入、创造就业机会等，必然在一定限度上屈从资本的意志，纵容企业的污染行为。反之，如果地方政府坚决执行环保政策，企业就会“用脚投票”将资本转移到其他地区，给该地区造成经济损失。

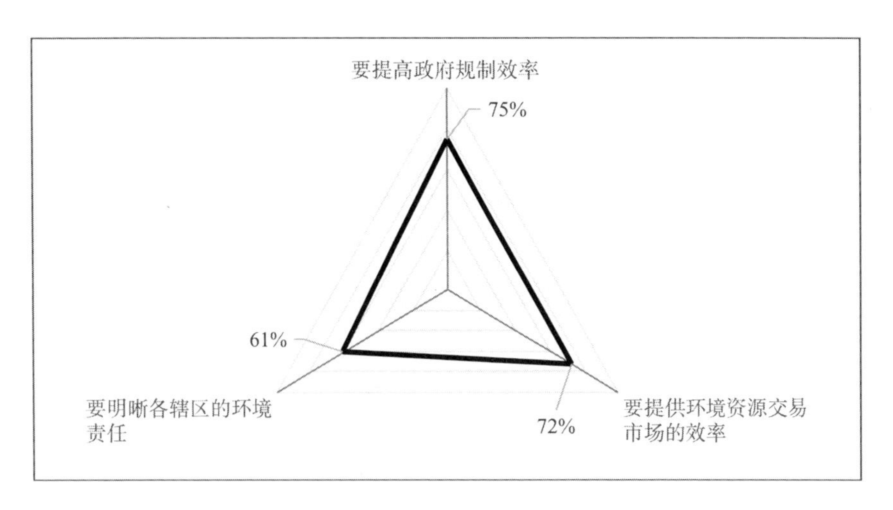

图 4-2　政府环境规制需要改善之处的状况调查

资料来源：根据调查问卷数据整理而得。

对企业社会责任的相关调查数据也能从另一个方面说明，当前黄河中下游地区政府环境规制存在效率较低，甚至存在规制缺失的问题。具体如图4-3所示。企业履行社会责任状况的调查数据表明，48.06％的被调查企业表示，不会自觉承担自身的社会责任；58.39％的被调查企业表示，自己之所以不去履行环保责任主要是因为地方政府所采取的默许态度；74.19％的被调查企业表示企业社会责任的履行是为了应对政府规制的需要，而不是主动地履行自身的环境责任；80.65％的被调查企业认为，政府环境规制是决定企业是否履行社会责任的主要因素，而不是社会舆论压力，也不是企业内部管理层的环保意识和导向。上述数据说明，当前环境敏感型企业社会责任的履行与政府环境规制强度有较大关系，地方政府的引导和介入是促进企业环境责任履行的主要推动力量，地方政府环境规制的低效或缺失也是辖区企业环境责任缺失的主要原因之一。

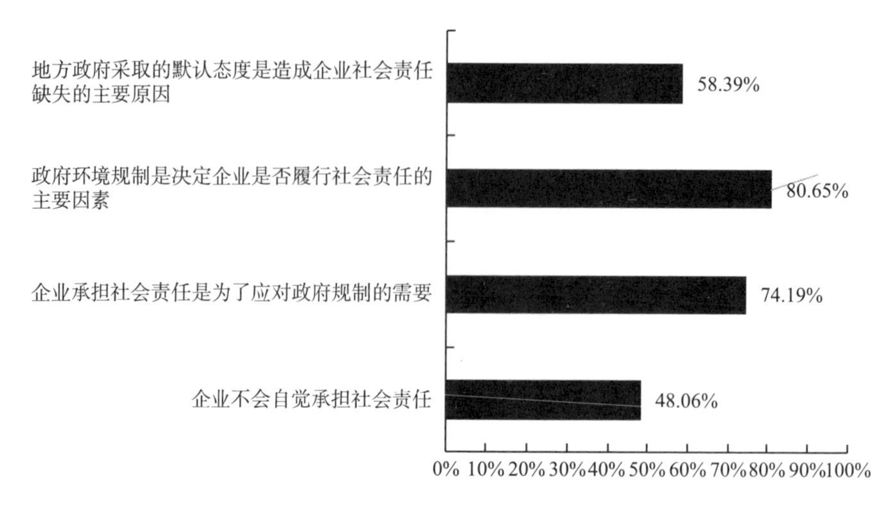

图 4-3 企业社会责任履行状况的调查

资料来源:根据调查问卷数据整理而得。

第三节 黄河中下游地区政府环境规制与企业社会责任的耦合路径不畅

关于政府环境规制与企业社会责任的耦合路径问题,前文已有详细论述,本书认为,耦合主要是通过政府环境规制部门与企业之间的行为机制,以及非政府组织的信息影响来实现的。基于此,本书在该部分对于政府环境规制与企业社会责任耦合路径的分析主要从以下两个方面展开,一是从当前流域环境治理中规制者管辖权与环境问题范围不一致入手,探讨政企互动的不畅问题。二是从非政府组织的参与度入手,探讨非政府组织信息影响的不畅问题。

一、黄河中下游地区环境治理中政企互动的运行困境

(一)环境敏感型企业是流域环境治理的重要主体

当前我国流域环境治理中,主要采取的治理模式还是以政府环境规制为主的行政—命令型规制方式,企业环境责任的履行更多是通过政府强制性的规制来实现的。政府在环境治理中掌握着主动权,主要依托自身强制性行政权力的运用来限制高污染、高能耗和资源浪费型企业的经济行为,通过排污税的征收和对低碳产业的补贴,来督促企业更多地采用环保技术,企业必须按照法律法规要求生产符合生态环境标准要求的产品。这

样，作为被规制对象的环境敏感型企业自然就与作为规制者的政府成为了两个对立的主体。然而，在流域环境污染问题上，虽然环境敏感型企业是污染的主要源头，但是企业同样应该是流域环境污染治理当仁不让的主体之一，这便是在西方发达国家已经开始实施的自愿型环境规制。20 世纪 90 年代以来，在解决环境敏感型企业的环境污染问题方面，发达国家出现了政府环境规制的放松与企业较高概率的环境遵守率及良好的环境绩效并存的局面。因为这种现象超越了传统的环境治理中政企之间规制与被规制的关系，故被称为"哈里顿悖论"。[①]

波特对"哈里顿悖论"的解释是"恰当的环境规制可以激发被规制企业创新，会产生绝对竞争优势，环境规制通过刺激创新可对本国企业的国际市场地位产生正面影响"。[②] 波特更多的是从环境规制与企业采取的创新性环保行为之间的正相关关系，当然这需要满足一定的假设，比如环境规制强度足够大、企业拥有远见性的战略思维、企业比较关注自身形象、社会公众有较强的环保意识，等等。[③] 事实上，政府环境规制与企业实施自愿型环境规制并不矛盾。20 世纪 70 年代，发达国家已经形成了波特所假定的实施企业自愿型环境规制的一系列条件，可以通过放松强制性的环境规制，可以更多地实现企业自主环境管理的规范化。

对于政府而言，企业自愿型环境规制的实施，一方面，能够降低政府环境规制成本；另一方面，当政府环境规制部门实施强制性的环境规制时往往会遇到强大的政治阻力，自愿型环境规制的实施则能够在一定程度上缓解这种政治阻力的作用。[④] 对于企业而言，企业自愿型环境规制的实施，可以给企业带来良好的声誉，继而又会给企业带来可观的经济收益。[⑤] 可见，企业自愿型环境规制的实施能够使得政府能够以较低的成本监督企业遵从环境规制的法律法规。与此同时，企业还能够有更多灵活的空间去制定并执行符合自身实际情况的环境管理措施。最终，环境敏感型企业与环

---

① 托马斯·思德纳：《环境与自然资源管理的政策工具》，张蔚文、黄祖辉译，上海：上海人民出版社，2005 年，第 305～306 页。

② Michael E. Porter, "America's Green Strategy," *Scientific American*, 1991(6):168.

③ 张嫚：《环境规制与企业行为间的关联机制研究》，载《财经问题研究》，2005 年第 4 期，第 68 页。

④ Magali A. Delmas and Ann K. Terlaak, "A Framework for Analyzing Environmental Voluntary Agreements," *California Management Review*, 2001(43):44～63.

⑤ Mancur Olson, *The Logic of Collective Action: Public Goods and the Theory of Groups* (Cambridge: Harvard University Press, 1965).

境规制者之间的关系也会超越传统规制模式下的对立关系，不会继续存在较大的张力。

(二)环境敏感型企业参与黄河中下游环境治理的困境

根据上文的分析，通过自愿型环境规制的实施可以实现环境治理中政府和企业之间的互动，能够实现政府与企业的双赢。然而，实践中，在黄河中下游环境治理中，企业参与遭遇了困局，主要表现为以下几个方面。

1. 企业参与自愿型环境规制的外在压力不强

企业实施自愿型环境规制的外在压力主要来自规制压力、社会压力和市场拉力。① 有学者研究发现，不同类型的企业参与自愿型环境规制的初始动机会有所不同，但不管哪种类型的企业之所以实施自愿型环境规制都是因为一种共同的外在压力，即企业所面临的规制压力。② 由于政府环境规制的强制性特征，政府环境规制对环境敏感型企业产生较强的威慑力，一旦出现不遵守环境法律法规的相关行为，便会遭受严厉的处罚。例如，有学者通过对墨西哥企业的ISO14001认证数据进行相关研究，发现政府环境规制部门对环境敏感型企业的处罚是企业进行ISO14001认证的主要动力，因为如果企业遭受一次处罚将会大大提升自身在未来三年内的认证概率。③ 企业实施自愿型环境规制的社会压力和市场拉力主要源于声誉机制对企业行为的影响。由于部分企业会通过向国内外的消费者和投资者发送"环境友好"的信号，以期在国内外市场上形成有利于自身发展的声誉环境，尤其是当国外市场上的消费者和投资者非常关注企业是否有环境友好型行为时，声誉机制将会发挥更有效的作用。

---

① Jo Ann Carmin, Nicole Darnall and Joao Mil-Homens, "Stakeholder Involvement in the Design of U. S. Voluntary Environmental Programs: Does Sponsorship Matter?" *Policy Studies Journal*, 2003(31):527～543. Andrew A. King and Michael J. Lenox, "Industry Self-Regulation Without Sanctions: the Chemical Industry's Responsible Care Program," *The Academy of Management Journal*, 2000(43): 698～716. Daniel Berliner and Aseem Prakash, "Signaling Environmental Stewardship in the Shadow of Weak Governance: The Global Diffusion of ISO 14001," *Law & Society Review*, 2013(47): 345～373. Bing Zhang, Jun Bi, Zengwei Yuan, et al., "Why Do Firms Engage in Environmental Management? An Empirical Study in China," *Journal of Cleaner Production*, 2008(16): 1036～1045.

② Andrew A. King and Michael J. Lenox, "Industry Self-Regulation Without Sanctions: The Chemical Industry's Responsible Care Program," *The Academy of Management Journal*, 2000(43): 698～716.

③ Allen Blackman and Santiago Guerrero, "What Drives Voluntary Eco-certification in Mexico," *Journal of Comparative Economics*, 2012(40): 256～268.

在黄河中下游环境治理中，企业实施自愿型环境规制的外部压力尤为薄弱。首先，从政府的环境规制压力来看，如前文所述，当前我国由中央统一制定规制政策，地方政府负责实施，尤其是我国黄河中下游环境治理的条块分割，使得黄河中下游五省(自治区)地方政府为了辖区 GDP 的增加，往往会过分依赖企业的发展，对于企业在生产过程中的污染行为，往往会采取“睁一只眼闭一只眼”的态度，只要企业能够带来当地经济价值的增加，便会得到地方政府最大的宽容。因此，政府也往往不倾向于对企业实施严格的环境规制。本书对企业社会责任的相关调查数据可以验证这一点，具体如 4-4 所示。据企业违反环境规制的相关规定是否将会受到严厉处罚的调查数据显示：3.23％的被调查企业认为，企业违反了环境规制不会受到严厉处罚；29.35％的被调查企业认为，企业违反了环境规制的相关规定并不一定会受到严厉处罚；41.94％的被调查企业认为，基本确定会受到严厉处罚；只有 25.48％的被调查企业认为，企业完全确定将会受到严厉的处罚。

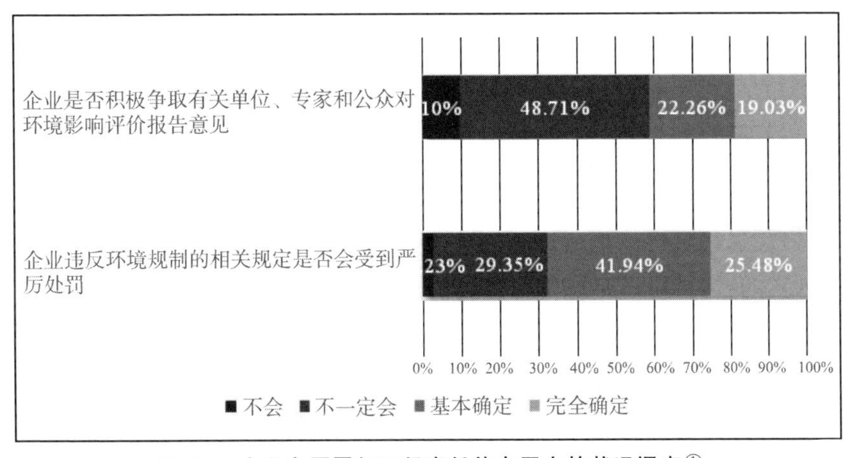

图 4-4　企业自愿履行环保责任外在压力的状况调查①

资料来源：根据调查问卷数据整理而得。

其次，从社会压力和市场拉力来看，当前我国环境敏感型企业所面对的消费者和投资者尚未形成强烈的环保意识，对企业是否实施环境友好型行为并不在意，并不会由于企业的污染行为而改变自身的消费和投资偏

① 关于“积极争取”的认定：近三年，被调查企业向有关单位、专家和公众就自身环评报告开展 3 次及以上的公开听证会或者报告会，视为“积极争取”，选择“完全符合”；1 次及以上，小于 3 次；选择“基本符合”；其他情况根据实际选择“不确定”或“不太符合”。

好。本书对于企业是否积极争取有关单位、专家和公众对环境影响评价报告意见的调查数据也验证了这一点，如图 4-4 所示：10%的被调查企业表示，企业并不会积极征求有关单位、专家和公众对环境影响评价报告的意见；48.71%的被调查企业表示“不确定”；22.26%的被调查企业选择了“基本符合”；只有 19.03%的被调查企业表示，会积极征求有关单位、专家和公众对环境影响评价报告的意见。综上，黄河中下游环境敏感型企业因为没有实施自愿型环境规制的外在压力，所以不会主动履行企业的环境责任。

2.企业参与自愿型环境规制的内在动力不足

企业参与自愿型环境规制的内在动力主要源于企业的组织能力、管理层的环保意识和导向、组织内部经验和传统、员工学习能力等。诸多学者的研究均已表明，企业的组织资源获取的能力和现有的环境规制能力、环境污染治理能力越强，企业实施自愿型环境规制的动力也就越大。除此之外，包括管理层的环保意识、环保战略导向、企业员工环保知识的学习能力和经验传统在内的内部合宜性都会对企业是否参与自愿型环境规制产生较大的影响。当更倾向于提高消费者认同、降低遵守环境规制成本与有意学习更先进的环境技术时，企业也就有较强的动力去实施自愿型坏境规制，更大概率去履行自身的环境责任。①

黄河中下游地区的环境敏感型企业以传统产业为主，且资源依赖性较强，加之企业自身发展水平普遍较低，致使企业内部尚未形成环境友好型发展战略，更不会主动去创新生产技术实现资源节约，员工更没有学习先进环境技术的能力和动力，如图 4-5 所示。本书对企业是否及时、准确地对外发布经济环境信息的调查数据显示：12.9%的企业表示，并不会主动对外发布经济环境信息；45.48%的企业表示“不确定”，只有 9.04%的企业表示，会积极主动对外发布经济环境信息。对于企业是否积极主动承诺达到比规制政策要求更高的环境绩效的调数据显示：19.35%的企业表示，

① NicoleDarnall, “Motivations for Participating in a U. S. Voluntary Environmental Initiative: The Multi-State Working Group and EPA's EMS Pilot Program,” in Sanjay Sharma, Mark Starik (eds.), *Research in Corporate Sustainability* (London: Edward Elgar Publishing, 2002), pp. 123～54. 杨东宁、周长辉:《企业自愿采用标准化环境管理体系的驱动力:理论框架及实证分析》,载《管理世界》,2005 年第 2 期,第 85～95、107 页。Magali Delmas and Arturo Keller, “Free Riding in Voluntary Environmental Programs: The Case of the U. S. EPA Wastewise Program,” *Policy Sciences*, 2005(38): 91～106.

并不会积极主动承诺更高要求的环境绩效；48.71％的企业表示“不确定”；只有15.81％的企业表示，一定会积极主动承诺更高要求的环境绩效。对企业在生产活动中是否会自觉地承担社会责任问题，48.06％的企业表示，不会自觉承担社会责任。可见，黄河中下游地区的环境敏感型企业缺乏足够的内在动力实施自愿型环境规制，主动履行其环境责任。

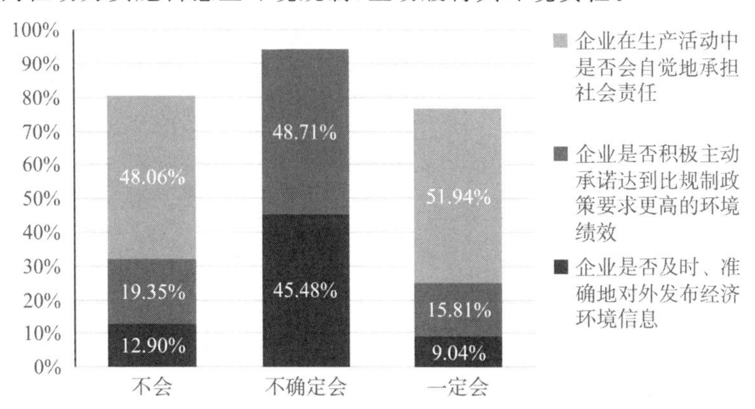

图4-5　企业积极履行环保责任内在动力的状况调查①

资料来源：根据调查问卷数据整理而得。

综上，由于黄河中下游地区的环境敏感型企业缺乏强大的外在压力和足够的内在动力，这些企业更多的是被动地适应政府的环境规制，而不是主动地履行自身的环境责任，更不会实现政府环境规制部门和环境敏感型企业之间的有效互动和良性合作。

二、黄河中下游地区环境治理中非政府组织的参与困境

（一）非政府组织参与流域环境治理的理论逻辑

1. 非政府组织参与流域环境治理能够弥补“政府失灵”

当前我国流域环境治理的主要特征由政府承担环境治理的主要责任，政府在流域环境治理中发挥着主要作用，既是流域环境污染治理政策的制定者，又是执行者和监督者。虽然世界上所有国家的政府都将环境保护作为自身必须履行的职责之一，但是没有哪个国家仅靠政府的力量就解决了

---

① 关于“积极主动”的认定：本书对“企业承诺达到比规制政策要求更高的环境绩效”作了简化处理，只要企业主动要求企业排污量不高于相关政策规定的标准，均视为“积极主动承诺更高的环境绩效”，选择“完全符合”；企业的排污量基本和规制政策规定的标准持平，选择“基本符合”；其他情况根据实际选择“不确定”或“不太符合”。

环境保护问题。政府虽然是流域环境治理的主要责任主体，但不是唯一责任主体。现代社会治理已经形成政府、企业、非政府组织三足鼎立的局面，非政府组织在环境保护领域已经成为重要力量，有着强烈的保护环境的使命感和责任感，能够有效遏制流域环境治理中政府环境规制的不足。同时，由于流域环境治理的复杂性和系统性，以政府为主的环境治理既不利于实现环境污染的有效治理，也不利于实现政府、企业、社会等利益相关主体之间的利益冲突。在前文中详细论述过的一个问题，就是由于地方政府唯 GDP 导向，在流域环境治理中极易出现地方政府在环境治理中的“错位”“越位”“缺位”等问题。在经济利益面前，环境保护意识往往不堪一击，一旦出现经济利益与环境保护的取舍，选择牺牲环境似乎是必然的结果。至今为止，世界各国在制定相关环境政策时所参照的依旧是经济标准，经济利益相关者的意见对环境政策的制定会产生很大影响，按照此类标准所作出的决策往往会为了经济利益而牺牲环境。① 非政府组织可以通过有效的监督，实现相关环境保护政策的落实，从而有效防止地方政府从经济利益最大化出发作出牺牲环境的决策。

从国外环境治理的成功经验来看，保护环境一般遵循“公害—公众不满—舆论声援—政界关注—立法建构”这样的程序。尤其是在流域环境治理问题上，地方政府通常不会采取主动的环境保护行为，而是在社会压力下采取的环保行动。② 20 世纪七八十年代以来，欧美国家出现了大量的环境非政府组织，通过强有力的社会监督促使地方政府采取有效的环境保护措施。可见，环境非政府组织不仅可以有效制约地方政府的短视行为，还可以有力地推动地方政府积极参与环境保护。

2. 非政府组织参与流域环境治理能够弥补“市场失灵”

流域环境污染问题产生的主要责任主体是环境敏感型企业。企业作为市场主体以追求自身利润最大化为目标，不会过多地去关注自身的环境责任，因为环境污染具有较强的负外部性特征，企业对环境造成的破坏其成本无须由自身承担，形成了成本与收益的不对等，这便产生了环境治理中的“市场失灵”现象。市场这只“看不见的手”往往会以牺牲环境为代价

---

① 李泊言编著：《绿色政治：环境问题对传统观念的挑战》，北京：中国国际广播出版社，2000 年，第 134 页。

② 陈昌曙：《〈科学技术哲学新视野〉之二哲学新视野中的可持续发展》，北京：中国社会科学出版社，2000 年，第 13 页。

追求经济利益的最大化，由于市场在环境治理中会存在失灵，政府的干预也存有缺陷，环境非政府组织的参与对环境敏感型企业行为的约束、加大对企业的监督力度显得十分必要。

非政府组织能对排污企业起到一定的监督作用，它们通过对排污企业的环境不良行为予以曝光对排污企业进行施压，从而督促环境敏感型企业约束自身行为，以此对企业形成环保压力，迫使企业采取控制污染的措施。使企业认识到个体的自我利益可以通过别人利益的实现而最大化，最终实现“利他”。另外，非政府组织还能够唤醒社会公众的环境保护意识，通过带动社会公众共同参与流域环境治理，起到对环境敏感型企业的制约作用。非政府组织可以通过倡导绿色消费，引导社会公众选择绿色产品，此时非绿色产品也就没有了市场。这样非政府组织便可以最大限度地带动公众广泛参与支持绿色产业的行动，抵制那些有害环境的产品，迫使企业转变传统的经营理念和方式，树立绿色生态理念，善待环境。

综上可见，非政府组织作为一种新的治理主体参与流域环境治理十分必要。与此同时，非政府组织将逐步成为参与流域环境治理的不可或缺的主体。这是因为：第一，非政府组织有足够的动力参与流域环境治理。由于非政府组织并不是以营利为目的的，而是以满足社会的需要为主要职责，流域环境污染又具有较强的公共物品特征，非政府组织会与政府一样具有服务社会公共福利的目标。因此，非政府组织有动力参与流域环境治理。第二，非政府组织也有能力参与流域环境治理。由于非政府组织自身所具有的社会性、组织性、民间性和相对独立性，它们能够充分吸纳来自社会的公共资源，成为弥补“政府失灵”和“市场失灵”的重要力量。另外，非政府组织有着广泛的社会基础和一定的专业背景，拥有大量环境治理的专业人士，具有专业技术优势，非政府组织通常还会与政府有一定的联系，这就使得它们能够通过影响流域环境治理决策的制定，满足多个利益相关主体的利益诉求。同时，非政府组织能够监督流域环境治理决策的执行，实现对公共权力的有效约束，更好地维护公共利益。

（二）非政府组织参与黄河中下游地区环境治理的困境

当前，有诸多环境非政府组织参与黄河中下游地区的环境治理，主要包括自然之友、绿色家园志愿者、阿拉善 SEE 生态协会、中华环保基金会、中国绿化基金会、绿行齐鲁环保公益服务中心、绿色中原、污染受害者法律帮助中心，等等。环境非政府组织也对政府的环境决策、企业的环境友好型行为与政府与企业之间的信息传递产生了重要影响。但是，由于黄河中下游地区的环境治理的特征与当前环境非政府组织的发展水平不高，环境非政府组织参与黄河中下游地区环境治理时陷入了困局。

1. 宏观层面的权力结构性失衡

权力结构性失衡主要指的就是在黄河中下游地区环境治理过程中政府、企业与社会之间的行为边界不明晰及相关制度环境不完善。第一，行为边界不明晰。当前我国流域环境治理中，对非政府组织参与环境治理的认识还不到位，政府职能也没有作出合理转变，政府没有合理界定自身的行为边界，致使本应该由企业、社会发挥作用的领域依旧由政府权力占据，这就使得非政府组织没有参与流域环境治理的机会，也制约了环境非政府组织及企业自我环境规制的治理绩效，也会造成政府环境治理过程中的“过度干预”和“供给不足”问题。据民间环保组织关于政府参与度的调查数据也表明，当前政府参与环境治理中确实存在一定问题，一方面是民间环保组织需要政府的相关政策支持；另一方面，又面临政府行政干预过多的问题，具体如图 4-6 所示。

主要障碍：70.83%的被调查组织认为，缺乏人、财、物等方面的政策支持，41.67%的被调查组织认为，缺乏健全的参与机制
能力建设面临的问题：52.08%的被调查组织认为，缺乏国家政策支撑
主要动力来源：32.92%的被调查组织认为，需要政府支持

能力建设面临的问题：43.75%的被调查组织认为,行政干预太多,体制不顺
承接政府项目中面临的困难：41.76%的被调查组织认为，政府职能部门不愿意放权

图 4-6　民间环保组织对于政府参与度的看法

资料来源：根据调查问卷数据整理而得。

环保民间组织参与环境治理中面临的主要障碍的调查数据显示，70.83％的被调查组织认为，缺乏相应的政策支持；41.67％的被调查组织认为，缺乏健全的参与机制。据民间环保组织在能力建设方面所面临问题的调查数据显示，52.08％的被调查组织认为，缺乏国家政策的支撑；43.75％的被调查组织还认为，目前行政干预太多，体制不顺也是现存的一

个主要问题。据民间环保组织承接政府项目中面临哪些困难的调查数据显示,41.76%的被调查组织认为,政府职能部门不愿意放权是主要障碍;32.92%的被调查组织认为,政府支持又是民间环保组织发展的主要动力来源之一。

第二,相关法律不完善。当前我国还没有专门针对非政府组织的法律,只有《社会团体登记管理条例》等法规,这些法规已经无法适应当前我国非政府组织的发展需求,具体到环境非政府组织领域,当前还是依据中央文件和部委规范性的文件,没有正式的法律制度保障。与此同时,现有的法律法规对非政府组织参与环境治理存在着诸多限制:譬如环境非政府组织若参与环境污染的公益诉讼需要满足较高的资格要求,这种严格的条件要求便将很多环境非政府组织排除在环境污染治理领域之外了,不利于环境非政府组织参与环境治理过程。本书对政府应该为民间环保组织的发展着重提供哪些政策支持的调查数据显示,60.58%的被调查组织认为,政府应该完善相关的法律法规。据民间环保组织承接政府项目中面临哪些困难的调查数据显示,52.08%的被调查组织认为,存在法律法规方面的障碍。

第三,制度环境不优化。环境非政府组织若要更顺畅地参与环境治理还需要良好的制度环境保障,譬如政府信息公开、公众广泛参与环保、环境应急管理等相关制度的支撑。如我国《社会团体登记管理条例》规定,在同一行政区域内不允许成立相同或者相似的社会团体,任何机构只能在登记机关的管辖范围内活动,不得越界,不得进行区域扩张。该条不竞争原则极大地限制了环保社会组织的发展壮大。现实调研数据也表明,多数企业都希望进一步优化制度环境,为探究不同组织类型中所需的制度优化状况是否存在差异,本书对二者进行交叉分析(卡方检验),从表 4-2 可知,虽然不同组织类型所需要的制度优化占比不同,但并没有呈现出显著性(chi=5.084,P=0.827>0.05)。由图 4-7 可知,由民间自发组成的环保民间组织和学生环保社团及其联合体所需优化的制度占比较多。其中,健全环保行动制度、完善相关法律法规、优化环境应急管理制度、优化政府公开信息制度的占比均超过 30%。而国际环保民间组织驻华机构和政府部门发起成立的环保民间组织所需优化制度占比均低于 15%。由此可见,不同组织理性所需制度优化之间存在明显不同,但是并没有呈现显著差异。

表 4-2 环保组织类型与制度优化交叉分析表

		国际环保民间组织驻华机构	由民间自发组成的环保民间组织	政府部门发起成立的环保民间组织	学生环保社团及其联合体	总计	卡方检验值	P 值
制度优化	健全社会广泛参与环保行动的制度	11.50%	38.50%	16.70%	33.30%	100.00%	5.084	0.827
	完善相关法律法规	9.20%	39.10%	14.90%	36.80%	100.00%		
	优化环境应急管理制度	6.70%	45.30%	14.70%	33.30%	100.00%		
	优化政府信息公开制度	12.70%	38.00%	8.50%	40.80%	100.00%		
总计		10.00%	40.20%	13.80%	36.00%	100.00%		

注:根据统计软件分析调查数据而得。

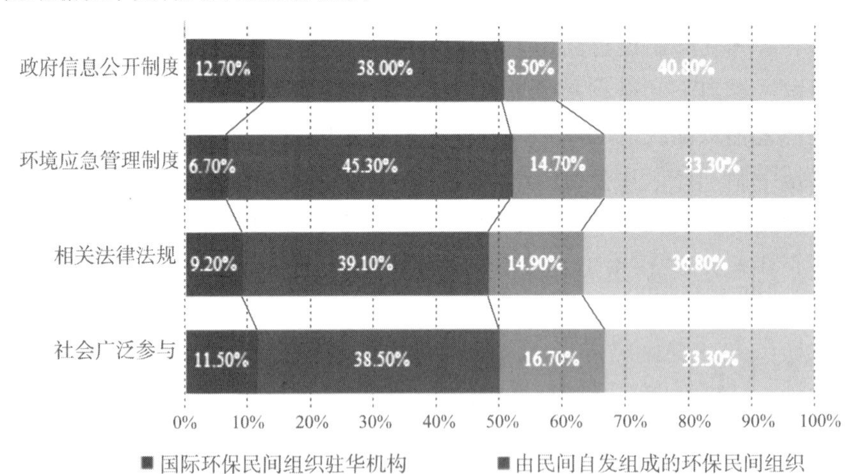

图 4-7 各组织类型制度优化状况

资料来源:根据调查问卷数据整理而得。

2. 中观层面的机制整体性失调

机制的整体性失调主要指的是环境非政府组织在环境治理中的参与机制、培育机制及激励机制的不健全。具体包括：第一，缺乏健全的参与机制。环境非政府组织参与环境治理需要强有力的制度保障，但是在现有的环境治理中并没有环境非政府组织参与环境治理的机制设计。例如，虽然早在1996年《国务院关于环境保护若干问题的决定》中就明确规定，建立公众参与机制，发挥社会团体的作用，鼓励公众参与环境保护工作的政策，但2002年出台的《中华人民共和国环境影响评价法》并没有将环境非政府组织列入征求意见的范围。当时的生态环境部《关于培育引导环保社会组织有序发展的指导意见》（环发〔2010〕141号）中，也仅原则性地提出，制定培育扶持环保社会组织的发展规划，地方各级环保部门应鼓励环保社会组织积极开展相关活动，参与环境保护。缺乏参与环境治理的相关机制是当前环境非政府参与环境治理的关键制约因素。例如，在环境执法层面，政府转移职能不够，"放管服"不到位，没有将适宜环境非政府组织实施的环境规制权力让渡给非政府组织来实施。环境非政府组织参与的程度、范围从深度和广度上延伸是当前黄河中下游地区环境保护的主要趋势，参与程度的过于狭窄不利于黄河流域整体性的环境治理。本书据环保民间组织在参与环境治理中面临的主要障碍的调查数据显示，51.67%的被调查组织认为，当前环保民间组织参与环境治理缺乏有效的参与机制。

第二，缺乏完善的培育机制。环境非政府组织主要面临资金、人才、税收、财政等方面的制约，尤其是资金方面的瓶颈，[①]基本上民间环保社会组织很难获得政府的财政资助，[②]对于环境非政府组织参与环境治理的相关财政、税收等方面的优惠政策较少。本书据民间环保组织经费来源的调查数据显示，只有18.92%的被调查组织，经费来源于政府资助；58.33%的被调查组织，经费来源都是社会及成员募捐，具体如表4-3所示。

---

① 根据民政部《2018年社会服务发展统计公报》，截至2018年底，全国共有社会组织70.2万个，比上年增长6.0%。其中，生态环境类社会团体为0.6万个，生态环境类民办非企业单位444个，与其他社会团体数量相比处于中下等发展水平。环境非政府组织的发展经费主要来自成员会费、企业及个人捐赠、公益基金会支持和政府购买服务等方面。由于国家对公益捐助的财税鼓励政策支持不足，总体来说，国内企业及个人对环保社会组织的捐赠非常少。

② 谢菊、刘磊：《环境治理中社会组织参与的现状与对策》，载《环境保护》，2013年第23期，第21～23页。

表 4-3 民间环保组织的经费来源对比

环保组织经费来源	百分比	接受政府资助类别	百分比
政府资助	18.92%	项目资金	27.50%
		财政拨款	35.83%
		税收优惠	37.92%
		财政补贴	35.83%
成员及社会捐赠	58.33%		

资料来源:根据调查问卷数据整理而得。

民间环保组织曾经接受过政府资助的调查数据显示,只有 27.5%的被调查组织,获得过项目资金;35.83%、37.92%和35.83%的被调查组织分别获得过财政拨款、税收优惠和财政补贴,具体如图 4-8 所示。

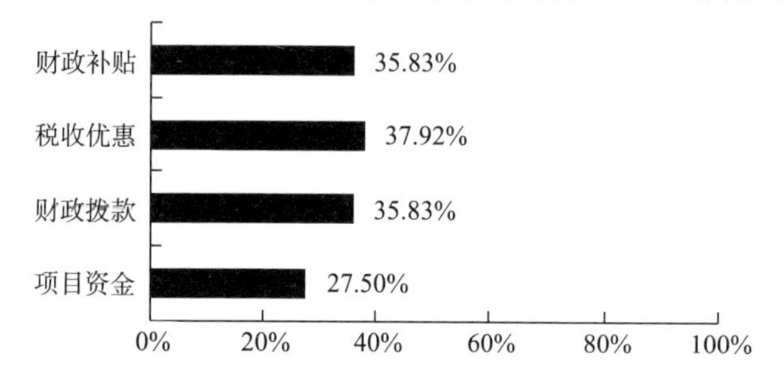

图 4-8 民间环保组织接受政府资助的类别对比

资料来源:根据调查问卷数据整理而得。

第三,缺乏有效的激励机制。环境非政府组织的公益性特征决定了该组织参与环境保护工作的志愿性,组织内部的从业人员需要来自政府、社会的激励与认同,但现有的政策对环境非政府组织及从业人员的激励不足,致使成员缺乏动力参与环境保护。根据本书对民间环保组织参与环境治理面临的主要障碍的调查数据显示,52%的被调查组织认为,缺乏有效的激励机制是当前民间环保组织所面临的主要障碍之一。

3.微观层面的行为系统性失范

行为系统性失范主要指的是环境非政府组织自身的专业性、公信力及系统化发展存有一定的问题,且不同组织类型存在问题有着一定差异。本书对民间环保组织所做的调查问卷结果也验证了这一系列问题的存在,具体如图 4-9、表 4-4 和图 4-10 所示。

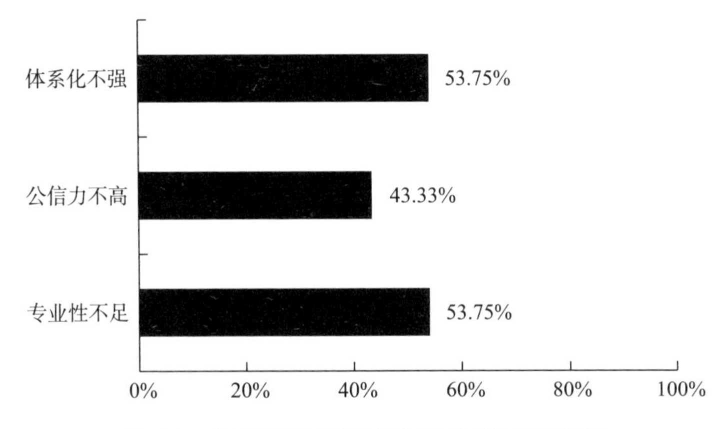

图 4-9　当前民间环保组织存在问题的调查情况

资料来源:根据调查问卷数据整理而得。

第一,专业性不足。与其他的非政府组织相比,环境非政府组织拥有一定的环境信息、专业知识及相关技能,但是实践中环境非政府组织在环境保护项目的实施、项目效果的评估等方面发展还不够完善。图 4-9 的调查数据表明,53.75%的被调查组织认为,专业性不足是自身发展过程中的短板之一。据能力建设方面的调查数据显示,52.08%的被调查组织也认为,组织自身能力有待提高是当前民间环境组织所面临的主要问题之一。

第二,公信力不高。当前我国参与环境治理的环境非政府组织主要有自上而下和自下而上两种成立机制。大多环境非政府组织是与政府有着紧密联系,是政府通过自上而下的方式发起的,又被称为"官办的环境非政府组织",通常挂靠相关政府机构或事业单位,其组织机构设置及工作流程参照政府机构,志愿性、自治性不强,有的甚至成为政府的附属部门,缺乏必要的独立性,不容易取得社会和公众的信任。通过自下而上的方式成立的环境非政府组织,又被称为"民办环境非政府组织",偏重公众参与的普及型,其成员通常来自高校学生、企业员工、退休老人,缺乏环保技术类专业人才,其活动自发性高但组织结构松散、规模偏小,虽然具有一定的"草根性"和"亲民性",但由于资金来源有限,还是对政府的财政资助有较强的依赖性,此类环境非政府组织的独立性较差。可见,不管是自上而下还是自下而上建立的环境非政府组织都缺乏一定的公信力。图 4-9 的调查数据显示,43.33%的被调查组织认为,公信力不高是当前民间环保组织发展的短板之一;55.83%的被调查组织认为,加强组织管理和自我监督机制的建设是提升民间环保组织自身公信力的主要方面。

第三，体系化不强。环境非政府组织体系主要是由环保社团、环保基金会、环保服务机构组成。但是，当前我国环境非政府组织的体系化发展不足，缺乏环境保护组织协会、枢纽型的环境保护组织、全链条环境保护组织的行动网络和互动结构，不利于发展环境非政府组织的体系化优势。图4-9的调查数据显示，53.75％的被调查组织认为，民间环保组织的体系化不强也是当前环境组织的主要不足之处。

为进一步探究不同组织类型存在问题是否存在差异，本书对二者进行交叉分析（卡方检验），结果如表4-4和图4-10所示。根据表4-4卡方检验（交叉分析）结果可知，组织类型对存在的制度不足呈现出显著性（chi＝13.558，P＝0.035＜0.05）关系。通过百分比对比差异可知，在存在公信力不高的组织中，学生环保社团及其联合体占比最高，为51.60％，而占比最少的则为政府部门发起成立的环保民间组织，仅为4.70％，二者之间存在显著差距；在存在专业性不足的组织中，由民间自发组成的环保民间组织占比最高，为50.60％，而占比最少的为国际环保民间组织驻华机构和政府部门发起成立的环保民间组织，占比均为7.80％，三者之间存在差距较为明显；在存在体系化不强的组织中，学生环保社团及其联合体占比最高，为45.50％，而国际环保民间组织驻华机构占比最少，为6.50％，二者之间存在显著不同。综合三种制度不足来看，国际环保民间组织驻华机构存在不足占比最少，为8.7％，学生环保社团及其联合体存在问题占比最多，为43.10％。综上所述，不同环保组织类型中存在的制度不足呈现显著差异。

表4-4　环保组织类型与制度不足交叉分析结果

		国际环保民间组织驻华机构	由民间自发组成的环保民间组织	政府部门发起成立的环保民间组织	学生环保社团及其联合体	总计	卡方检验值	P值
问题类型	公信力不高	12.50％	31.30％	4.70％	51.60％	100.00％	13.558	0.035
	专业性不足	7.80％	50.60％	7.80％	33.80％	100.00％		
	体系化不强	6.50％	32.50％	15.60％	45.50％	100.00％		
总计		8.70％	38.50％	9.60％	43.10％	100.00％		

资料来源：根据统计软件分析调查数据而得。

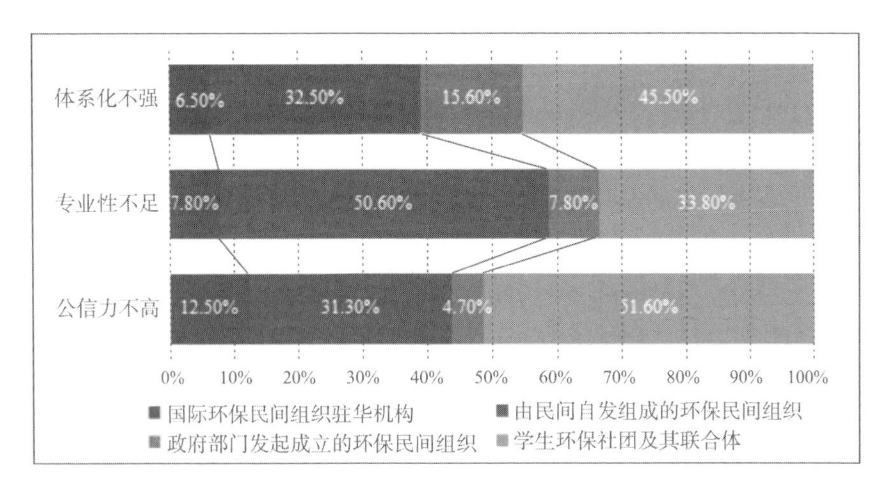

图 4-10　当前环保组织所存在不足的调查情况

资料来源:根据调查问卷数据整理而得。

第五章　黄河中下游地区政府环境规制与企业社会责任耦合的影响因素

黄河中下游地区政府环境规制与企业社会责任耦合的实现需要政府与市场共同的协调与引导，与政府、企业、社会多元主体的行为密切相关。黄河中下游五省（自治区）地方政府环境规制行为的协同性、各省（自治区）的经济发展状况、社会公众和社会组织的环境保护力度均会对耦合效应产生影响。基于此，本章通过面板回归模型剖析黄河中下游五省（自治区）的政策调控力、经济驱动力、社会促进力因素对政府环境规制与企业社会责任耦合效应的影响。

第一节　政策调控力因素对耦合效应的影响

基于前文对我国黄河中下游地区政府环境规制与企业社会责任耦合困境的分析，当前制约黄河中下游地区政府环境规制与企业社会责任耦合效应的主要政策调控力因素在于地方政府间的协同治理程度，即黄河中下游五省（自治区）政府间的协同治理能力。因此，本节主要分析黄河中下游五省（自治区）地方政府的环境协同治理能力对政府环境规制与企业社会责任耦合效应的影响。首先对黄河中下游五省（自治区）政府间的流域治理协同度进行测度，然后针对地方政府间的协同治理能力对黄河中下游地区政府环境规制与企业社会责任耦合的影响开展实证分析。

一、黄河中下游五省（自治区）政府环境协同治理能力的测度

所谓协同指的是一个系统内部的各个组成部分走向协调的过程。黄河中下游地区政府环境治理方面的协同，指的是黄河中下游的内蒙古、山西、陕西、山东、河南省（自治区）在流域环境治理中突破环境区划的限制，共同治理环境污染，提高黄河中下游整体的生态环境水平。协同度是衡量不同区域间协同能力的一个重要指标。本书主要考虑的是黄河中下游五

省(自治区)政府在环境治理方面的协同度。通过复合系统协同度模型,[①]来分析2001—2019年黄河中下游地区五省(自治区)在环境治理的有序度和协同度,然后分析协同度对黄河中下游地区政府环境规制与企业社会责任的耦合协调度的影响。

(一)黄河中下游五省(自治区)政府环境协同治理能力测度模型的构建

1.指标体系的建立

为了能准确计算黄河中下游五省(自治区)政府环境治理协同度,我们需要选择合理的子系统序参数,即在整个系统中对协同发展起决定作用的参数。本书依旧使用前文所构建的政府环境规制的指标体系。根据指标设计的科学性、完备性和数据的可得性,本书从政府环境监测强度、行政税收手段和环保投资力度三个角度进行指标设计,分别选取了以下六个指标,具体如表5-1所示。

表5-1　黄河中下游五省(自治区)政府环境协同度模型指标

指标分类	序参量指标层	单位
环境监测强度	环保监测机构数	个
	环保监测机构人员数	人
行政税收手段	排污费缴纳单位数	个
	平均排污费收入	万元
	环境处罚案件数	起
环保投资力度	环保投资占工业GDP比值	%

2.各项指标的计算方法

环保系统机构数:黄河中下游五省(自治区)环保系统机构数之和。

环保系统人员数:黄河中下游五省(自治区)环保系统人员数之和。

排污费缴纳单位数:黄河中下游五省(自治区)排污费缴纳单位数之和。

每单位平均排污费缴纳额:黄河中下游五省(自治区)排污费总和/缴纳单位数之和。

环境行政处罚案件数:黄河中下游五省(自治区)环境行政处罚案件之和。

① 本书借鉴了关溪媛计算系统协同度的方法,详见关溪媛:《辽宁沿海经济带经济协同度评价及对策研究——基于复合系统协同度模型》,载《经济论坛》,2020年第2期,第26～32页。

环保投资占工业 GDP 的比重：[黄河中下游五省(自治区)工业污染治理投资＋三同时环保项目投资之和]/五省(自治区)工业 GDP。

3.数据来源和数据处理

该部分数据来源于 2002—2020 年的《中国统计年鉴》《中国环境年鉴》《中国环境统计年鉴》《黄河年鉴》与各省统计年鉴。首先以 2001 年为基期，将有关货币数值根据不同年的 GDP 平减指数调整为可进行对比的数值。由于数据量纲不同，采用极差法规范化数据。

极差法是对原始数据的线性变换，使结果落到[0,1]内，转换函数如下：正向影响值 $X_i = \frac{x_i - \min x_i}{\max x_i - \min x_i}$，负向影响值：$X_i = \frac{\max x_i - x_i}{\max x_i - \min x_i}$。其中，$x_i$ 为规范化值，x_i 为实际观测值，$\max x_i$，$\min x_i$ 为观测指标样本中的最大值和最小值。

4.序参数权重的确定

在这里我们使用主成分分析法计算各指标的权重。主成分分析研究的是变量之间的相关关系，通过变量相关矩阵内部结构的研究，找出控制所有变量的几个主成分，可以根据主成分的贡献率计算指标权重。黄河中下游五省(自治区)各序参数的权重如表 5-2 所示。

表 5-2　黄河中下游五省(自治区)环境治理协同系统序参数权重

	山西	陕西	内蒙古	河南	山东
环保系统机构数	0.17	0.23	0.17	0.20	0.21
环保机构人员数	0.21	0.19	0.22	0.18	0.22
排污费缴纳单位数	0.09	0.20	0.21	0.19	0.16
平均排污费收入(万元)	0.20	0.24	0.23	0.22	0.21
环境处罚案件数(起)	0.16	0.13	0.05	0.14	0.08
环保投资占 GDP 比值	0.18	0.01	0.13	0.07	0.12

(二)黄河中下游五省(自治区)环境治理有序度的测度[①]

假设子系统内序参数为 x_{ij}，$\max x_{ij}$ 和 $\min x_{ij}$ 分别为子系统稳定时的临界序参数分量的上限和下限。首先进行序参数有序度计算，与极差法数

---

① 本书借鉴了关溪媛关于辽宁沿海经济带经济协同度的研究方法，来计算子系统的有序度和系统协同度计算，详见关溪媛：《辽宁沿海经济带经济协同度评价及对策研究——基于复合系统协同度模型》，载《经济论坛》，2020 年第 2 期，第 26～32 页。

据处理法相同，正向序参数有序度 $X_{ij}=\frac{x_{ij}-\min x_{ij}}{\max x_{ij}-\min x_{ij}}$，负向序参数有序度 $X_{ij}=\frac{\max x_{ij}-x_{ij}}{\max x_{ij}-\min x_{ij}}$。当数值越大时说明序参量分量对子系统有序度的贡献度越大。

子系统 Y 的有序度可以通过对序参量分量有序度的线性加权然后求和计算，用公式表示为：

$$Y(X_i)=\sum_{i=1}^{m}w_i x_i \tag{5-1}$$

其中，w_i 代表不同指标的权重，m 是指标的个数，x_i 代表两个指标系统各个指标的标准化值。在上式中，$0\leqslant Y_{ij}\leqslant 1$，当数值越接近 1 时，子系统的有序度就越高，反之子系统的有序度就低。

通过上述模型，计算出黄河中下游五省(自治区)环境治理的有序度，如表 5-3 所示；并据此得出黄河中下游五省(自治区)环境治理有序度趋势图，如图 5-1 所示。

表 5-3　黄河中下游五省(自治区)环境治理的有序度

年份	山西	陕西	内蒙古	河南	山东
2001	0.07	0.13	0.13	0.22	0.28
2002	0.17	0.54	0.24	0.19	0.13
2003	0.20	0.39	0.37	0.26	0.27
2004	0.40	0.44	0.49	0.30	0.25
2005	0.30	0.46	0.36	0.35	0.27
2006	0.38	0.61	0.40	0.49	0.35
2007	0.25	0.40	0.30	0.39	0.27
2008	0.49	0.38	0.35	0.43	0.49
2009	0.48	0.36	0.40	0.47	0.45
2010	0.61	0.45	0.45	0.44	0.41
2011	0.67	0.43	0.45	0.48	0.52
2012	0.78	0.44	0.53	0.42	0.64
2013	0.65	0.49	0.43	0.35	0.58
2014	0.67	0.50	0.55	0.59	0.62

续表

年份	山西	陕西	内蒙古	河南	山东
2015	0.66	0.53	0.54	0.58	0.61
2016	0.60	0.53	0.55	0.51	0.59
2017	0.69	0.65	0.64	0.53	0.66
2018	0.64	0.73	0.74	0.54	0.66
2019	0.69	0.79	0.66	0.61	0.65

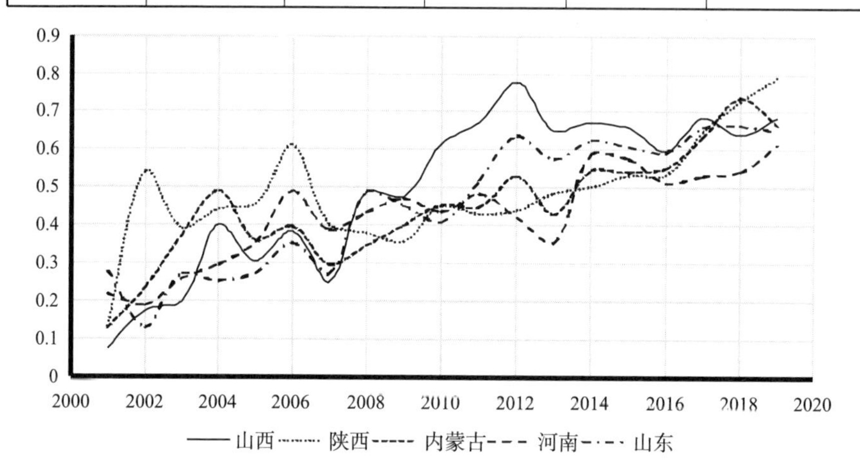

图 5-1 黄河中下游五省(自治区)环境治理有序度趋势图

通过上述有序度模型得出如表 5-3 和图 5-1 所示的黄河中下游地区环境治理有序度的评价结果,实证分析结果表明。

总体而言,从 2001—2019 年黄河中下游五省(自治区)的环境治理有序度均呈现较为一致的变动趋势:在 2001—2007 年出现了先上升后下降的情况,之后不断上升,直至 2012 年到达一个较高值,之后又下降,再上升,到 2019 年达到最高值。虽然在一些年份出现了波动的情况,但在整体上呈现出不断上升的趋势,这说明各个子系统的有机整体性在不断提高,环境治理是有效的且各个子系统的变化发展基本是有序的,取得了一定的成效。

为了研究黄河中下游五省(自治区)政府环境协同治理的协同能力,需要进一步开展协同度的计算。

(三)黄河中下游五省(自治区)环境治理协同度的测度

以 2001 年为系统的初始时刻 T_0,此时各个子系统的有序度为 Y_1^0,当

系统发展至 T_1 时，此时各子系统的有序度为 Y_1^1，则流域内各政府在 T_0-T_1 时段内的环境治理协同度公式为：

$$E=\alpha\sqrt[m]{\prod_{i=1}^{m}\left|Y_1^1-Y_1^0\right|} \tag{5-2}$$

其中，E 为黄河中下游政府环境治理的协同度，$-1\leqslant E\leqslant 1$，当 $Y_1^1-Y_1^0\geqslant 0$ 时，α 取值 1，其他情况取值为 -1。从公式(5-2)可以看出，黄河中下游政府环境治理协同度的计算是基于各子系统时间序列的动态分析过程，通过计算各子系统序参量的有序度，进而计算各子系统的有序度，最终计算系统整体的协同度。因此，黄河中下游政府环境治理协同度取决于各子系统的有序度。协同度的值越大，说明系统的协同度越高；反之说明系统协同度较低。当黄河中下游政府环境治理协同度大于 0 时，说明子系统在 T_1 时子系统的有序度大于 T_0 时的子系统有序度，那么此时黄河中下游政府环境治理趋于协同发展；当黄河中下游政府环境治理协同度小于 0 时，那么至少有一个子系统在 T_1 时的有序度小于 T_0 时的有序度，这说明河中下游政府环境治理系统处于非协同演进状态。

以各子系统有序度的计算结果为基础，基于协同度计算公式得到黄河中下游五省(自治区)政府环境治理协同度，如表 5-4 所示；图 5-2 显示了黄河中下游地区政府环境治理协同度的趋势图。

表 5-4　黄河中下游五省(自治区)政府环境治理协同度

年份	2001	2002	2003	2004	2005	2006	2007	2008	2009	2010	2011	2012	2013	2014	2015	2016	2017	2018	2019
协同度	0.02	0.11	−0.07	−0.15	−0.09	0.24	−0.09	0.25	0.26	0.28	0.33	0.36	0.30	0.41	0.41	0.38	0.45	0.48	0.50

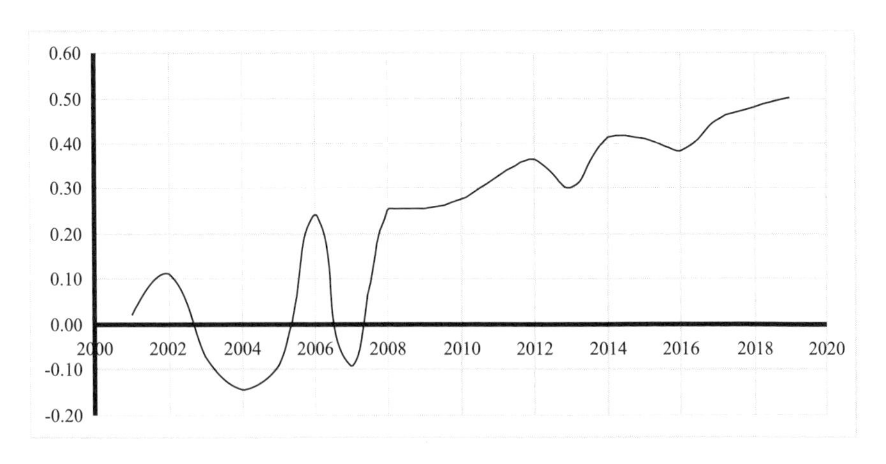

图 5-2　黄河中下游地区环境治理协同度趋势图

本书通过收集经验数据构建起黄河中下游政府环境协同治理协同度指标体系，并运用复合系统协同度模型，对2001—2019年黄河中下游五省(自治区)政府环境治理协同度动态演变进行实证评价。表5-4和图5-2的研究结果表明：2001—2019年黄河中下游五省(自治区)政府环境协同治理协同度呈现波动上升的趋势，整体波动范围在[—0.15,0.5]之间。具体变动趋势如下。

在2007年之前，黄河中下游五省(自治区)政府环境治理的协同度处于一个较低的水平，协同度指标均处在0.2以下，且在不断地波动，这说明此时黄河中下游环境治理的政府协同机制尚未建立，协同关系处于不稳定状态。这大体与当时黄河流域整体的水资源治理实际情况相符。一方面，2007年之前，从中央到地方并没有对黄河流域的水资源治理开展系统规划，仅从政策发文来看，几乎接近空白。仅在2006年7月国务院颁布《黄河水量调度条例》，此时第一部黄河治理相关的行政法规得以产生；另一方面，虽然《中华人民共和国水法》规定，我国流域水资源实行流域管理与行政区域管理相结合的管理体制，但是流域管理机构的法律地位及其具体职责并没有得以明确规定，黄河流域水资源治理依旧按照属地原则由各行政区实施“分治”，流域统一管理机制并没有发挥应有的功能。

在2007年之后，协同度基本处于持续上升的状态，协同度指标均处在0.25以上，这说明黄河中下游五省(自治区)政府协同治理能力在不断提升且有继续上升的趋势，系统趋于建立环境协同治理的良性机制。这与自“十一五”规划起黄河流域的水资源治理逐步被重视直接相关。一方面，从中央到地方的黄河流域水资源治理的政策文件数量平稳增加，尤其是2015年“水十条”颁布之后，部门之间联合发文逐步增多，黄河中下游环境协同治理的协同度进一步得到提升；另一方面，理论研究层面和实践层面逐步重视通过合作实现流域的跨界治理，不断提出建立集体磋商的协调机制，尽管目前黄河流域尚未确立官方的地方政府协同合作的制度安排，但实现流域的跨界合作治理是大势所趋。

二、政策调控力因素对耦合效应影响的实证分析

前文对黄河中下游五省(自治区)环境治理协同度进行详细的分析和测度，借助于前文对政府环境规制与企业社会责任耦合协调度的测度，可进行黄河中下游五省(自治区)政府协同治理能力对政府环境规制与企业

社会责任耦合效应影响的实证分析，以此来开展政策调控力因素对耦合效应影响的实证研究。

首先进行模型指标的确定。使用黄河中下游五省（自治区）的政府环境治理协同度代表政府环境协同治理能力。如前所述，协同度表示的是复杂综合系统内各子系统协同发展的状态，此处可使用前文计算的黄河中下游五省（自治区）环境治理系统的协同度指标，来表征系统内五省（自治区）环境治理的协同程度。

根据前人的相关研究，通常采用耦合度或耦合协调度来代理耦合效应的程度。耦合度最初是物理学的概念，主要描述多个复杂系统相互影响的强度。但在现实应用中，仅通过耦合度指标无法完全反映多个复杂系统间协调发展的程度，故可能出现研究结论与实际情况不符的情况。因此，本书采用耦合协调度来代理政府环境规制与企业社会责任耦合效应，既能够体现二者之间的协调发展水平，也较为契合我们的研究。

根据前文指标的选择，建立黄河中下游五省（自治区）政府协同治理能力对政府环境规制与企业社会责任耦合效应影响的计量模型：

$$Y_{it} = u + \beta_1 X_{1\ it} + \beta_2 X_{2\ it} \times Tax\_rate_{it} + \delta_i + \mu_t + v_{it} \tag{5-3}$$

其中，被解释变量 Y_{it} 表示黄河中下游第 i 省第 t 年的政府环境规制与企业社会责任耦合协调度；解释变量 X_{1it} 表示黄河中下游五省（自治区）之间的政府环境治理协同度；由于 2007 年中央财政开始对环境治理进行支出，鉴于此，本书引入了哑变量 X_{2it}，旨在测度中央政府的环境治理政策对政府环境规制与企业社会责任耦合效应的影响，数值 2007 年之前为 0，2007 年之后为 1；Tax_rate 表示税率变量，Tax_rate_{it} 指代黄河中下游第 i 省第 t 年的税率，通过计算企业所得税/各省（自治区）GDP 总量而得；δ_i 和 μ_t 分别表示省份和年份固定效应，v_{it} 是随机误差项。

在数据选取上，采用前文所计算的黄河中下游五省（自治区）政府治理协同度的数据和第三章所计算的政府环境规制与企业社会责任耦合协调度的数据。采用面板回归模型对模型（5-3）进行回归分析，具体分析结果如表 5-5 所示。

表 5-5　模型(5-3)的回归分析结果

变量	基准模型	模型(5-3)
X_1	0.398***	0.291***
	(7.586)	(7.870)

续表

变量	基准模型	模型(5-3)
X_2	0.069**	—
	(2.965)	—
$X_2\times Tax\_rate$	—	9.048*
	—	(2.319)
常量	0.471***	0.378***
	(35.597)	(15.565)
F	105.361***	55.971***
R^2	0.696	0.713
调整后的 R^2	0.689	0.700

注:其中***、**、*分别代表1%、5%、10%的显著性水平,小括号内为t值。“—”表示无相关数据。

基于表5-5的回归结果,含有调节变量的回归模型(5-3)可估计为:

$$Y = 0.378 + 0.291X_1 + 9.048X_2 \times Tax\_rate \quad (5\text{-}4)$$

表5-5中的结果显示,模型(5-3)的拟合度较好,各参数均在95%的置信区间,核心解释变量均在5%水平上显著。模型结果有如下结论:

X_1 与 Y 呈正相关关系,即随着黄河中下游政府环境协同治理能力的提高,黄河中下游政府环境规制与企业环境责任的耦合协调度也在不断提高。这意味着黄河中下游五省(自治区)府际环境治理协同水平的提高有利于提升黄河中下游政府环境规制与企业环境责任的耦合效应水平。基于此,黄河中下游五省(自治区)应该在着力于辖区经济发展的同时还需兼顾府际间突破环境区划的环境治理,共同治理环境污染,这将有利于改善黄河中下游整体的生态环境状态。

$X_2\times Tax\_rate$ 与 Y 也呈正相关关系,中央层面的环境规制强度有利于黄河中下游政府环境规制与企业环境责任耦合效应水平的提升。在纳入税率变量后,2007年以来税率水平的提高对政府环境规制与企业社会责任耦合效应水平的影响显著为正。究其原因,大体是中央集中实施的命令控制型的环境规制政策有利于增强各个地方政府环境治理的强度,从而有利于各个地方政府环境规制与企业环境责任耦合效应水平的提升。

总体而言,黄河中下游地区的政策调控力因素对政府环境规制和企业环境责任耦合起到了积极的促进作用。

第二节　经济驱动力因素对耦合效应的影响

经济驱动力方面的因素分析主要出于经济增长和经济发展两方面的考虑，经济增长更偏向经济总量的增加，经济发展①更注重经济的均衡、持续和协调发展。基于此，本书对经济驱动力因素的分析主要从两个方面展开：一是黄河中下游地区的经济增长水平对政府环境规制与企业社会责任耦合效应的影响；二是黄河中下游地区的产业结构转型升级对政府环境规制与企业社会责任耦合效应的影响。

一、经济增长与环境污染之间关系的 EKC 理论

基于经济增长与环境污染的 EKC（环境库兹涅茨曲线）理论，分析经济增长与环境治理的相关关系，然后通过对黄河中下游地区 EKC 曲线的估计，开展经济增长因素对黄河中下游地区政府环境规制与企业社会责任耦合效应影响的回归分析。

1995 年，美国环境经济学者 Crossman 和 Krueger 基于库兹涅茨曲线理论提出 EKC 曲线即环境库兹涅茨曲线，旨在阐释经济增长与环境污染的相关关系。库兹涅茨曲线是 1955 年由美国著名经济学家库兹涅茨提出的，它描述了收入分配与经济增长的关系，在经济发展初期收入分配差距会不断扩大，随着经济增长到较高的程度跨过拐点后，收入分配的差距会不断减小，二者呈现一个倒 U 型的曲线关系。环境库兹涅茨曲线被 Crossman 和 Krueger 开创性地运用到研究经济增长的关系上来，他们的研究发现经济增长与环境污染同样遵循倒 U 型的关系，如图 5-3 所示。

在经济发展的初期，由于经济活动水平比较低，对环境污染能有限，此时环境污染处于一个较低的水平；伴随着工业化的进程，经济的进一步增长，对能源的消耗和污染物的排放逐步扩大，此时环境污染处于逐步恶化的状态；当跨过拐点（许多学者实证分析认为人均收入为 6000～8000 美元）后，伴随着经济的增长，产业结构逐步进行调整，地方政府有更多的资

① 经济发展是一个国家或者地区按人口平均的实际福利增长过程，它不仅是财富和经济体量的增加和扩张，而且还意味着质的变化，即经济结构、社会结构的创新，社会生活质量和投入产出效益的提高。基于年鉴数据的可得性，本书对经济发展的考察主要从经济结构中的产业结构这一主要因素入手，着力分析产业结构的转型升级对政府环境规制与企业社会责任耦合效应的影响。

金进行环境治理,人们环保意识逐渐增强,此时环境污染逐步减小,因此经济增长与环境污染呈现出倒U型的关系。目前我国学者对我国的环境库兹涅茨曲线成果比较丰富,李小胜等的研究发现,我国工业废水的排放与人均收入符合环境库兹涅茨假说,虽然工业废气排放与工业固体废物排量不符合环境库兹涅茨曲线,但经济发达地区污染物的收入弹性非常小甚至为负,这说明污染排放确实随着收入增加而减少。① 李茜等的研究证明,我国环境污染与经济增长的双向作用机制,并且这种双向作用机制具有显著的区域差异性。其中,西部地区环境污染与经济增长的矛盾最为突出。② 毛晖等通过对我国1998—2010年的省级数据的研究,采取了五种环境污染指标,发现除了倒U型的环境库兹涅茨曲线之外,还存在N型、U型+倒U型、线性多种形状的环境库兹涅茨曲线。③

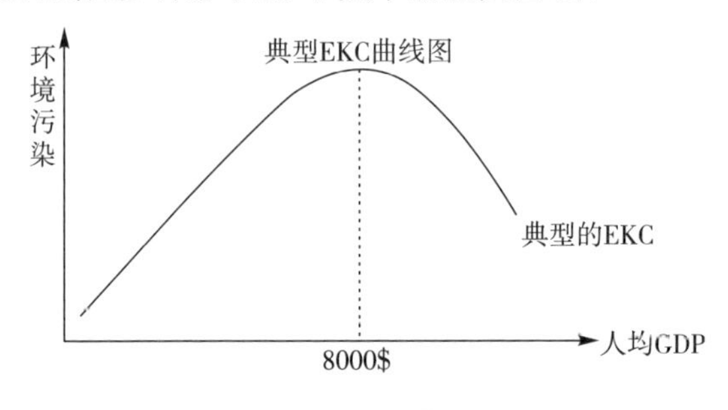

图5-3 EKC曲线图

(一)经济增长与环境污染倒U型关系的驱动因素

1. 市场机制

在经济发展的初期,企业环境污染的成本较低,我国从1982年颁布《排污费征收暂行办法》开始对企业的污染排放进行收费,其本质是一种庇古税,但由于企业所缴纳的排污费即环境污染的成本低于排污所带的经济收益,企业的污染排放问题仍然十分严重,其后果就是伴随着我国经济快速增长,导致环境污染日益严重,由于我国的环境库兹涅茨尚未到达拐点,

---

① 李小胜、宋马林、安庆贤:《中国经济增长对环境污染影响的异质性研究》,载《南开经济研究》,2013年第5期,第96~114页。

② 李茜等:《我国经济增长与环境污染双向作用关系研究——基于PVAR模型的区域差异分析》,载《环境科学学报》,2015年第6期,第1875~1886页。

③ 毛晖、汪莉、杨志倩:《经济增长、污染排放与环境治理投资》,载《中南财经政法大学学报》,2013年第5期,第73~79页。

过度的污染排放使我国环境污染水平在全球处于下游的水平。例如，我国的空气质量水平在全球的空气质量报告中常年处于倒数的水平。[①] 但是根据以往学者的研究，当经济增长到达一定的水平，伴随着能源的短缺，能源资料价格逐渐上升，同时政府将科斯的排污权交易纳入环境规制政策中，此时企业的生产成本和排污成本上升，一方面，企业迫于成本压力会减少污染物的排放；另一方面，企业将加快对新技术的研发寻找替代资源或者提高能源利用效率减少排放。因此，通过市场机制可以调节，企业对污染物排放的策略使环境污染逐渐降低。

2. 国际贸易

在自由贸易的前提下，新兴的发展中国家为了经济发展，倾向于承接国外的产业转移，发达国家也乐于把国内污染密集型转移出国内，由于发展中国家此时的环境规制不甚严格，污染密集型产业排放出过多的工业污染物，因此伴随着经济发展，环境污染逐步扩大；而与此相反，发达国家将污染密集型产业转移出国内转而发展高技术型的第二产业或高附加值、低污染的第三产业，其经济还会进一步持续增长，而环境污染则会持续减少。随着发展中国家的对外开放度不断提高，经济发展水平达到一定程度时，污染水平也会开始下降。徐文成等发现，经济增长与环境污染和污染治理的关系在加入国际贸易等变量后倒 U 型曲线开始显著，贸易开放从整体上有利于降低污染排放水平。[②]

3. 结构效应

Crossman 和 Krueger 最早提出国际贸易产生的结构效应，即产业结构变动对生态环境的影响。正如前文所述，第三产业相较于第二产业具有高附加值和低污染的特点。因此，在一个国家经济发展的过程中，会遵循产业结构变动的规律，配第一克拉克定律认为收入会从第一产业到第二、第三产业递增，与此同时劳动力也会随此变动。韩永辉等通过研究中国 2001—2012 年的省级面板数据发现，产业结构升级确实改善了环境质量，具有正面溢出作用，即同时改变了相邻区域的环境质量。[③] 而罗斯托的经

① 美国耶鲁大学和哥伦比亚大学联合发布的《2018 全球环境绩效指数报告》。

② 徐文成、薛建宏：《经济增长、环境治理与环境质量改善——基于动态面板数据模型的实质分析》，载《华东经济管理》，2015 年第 2 期，第 35～40 页。

③ 韩永辉、黄亮雄、王贤彬：《产业结构升级改善生态文明吗——本地效应与区际影响》，载《财贸经济》，2015 年第 12 期，第 129～146 页。

济起飞理论中产业发展共有五个阶段,[①]即传统社会阶段、准备起飞阶段、起飞阶段、成熟阶段、大众消费阶段。其中,在第四阶段是向成熟迈进的阶段。这时已经把一系列现代科技有效地应用于大部分资源的开发利用过程中,投资率达到10%～20%。由于技术的不断进步和新兴工业的迅速发展,经济结构也发生了变化。第五阶段是大众消费阶段。此时的工业已经高度发达,主导部门已经转移到耐用消费品和服务业部门。产业结构的变动会导致新技术的开发和应用,而服务业的发展则会有较低的污染排放,因此产业结构变动是环境污染与经济增长关系的重要影响因素。鉴于本章还要对产业结构变动对黄河中下游地区的政府环境规制和企业社会责任耦合的影响进行分析,所以会在后文具体介绍产业结构对生态环境的影响。

4.技术效应

当经济不断发展时将带动技术不断进步,同时当能源成本和排污成本不断提高时,企业进行成本—收益分析后倾向于开发新能源、新技术,同时环保价值观也对企业产生影响。何为等通过对天津市各区县的经济和环境数据进行实证研究后发现企业的减排技术进步与环境质量有显著的负相关关系。[②]

5.公众的环境需求

环境质量是一种特殊商品。当一个国家的经济比较落后时,因为人们的收入比较低,此时对环境质量的需求比较低,所以对环境问题也不甚关心,因此,环境状况会伴随经济增长不断恶化。但伴随着经济增长,收入水平不断提高到达一定的程度时,人们此时开始提高对环境质量的需求并愿意学习新的环境知识,塑造新的环境观念并愿意身体力行来提高环境质量,政府出台的一系列公众参与环境治理的政策也加强了公众对企业和政府的监督。因此,环境污染问题会逐渐减少。

6.国家环境政策与环境规制

国家的环保投资或政府的环境规制会使EKC曲线的拐点提前出现或

① 1960年,美国经济学家华尔特·惠特曼·罗斯托(Walt Whitman Rostow)在《经济成长的阶段》中提出了他的"经济成长阶段论",将一个国家的经济发展过程分为五个阶段,1971年他在《政治和成长阶段》中增加了第六阶段。经济发展的六个阶段依次是传统社会阶段、准备起飞阶段、起飞阶段、走向成熟阶段、大众消费阶段和超越大众消费阶段。本书引用的是传统的五阶段论,没有提及第六阶段。

② 何为、刘昌义等:《环境规制、技术进步与大气环境质量:基于天津市面板数据实证分析》,载《科学学与科学技术管理》,2015年第5期,第51～61页。

者使EKC曲线更加扁平，在相同的前提条件下更严格的环保政策会使环境污染水平更低。毛晖等对我国省级数据进行研究后发现库兹涅茨曲线不仅呈现倒U型、还存在N型，再加入政府环保投资变量后改变了拐点临界值的大小。[①] 在经济快速发展时期，争取为了快速实现工业化或完成地方GDP目标等原因，政府倾向于放松对环境政策的制定和对企业的环境污染行为作出处罚，所以在经济快速增长时环境污染逐步扩大。伴随着经济增长到达一定的水平，政府不仅需要完成经济目标，迫于公众对环境质量要求增高的压力还需完成一定的环保目标。笔者在前文分析了中央政府和地方政府关于环境规制的博弈，其结论是当中央政府严格监督地方政府对环境政策时且地方政府严格执行时，此时二者收益最大化。此时地方政府在实现了经济目标的同时，也完成了中央政府所期望的环境目标，在这种机制下环境污染会逐渐减小。

(二)黄河中下游地区EKC曲线的估计[②]

如前所述，通过对经济增长与环境污染相关关系的分析，我们得知政府的环境治理投资与产业结构变动等都对经济增长与环境污染之间倒U型关系的形成起着重要的驱动作用，李茜等的研究认为，经济增长与环境污染之间有很强的双向作用，[③]本书也假定这些因素之间有着很强的相关关系，基于此，本书将通过较简易的模型研究黄河中下游地区的库兹涅茨曲线，分析黄河中下游地区经济增长与环境污染之间的关系、目前所处的阶段，对后文研究经济驱动力因素对政府环境规制与企业责任耦合效应的影响有较强的参考价值。

根据2002—2020年《中国环境年鉴》《中国环境统计年鉴》《黄河年鉴》与各省统计年鉴的统计数据，可获取黄河中下游地区经济增长与环境污染的相关数据表，如表5-6所示。

---

① 毛晖、汪莉、杨志倩:《经济增长、污染排放与环境治理投资》,载《中南财经政法大学学报》,2013年第5期,第73～79页。

② 本节对经济增长与环境污染之间关系的验证，采用的数据处理方式是将黄河中下游五省(自治区)作为一个整体，并没有将五省(自治区)作为独立个体。因为此处旨在验证经济增长与环境污染之间的关系，也可从宏观上论证后续结论，而不是验证五省(自治区)之间的差异性。

③ 李茜等:《中国生态文明综合评价及环境、经济与社会协调发展研究》,载《资源科学》,2015年第7期,第1444～1454页。

表 5-6　黄河中下游地区经济增长与环境污染相关数据表①

年份	人均 GDP（元）	工业废水排放量（万吨）	工业废气排放量（亿立方米）	工业固体废物排放量（万吨）	第三产业GDP 比重	工业污染治理投资（亿元）
2001	5077.60	282815	27205	16751	0.32	41.7
2002	5438.20	314275	29024	20869.4	0.33	30.4
2003	5764.20	300038	30431	20019.46	0.34	38.3
2004	6393.60	304687	33397	21727.4	0.35	53.1
2005	7020.40	306072	39536	22252	0.35	45.6
2006	7843.20	305000	43775	25036	0.35	54.3
2007	9270.60	318189	52802	27100	0.34	59.4
2008	11542.00	337108	64703	31751	0.32	81.9
2009	14033.40	362432	71756	38487	0.33	116.3
2010	16548.00	386916	72925	43796	0.33	147.7
2011	20697.60	415602	96329	51058	0.33	173.2
2012	25638.40	428915	106845	55501	0.32	194.5
2013	27939.00	440471	116882	57321.6	0.35	144.1
2014	33263.00	493567	142734	68910.9	0.35	130.8
2015	39758.20	445779	179204.9	92365	0.35	166.4
2016	43869.00	440753	161446.5	94065	0.36	160.3
2017	47406.57	431620	173509	92534	0.37	288.4
2018	50199.24	432808	180407.7	97188	0.41	339.1
2019	51387.23	431088	179973	102313	0.44	227.4

资料来源：中国经济社会大数据研究平台、2002—2020 年《中国环境年鉴》《中国环境统计年鉴》《黄河年鉴》、各省（自治区）统计年鉴与中国知网。

首先以 2001 年为基期，将有关货币数值根据不同年份的 GDP 平减指数调整为可进行对比的数值。基于之前学者对环境库兹涅曲线的实证研究，先建立经济增长与环境污染的二次函数关系，模型一无控制变量，主要研究经济增长与环境污染变动的趋势。其中，$Emission_i$ 代表 i 年的污染

① 表内黄河中下游地区数据为五省（自治区）加总。

物排放，本书分别用工业废水排放量、工业废气排放量和工业固体废物排放量来表示环境污染水平，用人均GDP来代表经济增长水平。

模型一：

$$Ln(Emission_i) = C + \beta_1 Ln(PGDP) + \beta_2 \mathrm{Ln}(\mathrm{PGDP})^2 + \mathrm{v} \qquad (5\text{-}5)$$

如前所述，在经济增长与环境污染呈倒U型关系的背后，政府的环境污染治理投资与产业结构变动等因素起着重要的作用。因此，在模型二中本书将增加环境治理投资和产业结构升级两个控制变量，分别用工业污染治理投资和第三产业占GDP的比值来表示。

模型二：

$$Ln(Emission_i) = C + \beta_1 Ln(PGDP) + \beta_2 \mathrm{Ln}(\mathrm{PGDP})^2 + \beta_3 \mathrm{Ln}(\mathrm{invest}_i) + \beta_4 \mathrm{industry}_i + \mathrm{v} \qquad (5\text{-}6)$$

可以根据二次函数的性质来判断经济增长与环境污染的关系：若$\beta_1 > 0$，$\beta_2 < 0$，说明经济增长与环境污染呈倒U型关系；若$\beta_1 > 0$，$\beta_2 > 0$，说明环境污染随经济增长单调增长；若$\beta_1 < 0$，$\beta_2 > 0$，说明两者呈正U型关系；若$\beta_1 < 0$，$\beta_2 < 0$，说明环境污染伴随经济增长单调递减，其中拐点处为$\frac{-0.5\beta_1}{\beta_2}$。运用统计软件进行回归分析，得到模型一的回归分析结果，如表5-7所示。

表5-7　模型一的回归分析结果(无控制变量直接估计)

	In(工业废水排放)	In(工业废气排放)	In(工业固体废物排放)
Ln(PGDP)	1.323*** (2.614)	2.489*** (4.381)	0.076 (0.144)
$Ln(PGDP)^2$	−.058*** (−2.219)	−0.086*** (−2.944)	0.034 (1.264)
C	5.469*** (2.239)	−4.741* (−1.73)	6.666*** (2.617)
F值	93.430***	1204.223***	1149.628***
R^2	0.921	0.993	0.993
转折点	11.4	14.47	无

注：其中***、**、*分别代表1%、5%、10%的显著性水平，小括号内为t值。

从模型一的回归分析结果来看，工业废水排放与工业废气排放的一次项和二次项系数均在1%的置信区间内显著，说明在基于废水排放量和废气排放量指代的环境污染指标与人均GDP所指代的经济增长指标呈现出显著的倒U型关系，即伴随着经济的发展，黄河中下游地区的废水排放和废气排放都出现了先增加后减少的趋势。由于工业固体废物排放量所指代的环境污染与经济增长的回归分析中，虽然系数不显著，但是可以根据符号来判断它们变动的趋势，β_1、β_2都大于0，说明固体废物的排放伴随着经济增长一直在增加，固体废物污染有持续恶化的趋势。

在增加控制变量后，可分析政府环境治理和产业结构变动是否对环境污染和经济增长的曲线产生影响。运用统计软件进行回归分析，得到模型二的回归分析结果，如表5-8所示。

表5-8 模型二的回归分析结果(加入控制变量)

	In(工业废水排放)	In(工业废气排放)	In(工业固体废物排放)
β_1	0.988 (1.53)	3.065*** (3.881)	0.334 (0.423)
β_2	−0.1097 (−2.219)	−0.111*** (−2.771)	0.023 (0.584)
β_3	−0.080. (−1.527)	−0.113** (−1.756)	−0.056 (−0.873)
β_4	−1.107* (−1.856)	0.098 (0.135)	0.005 (0.007)
C	7.406*** (2.32)	0.993	5.455 (1.396)
F值	60.996	644.854	530.72
R^2	0.964	0.993	0.993
转折点	5.09	13.8	无

注：其中***、**、*分别代表1%、5%、10%的显著性水平，小括号内为t值。

从废水排放与人均GDP的回归分析结果来看，虽然一些系数不够显著，可能的原因是控制变量考虑不全面，但根据一次项和二次项系数的符号可以看到正负性没有改变，库兹涅茨曲线可能仍然存在。黄河中下游地区的废气排放与人均GDP仍然呈现出显著的倒U型关系，在加入环境污染投资和产业结构变动的变量后，可以看到两个指标的系数均为负值，说明环境污染治理投资与产业结构的升级使环境污染水平不断减弱，即政府的环境污染投资通过治理污染和预防污染改善了污染物排放,而产业结构的升级降低了重工业的比重,同样也会减少污染物排放。与此同时,工业废水排放和工业废气排放开始减少的转折点分别从 11.4 和 14.47 下降至 5.09 和 13.8,尤其是对废水排放的影响最为显著,这说明黄河中下游地区的水环境经历了先污染后治理的情况。同时,政府污染治理和产业结构的变动对黄河中下游地区水环境污染改善显著。加入控制变量后工业固体废物排放与人均 GDP 仍然呈现不断递增的趋势,可能的原因是黄河中下游地区的重工业结构多为煤炭和石油相关的产业,经济的快速发展导致对工业原材料的需求不断增加,因此导致固体废物排放持续增加。

综合以上两个关于经济增长与环境污染的模型分析,可知黄河中下游地区的废气排放存在显著的环境库兹涅茨效应,废水排放的倒 U 型曲线在加入控制变量后变得不显著,结合黄河中下游地区的经济发展和政府环境投资的现实情况,可以认为黄中下游地区的政府工业污染治理投资起到了较为有限的作用,同时由于资源和区位方面的原因,产业结构的提升效应也较为有限,对废水污染排放产生的影响也很有限。工业固体废物的排放与经济增长单调递增,这种结果与黄河中下游地区的工业结构有很强的相关性。

二、产业结构的转型升级对生态环境的影响机理

根据之前学者的研究,产业结构对生态环境的影响得出了较为一致的结论:一国在工业化过程中,第二产业比重升高会消耗过多能源,同时排放较多的污染物,会破坏生态环境;当工业经济转化为清洁服务业和高技术型产业时,环境污染水平会下降;同时不同产业内部的变动对生态环境的影响也不同。本书主要分析第二产业结构变动对生态环境产生的影响,假定当第二产业内污染密集型部门比重降低,高技术型部门比重增加时,环境水平将会不断得到改善。

(一)产业结构及产业结构调整的一般理论

产业结构具有不同的分类方法,有按照两大部类(生产资料和生活资料)分为轻、重工业的分类法,也有目前主流的三次产业分类法,还有按照生产要素密集度将产业划分为资源密集型产业、劳动密集型产业、技术密集型产业等的分类方法。不同的分类方法具有不同的侧重点,本书采用三次产业的分类方法,认为产业结构指的是一国或者一个地区经济中三次产

业之间的比例关系或者各产业内部各部门的比例关系。合理的产业结构可以促进资源的合理配置以促进经济的增长，因此需要对产业结构进行合理的调整。产业结构的调整需要实现产业比例的合理化和产业质量的提升，因此也可称为产业结构转型升级。在经济发展过程中，产业结构调整主要包括产业结构合理化和产业结构高级化两个方面。[①] 产业结构合理化是指产业结构由不合理向合理转换的过程，各产业的比例趋向于协调，资源的配置在各产业之间的分配趋于合理，各产业之间具有较强的转换和互补能力，从长期来看各产业保持一个合适的增长速度和比例。产业结构的高级化是指产业由低级向高级转化的过程，其驱动力为技术创新。技术创新可以提高对资源的利用效率，进行最有效的资源利用，因此伴随着经济发展水平的提升和资源消耗的增加，产业高级化是一个必然趋势，也是一个不断进步永不停止的过程。在产业结构调整的过程中，要根据经济发展阶段选择产业结构的合理化或者高级化，例如在经济发展的初期主要进行产业结构的合理化，在工业化进行到一定的水平时要选择合适的时机进行产业结构的高级化，当然从长期来看，应当将二者有机结合共同促进产业结构的转型升级。

（二）产业结构对生态环境的影响

不同的产业对生态环境的影响是不同的，一般来说，第二产业对环境的影响较大，其次是第一产业，影响最小的是第三产业。虽然第一产业在现代经济的发展过程中所占比例在不断下降，但是第一产业仍是国民经济发展的基础。因此，为了提高产出，现代农业会使用更多的农药和化肥来提高产出，这些生产资料使用时会对水、空气和土壤资源造成较大的污染。在产业结构转型升级过程中，工业化阶段对生态环境的影响最大，此时产业结构为“二三一”排序的状态，工业内部会经历轻工业、重化工业、精加工工业的结构转变。此时第二产业是对生态环境污染最大的产业，因为第二产业的发展对各项能源和资源的依赖度较高。其中，造纸业、纺织业、化学制成品工业、水、饮料业对水环境的影响最大；电、热力行业、金属制造业、石油加工业、造纸业、化学制成品工业的废气排放对大气环境影响较大；金属采选业、电、热力行业、煤炭开采和加工业产生了较多的工业固体废物。因此，工业对环境的污染最大，涵盖了废水、废气、固体废物三个主要污染

---

① 徐成龙：《环境规制下产业结构调整及其生态效应研究：以山东省为例》，山东师范大学博士学位论文，2015年，第129页。

源，对水环境、大气环境、土壤植被造成了极大的破坏。第三产业主要包括金融业、房地产、交通运输、仓储邮政、批发零售、住宿、餐饮等行业。其中，与物流相关的行业汽车尾气问题较为严重，服务业内的废水排放也是我国生活污水的主要来源，但相对于工业的污染排放，服务业对生态环境的影响还是比较小的。彭建等较早研究了区域产业结构变动对生态环境的影响，通过对云南丽江市的研究表明，产业结构对生态环境的影响程度属于中等且逐年降低，区域生态结构的优化改善了地区生态环境。[①] 杨建林等通过对呼和浩特市银榆经济区的产业结构变动和生态环境进行相关分析，发现经济区的产业结构与生态环境有长期动态均衡关系，一、二产业与生态环境的相关度较高，二、三产业与水环境有正协整关系，一、三产业与大气环境有负协整关系，二、三产业与固体环境有正协整关系。[②] 一般认为，在工业化过程中内部部门不同的比例对环境影响也有所不同，许正松等根据江西省经济发展的不同阶段和产业结构对环境污染的关系进行实证研究，发现伴随着工业产值的不断增加和重化工业水平的不断提高，污染物排放也会越来越多，对环境造成的压力也越来越大，由于江西省第三产业发展水平较低，对生态环境影响不大。[③] 邹伟进等研究了 2000－2013 年我国产业结构和生态环境的协调关系，结果显示我国产业结构和生态环境经历了从极不协调到弱协调的过程，虽然二者目前还处于不均衡状态，但逐渐在向协调过渡。[④] 袁晓玲等则从环境规制强度、产业结构升级和生态环境优化三者的互动机制展开研究，认为在全国层面产业结构升级促进了生态环境的优化，而环境规制的倒逼机制在促进产业升级优化时同时也促进了生态环境优化。[⑤]

(三)环境规制与产业结构、生态环境的内在关系

前文基于环境库兹涅茨曲线分析了经济发展与环境污染的倒 U 型曲

---

① 彭建等：《区域产业结构变化及其生态环境效应——以云南省丽江市为例》，载《地理学报》，2005 年第 9 期，第 798～806 页。

② 杨建林、徐君：《经济区产业结构变动对生态环境的动态效应分析——以呼包银榆经济区为例》，载《经济地理》，2015 年第 10 期，第 179～186 页。

③ 许正松、孔凡斌：《经济发展水平、产业结构与环境污染——基于江西省的实证分析》，载《当代财经》，2014 年第 8 期，第 15～20 页。

④ 邹伟进、李旭洋、王向东：《基于耦合理论的产业结构与生态环境协调性研究》，载《中国地质大学学报》，2016 年第 2 期，第 88～94 页。

⑤ 袁晓玲、李浩、邸勍：《环境规制强度、产业结构升级与生态环境优化的互动机制分析》，载《贵州财经大学学报》，2019 年第 1 期，第 73～81 页。

线关系，然后又着重分析了产业结构与生态环境的相关关系，那么环境规制是如何对产业结构施加影响从而改善生态环境呢？袁晓玲认为，环境规制、产业结构和生态环境优化三者之间存在一种互动逻辑关系，即政府实施环境规制—企业技术积累—企业技术创新—产业结构升级—生态环境优化，相反生态环境的状况会影响环境规制政策的制定，也是管理部门吸引外资、鼓励企业进行技术创新和推进产业升级的前提条件。[①] 环境规制通过如下四种手段来推动产业结构升级继而实现生态环境的优化。

1.供给结构的优化

供给结构是指在一定价格条件下作为生产要素的资本、劳动力、技术、自然资源等在国民经济各产业间可以供应的比例，而环境规制一般可以通过影响自然资源的供给和技术创新来推动产业结构调整从而改善生态环境。首先分析环境规制如何通过影响自然资源的供给来对产业结构进行调整。在产业结构以工业为主的阶段，对自然资源的需求非常大，因此也会导致较多的污染排放，伴随着第三产业规模的不断扩大，产业结构的发展逐渐摆脱对自然资源的依赖，而且环境规制可以加速这一过程，虽然政府一般通过征收排污费或者对企业实施排污权交易来对企业进行规制，但企业由于成本不断上升，只能进行开源或者节流，即开发新技术或者减少传统能源的使用或者使用清洁能源。因此，伴随着企业对能源使用的优化，产业结构也朝向更加生态化的方向发展，此时生态环境也在不断优化。环境规制可以推动企业进行技术创新推动结构优化升级进而改善生态环境。虽然从短期来看，环境规制让企业增加了一定的成本，减少了企业用于技术创新或者改进生产的资金。但是“波特假说”认为，环保政策的实施会促进企业进行技术创新，虽然短期内增加了生产成本，但是从长期来看提高了企业的生产效率，促进了经济增长。[②] 不同的环境规制政策对企业进行技术创新的激励程度不同，命令控制型环境规制政策对企业进行技术创新的激励较小，而市场激励型环境规制政策和自愿性环境规制政策对企业来说有较大的实施空间，企业有较高的积极性。因此，企业进行技术创新的意愿更为强烈。而在产业内部通过企业的技术创新和技术扩散，推动

---

① 许正松、孔凡斌：《经济发展水平、产业结构与环境污染——基于江西省的实证分析》，载《当代财经》，2014年第8期，第15～20页。

② Michael E. Porter and Claas van der Linde. Toward a New Conception of the Environment-Competitiveness Relationship[J]. *Journal of Economic Perspectives*, 1995, 9(04): 97～118.

了产业结构的高级化，而在此过程中企业通过技术创新提高了资源利用效率，减少了环境污染，从而提高了环境质量。

2.需求结构的优化

社会总需求包括消费需求和投资需求，需求决定了产业调整的出发点和落脚点，因此需求是产业结构调整的重要因素。首先，政府环境规制可以通过引导绿色消费需求拓宽绿色产品市场。随着经济水平的不断发展，人们的收入不断提高，同时环保意识也在不断增强，人们倾向于消费绿色环保的产品，这样绿色产品的市场就会不断扩大，需求决定供给，此时企业将会根据人们的需求进行调整，增加绿色环保产品的供给。因此，当企业不断增加对绿色环保产品的供给时，就会减少对资源的消耗和污染的排放。其次，政府环境规制可以引导投资需求增强对环保产业和高技术产业的投资。政府的环境规制具有一定的政策导向性，经济的不断扩张是以一定的资源消耗和污染排放为基础的，当污染到达一定水平时，政府的环境规制政策会限制高污染行业的发展，鼓励环保产业和高技术产业的发展。因此，基于成本一收益的角度来考虑，当污染成本过高时，投资者会转向投资低污染的行业，伴随环保产业不断发展生态环境会不断优化。

3.国际投资的优化

外商直接投资对生态环境的影响较有名的观点为“污染避难所假说”，即世界发达国家的产业升级会将污染较为严重的产业转移至发展中国家，即国外资金会在环境规制水平较低的区域进行投资，国外投资对生态环境的影响会逐渐恶化，此时当地的产业结构会以污染密集型产业为主。伴随着发展中国家经济的发展，环境污染日益严重，此时人们的环保意识增强，对生态环境的要求不断提高，政府会增加环境规制的强度，政府规制改变了外商经营的经济环境和政策环境，相关政策会提高外资的准入门槛，限制非环保产业的进入，从而优化外商投资的结构，逐步减少污染密集型产业的数量，改善生态环境。

4.国际贸易的优化

在开放的世界经济中，一国的产业结构主要由其比较优势决定的。经济较为落后的发展中国家为了提高产品的竞争力就会着力降低产品的成本，同时使用污染排放量较大的生产资料，并且对工业废物的处理水平较低。当政府环境规制参与后，企业因为使用较清洁的能源提高了生产成本，又因为对所排放废物的治理提高了治理成本，这时就又回到了前文环境规制对技术创新的影响，企业为了长期的发展会进行技术创新，发展环保型产品，降低能源消耗和污染排放。因此，环境规制限制了污染型产品的国际贸易，促进了环保型产品的国际贸易，而通过企业参与国际贸易方式的改变，出口的产业结构也随之优化，同时生态环境也会随之改善。

三、经济驱动力因素对耦合效应影响的实证分析

与前文相同，该部分依旧使用黄河中下游地区政府环境规制与企业社会责任的耦合协调度作为耦合效应的代理指标 Y_i ，前文已经就经济增长与产业结构对生态环境之间的相互影响进行了理论分析，并阐释了产业结构与政府环境规制和企业之间的相关关系，这里使用黄河中下游地区第 i 个省份第 t 年人均 GDP（X_{3it}）代表经济增长水平，使用黄河中下游地区第 i 个省份第 t 年第二产业 GDP 占总 GDP 比重（X_{4it}）代表产业结构，[①] TFP_{it}表示第 i 个省份第 t 年的全要素生产率，δ_i和 μ_t分别表示省份和年份固定效应，v_{it}是随机误差项。构造出黄河中下游地区经济发展与产业结构对政府环境规制与企业责任耦合效应影响的关系模型，如公式（5-7）。根据《中国统计年鉴》的历年统计数据可获取 2001—2019 年黄河中下游各省（自治区）人均 GDP 与第二产业比重统计表，具体数据见附录。

$$Y_{it} = C + \beta_3 Ln(X_{3it}) + \beta_4 X_{4it} + \gamma TFP_{it} + \delta_i + \mu_t + v_{it} \tag{5-7}$$

由于指标量纲差异较大，在这里对人均 GDP 取对数处理，得出回归结果，如表 5-9 所示。

表 5-9 公式（5-7）的回归分析结果

变量	基准回归	模型（5-7）
$Ln(X_3)$	0.158*** (16.998)	0.108*** (15.934)
X_4	0.245* (2.258)	0.164* (2.160)

① 从整个国民经济的产业结构变化来看，产业结构转型升级意味着国民经济的重心由第一产业向第二产业，继而向第三产业升级。同时，当前第二产业是三次产业中对生态环境影响最大的产业，从统计年鉴的数据可知，第二产业占国民经济的比重是逐年增加的，但第三产业的占比并没有实现逐年增加。基于此，本书认为第二产业占国民经济的比重可以在一定程度上说明产业结构的合理化程度。因此，在产业结构对生态环境影响的实证分析中，采用了第二产业占国民经济的比重作为自变量。

续表

变量	基准回归	模型(5-7)
TFP	—	0.013* (2.039)
常数项	−1.108*** (−9.644)	−0.756*** (−9.361)
F	144.547***	101.379***
R^2	0.758	0.769
调整后的 R^2	0.753	0.762

注:其中***、**分别代表1%、5%的显著性水平,小括号内为t值。"—"表示无相关数据。

根据实证研究结果,通过估计的回归模型可表达为:

$$Y = -0.756 + 0.108Ln(X_3) + 0.164X_4 + 0.013TFP \quad (5\text{-}8)$$

基于表5-9的实证研究结果,有以下结论。

其一,经济增长因素有利于黄河中下游地区政府环境规制与企业社会责任耦合效应的提升。由表5-9的回归分析结果可知,黄河中下游五省(自治区)的经济增长水平对政府环境规制与企业社会责任耦合协调度的影响十分显著,经济增长因素对政府环境规制与企业社会责任耦合协调度的提升具有较强的正向积极作用。这与前文的理论分析是一致的,即伴随着经济增长水平的提升,在政府环境治理投资和企业自身环境污染治理的双重作用下,生态环境会逐步得以改善。

其二,产业结构因素对政府环境规制与企业社会责任耦合效应的影响虽不太显著,但依旧起着正向作用。从表5-9的回归分析结果可知,产业结构参数的实证分析结果虽然不太显著,但是从其相关度的符号来判断产业结构依旧对政府环境规制与企业社会责任的耦合协调度依旧产生正向效应。第二产业是三次产业中环境污染最严重的产业,当第二产业产值占比不断上升时,参数符号为正数的结果表明政府环境规制强度也在随之提高,会对第二产业的污染物排放具有限制作用,此时环境敏感型企业也会提高环境治理水平,减少污染物排放,继而有利于生态环境的改善。

其三,考虑加入控制变量TFP后,回归模型中的变量均在5%水平下显著。黄河中下游各省(自治区)全要素生产率每增长1%,对政府环境规制与企业社会责任耦合协调度的影响为正,表明技术进步或者资源配置效率改进带来的全要素生产率的提高,会更有利于政府环境规制与企业社会责任耦合效应的提升。一方面，环境敏感型企业减排技术的应用，会有利于企业环境责任的履行；另一方面，政府运用有效的调控手段实现资源配置效率的提高，会较好地提升政府环境规制效率。综上，全要素生产率的提升，在单方面影响政府和企业行为的同时，也会更好地推进政府与企业在实现环境保护方面的双向互动。

总之，经济驱动力中的经济增长和经济发展的产业结构因素均对黄河中下游地区政府环境规制与企业社会责任耦合效应产生正向影响，即当黄河中下游地区的经济增长水平不断提高、产业结构不断转型升级时，政府环境规制与企业社会责任的耦合协调度会不断提升，耦合效应不断提高。

第三节　社会促进力因素对耦合效应的影响

在生态环境治理过程中，社会方面参与的治理主体主要是社会公众和社会组织。基于此，本书对黄河中下游地区政府环境规制与企业社会责任耦合效应影响的社会促进力因素的分析主要从以下两个方面展开：一是黄河中下游地区，社会公众的文明程度对政府环境规制与企业社会责任耦合效应的影响。二是黄河中下游地区，社会组织的环保行为对政府环境规制与企业社会责任耦合效应的影响。

一、社会公众对耦合效应的影响

社会公众作为直接实施环保行为的主体，其个人行为会直接对自身周边生态环境造成影响。同时，当社会公众开始关注或参与流域环境治理问题时，通过参与社会组织的环保行动，可对地方政府或环境敏感型企业产生压力，促使当地政府严格执行环境治理或者使企业增加环境保护投资、减少污染物排放。许多学者的实证研究均表明，当公众的环保意识提高时，环境治理的效率和环保水平会有显著的提高。

（一）公民的环境意识与环保行为

1. 公民的环境意识

环境保护作为我国可持续发展的一个重要手段，其主要执行动力来源于公众的环境意识。[①] 环境意识（Environmental Consciousness）概念起源

---

① 李慧：《我国公众环境意识相关理论研究综述》，载《生态环境》，2013年第11期，第182～188页。

于20世纪70年代的西方社会，在过去的几十年间，关于环境意识的内涵仍然存在争议。美国学者Roth最早提出环境素养（Environmental Literacy）的概念，同时对国民的环境素养进行调查，在他之后的研究中环境素养演化为环境意识。作为美国环境社会学的创始人，Dunlap&Catton创建了另外一种研究公众环境意识的范式——新环境范式，他们设立了包含一系列项目的新环境范式量表，用来检验民众对包含环境保护的世界观的接受程度，结果显示民众确实存在着新环境范式的思潮，即公众存在着环境保护的意识。欧洲环境社会学者在以上两种思路的基础上，主要聚焦于环境保护意识应该包含哪些内容。通过理论分析和经验探讨，Urban认为环境意识应该包含三个维度：环境价值观、环境态度和环境行为的意愿。① 总体来看欧美学者的研究，可以认为环境态度是组成环境意识的基本模块，环境价值观或者说环境行为的意愿组成环境意识的第二模块，而环境知识和环境行为构成环境意识的最后一个模块。同样，我国学者关于环境意识的概念也没有一个普遍的定论，争议就在于环境意识下的“知”和“行”，即环境意识是公众对环境的态度、责任、知识等认知的基础上是否还包含基于环境价值取向下的环境行为。第一种观点认为，公众对环境问题的认知水平与以此采取行动的意愿程度，主要强调公众的主观感受，并没有包含相关的行为决策，有学者认为环境对于环境意识的研究属于交叉学科，哲学、科技、思想、伦理和心理意识是组成环境心理研究的主要组成部分。王民认为，环境意识由环境认识观、价值观、伦理观、参与观和法治观组成。② 第二种观点强调，公众的环保行为是统一于环保意识。其中，不仅包括公众对环境的意识水平及认知程度，也包括行为取向，强调环境意识是“知行合一”的。洪大用就认为，环境意识包括环境知识、基本价值观念、环保态度与环境保护行为。

研究环境意识理论的意义在于，首先公民在环保意识的作用下会不自觉支配环保行为，自觉地维护环境，反对污染环境的行为。其次公民环保行为的效果取决于公民的环保价值观、责任感和环保知识。因此，公民的环境意识越强，参与环境保护的积极性就越高，从事环境保护的能力也就越强，就会越有利于环境治理效率的提高。因此，在下一节我们要分析环

① 周志家：《环境意识研究：现状、困境与出路》，载《厦门大学学报》，2008年第4期，第19～26页。

② 王民：《论环境意识的结构》，载《北京师范大学学报（自然科学版）》，1999年第9期，第423～426页。

境意识与环境行为的相关关系，希望能更好地通过环境意识来引导和预测人们的环境行为。

2.公民的环境行为

Hines将环境行为定义为：一种基于个人责任感和价值观的有意识行为，这种行为的目的在于避免或者解决环境问题。并将环境行为分为五类：一是说服行为，如通过辩论或者演说使人们采取对环境有利的行动。二是消费行为，只通过经济行为对环境进行保护，例如对环保进行投资，或者是购买对环境污染较低的商品。三是生态管理行为，包括对生态环境的改善采取行动，例如植树造林、垃圾循环利用等。四是法律行为，例如环境保护相关法律的完善，或者环境执法、诉讼等行为。五是政治行为，只通过环境信访、游行等手段促使政府采取行动改善环境质量。① 环保行为作为一种积极行为，有学者将公众的环保行为分为日常性环保行为和参与性环保行为，日常性环保行为就是指公民发生在生活中的环保行为，这些行为在公民日常生活中通过个人努力就可实现，例如节约资源、垃圾分类处理、购买环保物品等；参与性环保行为是指在公共场合需要和他人一起参与才能完成的环境保护行为。例如，参与环保社团、环保非政府组织、环境上访等行为。刘计峰将环境行为分为私人领域和公共领域两种，即根据环境行为的发生地进行分类。②

3.环境意识与环境行为的关系

许多学者最初的研究认为，环境行为内嵌于环境意识，实质上是假定环境意识与环境行为具有内在的相关关系。因此，就只能根据环境意识内环境态度、责任等对环境行为进行相关分析。例如，沈立军通过对大学生环境行为的研究发现，环境价值观、环境态度与环境行为显著相关。③ 将环境行为归属于环境意识，同时对二者进行相关分析，会出现边界界定不清和前提不清的状况。因此，本书对环境意识和环境行为相关关系的分析是基于环境行为独立于环境意识基础上进行的分析，即环境意识影响环境行为，二者是作为独立但又相互影响的个体。在环境意识研究领域，环境

① Jody M. Hines, Harold R. Hungerford and Audrey N. Tomera, "Analysis and Synthesis of Research on Responsible Environmental Behavior: A Meta-Analysis," *The Journal of Environmental Education*, 1987(18):1～8.

② 刘计峰:《大学生环境行为的影响因素分析》,载《当代青年研究》,2008年第11期,第61～66页。

③ 侯漪:《中国居民的环境行为分析——基于CGSS 2010的实证研究》,上海社会科学院硕士学位论文,2015年,第14～15页。

意识与环境行为的相关系数研究是该领域的核心问题之一。然而，与我们按照经验的预期相反，根据西方环境社会学家的研究，环境意识对环境行为的影响非常薄弱。根据周志豪的总结，多数西方学者认为，环境意识与环境行为的相关系数多在0.3左右，这些研究表明环境意识与环境行为的联系并没有我们预期的那么紧密。西方学者在对研究进行分析后认为，在方法上可能有不全面的问题例如，问卷的设计科学性和严谨性存在偏差，通过完善问卷调查法之后又在内容层面上进行更深层次的分析。有许多学者认为，对环境意识和环境行为的分析不能离开所处情景。例如，德国学者提出的低成本理论，是指只有处于成本较低的情境中环境意识才会对环境行为产生较为显著的影响。进一步来说，当一个环境行为在一个特定情境中的实施成本比较低，或者环境行为实施较为容易时，环境意识就越容易转化为环境行为；当需要的成本较高时，环境意识转化为环境行为的概率就越低。因此，在低成本的情境中，环境意识与环境行为的相关度就越强。

（二）影响环境意识和环境行为的因素

虽然西方学者认为，环境行为的发生可能取决于所处情境的成本，但是综合来看我国学者的研究，环境意识通过支配环境行为对我国环境改善起到了积极作用。那么在这里对影响环境意识和环境行为的因素进行研究十分必要。本书将影响因素分为宏观和微观两个层面分别进行介绍。①

1. 宏观层面的经济发展与环境污染驱动

经济发展假说：类似于库兹涅茨曲线，在经济发展与环境污染之间也存在一条“环境库兹涅茨曲线”，即伴随着经济增长，一国的污染水平会先增长后降低，其经济原因为随着经济增长，个人收入和政府收入都逐步提高，对环境污染的治理水平也在逐步提高。经济发展假说是指经济发展能促进公民的环境意识和环境行为。一方面，由于环境质量作为一种公共产品，当人们收入提高时会提高环境质量要求，当经济增长是通过收入分配的涓流效应提高公民收入时，公众对环境的要求提高；另一方面，由于只有公民的收入提高，预算线才有可能上移，这样才能为改善环境投入更多资源。因此，经济发展假说认为，经济增长对公众环境意识起到正向影响。国外相关研究也证明，经济发展对公众的政治性或者保护性的环境形成有明显的关系。

---

① 王玉君、韩冬临：《经济发展、环境污染与公众环保行为——基于中国CGSS 2013数据的多层分析》，载《中国人民大学学报》，2016年第2期，第79～92页。

环境污染驱动假说：环境污染驱动假说的内涵非常简单，即环境污染越严重，公众环保意识与环境行为就越强烈，即心理学上的“刺激—反应”。例如，21世纪初以来，伴随着我国雾霾问题的愈发严重，公众对此问题的关注度在持续上升，政府也在冬季严格限制污染企业的排放。但是该理论也有一定的局限性，只有当公众能直接感受到环境的明显改变时才会采取行动，但是在现实中有许多因素公众并无法感知。例如，企业“三废”的排放或者固体废物的排放这些行为比较隐蔽，短期无法被公众所感知。

2. 微观层面的环保意识和环境行为分析

从微观因素分析对环保意识和环境行为的研究多从以下几个角度进行分析。首先，受教育程度对环境意识的影响。研究认为受教育程度是公民环保意识影响因素的主要变量，也是对环境意识影响最大的变量之一，教育具有对公民进行社会化的功能，教育可以提升公民的环保意识，促使公民更加积极地参与环境行为。另外，伴随着公民受教育程度的提高，公民的收入大概率也会随之提高，如前文所介绍的经济发展理论所介绍的，当公民收入提高时对环境质量的要求也会提高，也会更有能力和动力参与环境行为。我国1991年和1998年对公众环境意识的调查报告同时显示，公众的文化水平与环境意识呈显著的正相关关系。同时，有学者研究提出学校学生的环境教育对学生青少年的环保意识起着较强的塑造作用。因此，环境教育在我国的各个层次的教育内容中都是重要的内容。综合国内外的实证研究来看，大多学者都认为受教育程度（文化水平）与环保意识具有正相关的作用。其次，收入与地区对环境意识的影响。有学者基于城市居民与农村居民收入的视角对收入与环境意识的影响进行了研究，发现城市居民的环保意识优于农村居民的环保意识，在农村收入越低，环保意识越薄弱。其实在这个对比研究中也有地区因素的影响，同样运用经济发展理论，即经济越发达的地区，公众的环保意识就越强。也有学者从更微观的视角进行分析，洪大用研究居民的月收入与环境意识的关系，结果发现二者呈现出正相关关系；[①]也有学者的研究认为，从农村区域的整体来看，农民内部收入的分异对环境意识影响非常小。综合国内学者的研究，可以肯定公民的收入与环保意识具有统计学的显著性，具有正相关关系。[②] 从

① 洪大用：《中国城市居民的环境意识》，载《江苏社会科学》，2005年第1期，第127～132页。

② 胡荣：《影响城镇居民环境意识的因素分析》，载《福建行政学院福建经济管理干部学院院报》，2007年第1期，第48～53页。

地区角度来看，经济发达地区公众的环境意识优于经济薄弱地区的环境意识，城市居民的环境意识优于农村环境居民的环保意识。据一份2007年全国公众环境意识的调查报告数据显示，在环境意识高的人群中，城市居民占74%，农村居民占26%。[①] 从之前的原因进行总结，主要取决于经济实力与收入和受教育水平等因素。但是也有学者的研究认为，从农村区域的整体来看，农民内部收入的差异对环境意识影响非常小。再次，年龄和性别对环境意识的影响。年龄对环境意识的影响争议较小，从国内学者的研究来看，年轻人的环境意识要高于中老年人，其中的一个重要原因是改革开放后，随着义务教育和高等教育的普及，年轻人接受了更高水平的教育和更多的环境教育。洪大用不仅研究了环境意识与年龄的负相关性，也证实了造成此关系的另外一个原因为青年人与老年人在环境价值观具有差异性，同时年轻人在获取环保信息和环保知识的能力上更强于老年人。最后，性别对环境意识的影响在国内学者的研究中具有很大的差异。不同学者不同的调查方法得出了完全不同的结论，洪大用和周景博的研究分别得出了女性的环境意识低于男性的结论，[②]而王琪延的研究则得出相反的结论。[③] 在本书接下来的实证研究中，将对区域整体的公众环保意识和环保行为进行研究，因此性别对环境意识的影响这里便不再过多介绍。

二、社会组织对耦合效应的影响

社会公众作为个体力量较弱小，参与环保的行动有一定的局限性。但是，环保型社会组织可以作为社会公众的代表，在环境治理中发挥重要作用。同时，在市场经济发展过程中，利益主体逐渐呈现多元化趋势，不仅需要依靠政府来维护不同群体的利益，还需要建立相应的非政府组织，[④]充分发挥非政府组织在耦合过程中的信息沟通作用。非政府组织是从西方引入的一个概念，这一概念并没有被进行严格的定义。非政府组织是政府

---

① 中国环境意识项目办：《2007年全国公众环境意识调查报告》。

② 周景博、邹骥：《北京市公众环境意识的总体评价与影响因素》，载《北京社会科学》，2005年第2期，第128～133页。

③ 王琪延、侯鹏：《北京城市居民环境行为意愿研究》，载《中国人口·资源与环境》，2010年第10期，第61～67页。

④ 非政府组织，有时又会被称为“非营利组织”“公民社会组织”“第三部门组织”“中介组织”“社会团体”“公民团体”“民间组织”“志愿组织”等。这些称呼在学者的文章中或者在政府的文件中，都会以不同的面目出现。它们既不属于政府系统（第一部门），又不属于市场系统（第二部门），而是介于政府与市场之间的第三部门。本书视这些组织没有本质区别。

和市场之外的所有民间组织和民间关系的总和，一般而言指的是这样一种组织形式：由民间自愿组织、独立于政府与市场之外，且具有非营利性、非政治性、社会公益性等特征，旨在实现组织成员的共同意志，并且按照组织章程开展活动。

莱斯特·萨拉蒙等认为，非政府组织的共同特性可归结为以下几个主要方面。(1)组织性，即这些机构都有一定的制度和结构，亦即那些非正规的、临时聚集的群体不能被视为非政府组织。(2)私有性，或称民间性，即这些机构都在组织制度上与国家分离，虽然在资金来源上不排除政府的支持，但不因此受政府及其官员领导。(3)非营利性，即这些机构都无须提供利润给他们的经营者或"所有者"。(4)自治性，即这些机构大都各自独立处理自身事务。(5)自愿性，即这些机构的成员不是因任何强力或法律要求而加入的，同时这些机构都接受时间和资金的捐献。①

非政府组织的出现源自社会结构变迁与政府治理方式转变的需要。20 世纪中期以后，伴随着市场经济的发展与经济全球化的不断推进，进而会给世界各国不同程度地带来如下问题：社会关系结构逐渐变得复杂、社会问题不断增加、社会公众的利益诉求日益多元化。这些问题都会给各国的社会治理模式带来很大的挑战。为了应对这些挑战，改革社会治理模式，各国不仅仅要改革政府自身，而且要从政府、市场与社会三者联动的角度来思考问题。依照治理理论的观点，如果只是通过变革政府内部的制度与组织形式来改善政府治理的话，最多只能实现"善政"，而不能实现真正的"善治"。只有借助于政府、市场与社会的多方参与方能实现善治的目标。

非政府组织的成就与社会事务治理过程中现代政府的"无能"态势直接相关。正是由于现代政府表现出的"心有余而力不足"，大批的非政府组织方能得以造就。在整个社会的变迁和发展过程中，非政府组织的出现发挥了非常重要的作用。正如莱斯特·萨拉蒙所说，世界各国正处于一场全球性的"社团革命"的浪潮之中。社团革命的结果是会造就一种全球性的第三部门。这种第三部门指的是能够实施自我管理，且数量众多的私人组织。第三部门是国家之外的所有民间组织，它们致力于追求公共目标，而不是致力于给股东或者董事分配利润。历史证明，对于 20 世纪后期的世界而言，这次社团革命有着极大的重要性，这种重要性堪比 19 世纪后期民

① 莱斯特·萨拉蒙等：《全球公民社会：非营利部门视界》，贾西津、魏玉等译，北京：社会科学文献出版社，2002 年，第 3～4 页。

族国家兴起的重要性。[1]

在全球化的大背景之下，伴随着公民社会的日渐成熟，非政府组织的重要性日益为人们所认识和理解。联合国人口与发展大会的行动纲领指出，非政府组织是人民的重要喉舌，其在社会发展过程中发挥着建设性的作用，各国政府应该与非政府组织间建立起广泛、有效的伙伴关系。伴随着公民社会的兴起与非政府组织在社会中的日益成熟，政府环境规制与企业社会责任耦合，其合作治理机制的运行均离不开政府，离不开企业，同样也离不开非政府组织。合作治理机制的运行要求非政府组织发挥应有的优势和作用，需要有各种非政府组织的自愿合作与对权威的自觉认同。如果没有非政府组织的积极参与和合作，便不会有良好的合作治理。因此，没有发达的非政府组织，也就不可能建立起一个有效的，而且能够积极回应社会需求的合作治理机制。

三、社会促进因素对耦合效应影响的实证分析

根据前文的分析，公民环保意识的提高会促使自身环保行为的发生，继而会促使社会整体环保意识的提高，最终会提升整个社会的环保水平。环保型社会组织的社会监督，又可对政府环境规制和企业环境责任的履行产生较强的外部约束。基于此，本书主要从社会公众的文明程度和社会组织的环保行为两个方面来体现社会促进因素。社会公众的文明程度体现了一个地区的文化底蕴，主要受该地区的教育水平影响。社会公众文明程度的提高意味着现代城市文明与环保观念的广泛传播。因此，社会公众的文明程度对政府环境规制与企业社会责任的耦合效应会产生显著影响，本书主要以每万在校大学生数为指标来代表一地区社会公众的文明程度。环保型非政府组织的各种环保行为在当前黄河中下游地区环境治理中也发挥着重要作用。根据数据的可得性，本书主要以每年的环境信访（环境问题来信与环境问题来访之和）次数来代表非政府组织的环保行为。

综上，本书构建社会促进力对黄河中下游地区政府环境规制与企业社会责任耦合效应影响的模型：

$$Y_{it} = C + \beta_5 Ln(X_{5it}) + \beta_6 Ln(X_{6it}) + \gamma' PCE_{it} + \delta_i + \mu_t + v_{it} \quad (5\text{-}9)$$

其中，X_{5it} 是每万人中的大学生数，代表了黄河中下游地区第 i 个省份

---

① 何增科主编：《公民社会与第三部门》，北京：社会科学文献出版社，2000 年，第 15 页。

第t年社会公众的文明程度；X_{6it}是第i个省份第t年的环境信访[①]（环境问题来信与环境问题来访之和）次数，代表了非政府组织的环保行为，PCE_{it}表示第i个省份第t年的生均教育投入，[②]δ_i和μ_t分别表示省份和年份固定效应，v_{it}是随机误差项。

根据2002—2020年的《中国环境年鉴》《中国环境统计年鉴》《中国统计年鉴》及各省统计年鉴的统计数据，可以获取黄河中下游地区公众文明程度与社会组织环保行为的相关数据，具体数据见附录。

由于数据量纲差异较大，在这里笔者对变量X_5、X_6取对数处理，进行含有固定效应的面板回归模型分析，统计分析结果如表5-10所示。

表5-10　公式(5-9)的回归分析结果

变量	基准回归	模型(5-9)
$Ln(X_5)$	0.213*** (11.885)	0.061*** (3.586)
$Ln(X_6)$	−0.009 (−1.259)	0.005 (1.170)
PCE	—	0.058*** (6.673)
常量	−0.374** (−3.209)	−0.491*** (−6.50)
F	74.658***	89.555***
R^2	0.618	0.747
调整后的R^2	0.610	0.738

注：其中***、**、*分别代表1%、5%、10%的显著性水平，小括号内为t值。“—”表示无相关数据。

由以上回归结果得到如下模型：

$$Y=-0.491+0.061Ln(X_5)+0.005Ln(X_6)+0.058TFP \quad (5\text{-}10)$$

根据对经验数据的收集和统计回归分析，得出如表5-10的实证分析结果，从回归分析结果来看，模型的拟合度较好，三个解释变量均显著。实

① 环境信访是指公民、法人或者其他组织采用书信、电子邮件、传真、电话、走访等形式，向各级环境保护行政主管部门反映环境保护情况，提出建议、意见或者投诉请求，依法由环境保护行政主管部门处理的活动。基于此，本研究认为，环境信访可被看作社会公众和环保型组织所采取的环保行为。鉴于数据的可得性，本书将环境信访次数作为表征社会公众和社会组织环保行为的一项指标。

② 使用黄河中下游五省(自治区)(国家财政性教育经费投入/各级各类学校招生数)计算而得。

证研究有如下结论。

第一，社会公众的文明程度会对黄河中下游地区政府环境规制与企业社会责任的耦合效应起到正向作用。这意味着社会公众文明程度的提高可以正向促进政府环境规制与企业社会责任耦合协调度的提升，与之前的理论分析是一致的。当整个社会的文明程度提高时，全社会的环保意识会增强，社会整体的生态环境水平会得以改善。

第二，社会公众和社会组织环保行为并没有较好地促进黄河中下游地区政府环境规制与企业社会责任的耦合。由表 5-10 的统计分析结果可知，社会公众和社会组织环保行为的参数符号为负，即黄河中下游地区的社会公众及社会组织环保行为并没有很好地促进黄河中下游地区政府环境规制与企业社会责任的耦合，黄河中下游地区的信访统计数据经历了一个倒 U 型的先上升后急剧下降的过程，可能的原因是黄河中下游地区政府和企业对污染的治理逐渐出现成效后社会的环境问题逐渐变少，因此环境信访数量减少。由于我国采用的是以命令—控制型为主的政府规制手段，政府环境规制与企业环境责任的耦合协调还在不断增强，二者在短时间内呈现负相关关系。

第三，在纳入控制变量 *PCE* 后，面板回归模型中各变量均在 5%水平下显著，且 PCE 对因变量的影响为正向，表明生均教育投入每增长 1%，会使得政府环境规制与企业社会责任的耦合协调度上升 0.058%。从现实层面看，政府对教育投入越多，社会公众的受教育程度将会越高，社会公众的文明程度、公民的环保意识及其参与环保行动的可能性也就越大，这均将推动政府环境规制与企业社会责任的耦合，继而提升政府环境规制与企业社会责任的耦合协调度。

综上来看，黄河中下游地区的社会文明程度和社会公众及环保型社会组织的参与较显著地正向促进了政府环境规制与企业社会责任耦合的协调，社会公众和社会组织的环保行为在 2006 年以前呈不断增强的趋势，对政府环境规制和企业社会责任耦合协调度影响较大。伴随着环境不断改善，社会公众和社会组织的环保参与度下降，对二者的耦合协调度影响不太显著。

第六章　黄河中下游地区政府环境规制与企业社会责任耦合的机制创新

第一节　构建政府环境规制政策动态调整机制

中央环保部门通过建立环境规制政策定期评估制度，定期调整环境规制政策的方向和力度，实现环境治理中多元主体间的动态均衡。由于环境保护中政府和企业之间的关系是一种动态博弈，为了更好地实现政企之间的动态均衡，政府环境规制政策也不能是一成不变的，而是应该根据环境敏感型企业对规制政策的反应，及时调整政府环境规制政策。政府环境规制政策动态调整机制的建立需要遵循稳定性和持续性原则，从调整依据、调整频率、调整时机和调整幅度等方面，设计环境规制政策的动态调整方案，构建政府环境规制政策的动态调整机制。

一、确定政府环境规制政策动态调整的构成要素

（一）调整依据

政策的动态调整依据解决的是“为什么调整”的问题，这主要体现的是政府环境规制政策调整的科学性和合理性。本书认为，政府环境规制政策的调整，不仅要考虑政府环境规制内部的变化，还需要定期考察外部经济社会环境的变化，尤其是政府环境规制过程中，环境敏感型企业和社会公众及组织对环境规制政策的反应状况。因此，一方面，政府环境规制部门需要对当前环境规制政策的运行效果进行严密监测和日常预警；另一方面，环境规制政策的实施会对环境敏感型企业及社会公众和组织，亦即是对社会经济会产生什么影响。

（二）调整频率、调整时机和调整幅度

在确定了政策调整依据之后，就需要解决“如何调整”的问题。调整频率、调整时机和调整幅度主要解决的是“多久调整一次”“何时调整”和“调

整多少”三个问题。其中,在调整时机和调整幅度的问题上,首先需要确定调整目标,明确未来的政策调整想要实现的规制目标和规制效果,在这个基础上科学评估政策调整幅度。在调整幅度的问题上,就是要解决每次环境规制政策的调整中政府调整的松紧程度。

二、开展政府环境规制政策的定期评估

政府环境规制政策动态调整机制建立的关键在于对政府环境规制政策的定期评估。本书认为,在一项政府环境规制政策运行一段时间(建议为1～2年)之后,综合考虑各种经济社会变化等多方面因素,结合环境规制政策日常监测和预警的数据结果,对政府环境规制政策的调整方向和调整幅度进行综合评估。综合考虑政府环境规制政策的实施效果、环境敏感型企业对当前政策的回应,社会公众和组织对当前政策的认可程度等,并结合政府环境规制政策运行的历史数据,确定未来一段时间内政策调整的方向,是应该强化环境规制,还是放松环境规制。然后,根据经济社会发展的需要及环境敏感型企业的环保状况,确定未来环境规制政策的调整幅度。在新的环境规制政策确定之后,开始运行新一轮的日常预警和定期评估,循环往复,不断进行,确保政府环境规制政策的动态性和有效性。

第二节　重构跨区域生态利益协调和补偿机制

一、构建跨区域生态利益协调机制

流域生态环境治理中的多种利益协调机制,主要解决的是多元治理主体在流域环境治理中集体行动的机会主义难题。譬如,“大家都管,最后都不管”或“有利益都出来管,没有利益都不管”等问题。黄河中下游地区环境保护合作治理的实现,其本质在于多元主体间的利益协调:央地政府间的利益协调、不同省区政府间的利益协调。因此,笔者认为,有必要构建府际间利益协调机制,主要通过多元主体间建立矛盾或冲突解决机制实现对经济利益与非经济利益的集体行动安排。依照多中心治理理论的观点,由于合作治理实现过程中不同治理主体的权力、观念和偏好都存有一定差异,加之治理过程中的有限理性或者非理性行为的存在,不同治理主体间不可避免地存在冲突。因此,需要寻求不同治理主体之间冲突的解决机

制，以实现治理目标的一致性。

为了实现生态环境合作治理中多元主体间的利益协调，一是需要通过一定的包含激励机制的制度设计实现不同利益主体间利益诉求的匹配或融合，这也有利于不同利益主体在生态环境治理中实现不同程度的协同效应。二是需要将环境治理的决策中心下移，或者从小规模协作逐步转向大规模协作。在生态环境合作治理过程中，政府环境规制机构可以与其他治理主体协同合作实现对多种利益并存协同机制的制度设计，通过建立利益冲突解决机制与程序、服从规则的机制与程序等来实现不同治理主体之间的利益均衡。如果从宏观层面设计多种利益冲突解决机制存有一定的困难，那么由行业组织牵头负责建立行业层面的多种利益冲突解决机制不失为一种可行的方案。其中，政府或者社会组织可以作为“公正第三方”角色对其实施监督。譬如，现实中，可通过横向或纵向财政转移支付的方式，实现黄河中下游地区环境治理成本在多元主体间的合理再分配。还可通过生态利益补偿机制与经济惩罚机制，实现环境治理多元主体间的利益协调。

伴随着经济发展过渡到不同阶段，生态环境合作治理中多元主体间多种利益并存协调机制的实现方式也会发生相应的变化。在经济发展初级阶段的合作治理中，重点推动行业组织建立行业层面的多种利益冲突解决机制，政府或社会组织扮演“公正第三方”角色。在经济发展中级阶段的合作治理中，形成针对多种利益冲突解决机制的社会适应性治理格局。在经济发展到成熟阶段的合作治理中，行业层面普遍建立多种利益冲突解决机制，形成社会整体的利益协调机制。

二、重构跨区域生态利益补偿机制

生态补偿有广义与狭义之分。狭义的生态补偿指的是生态产品或生态服务的受益者对提供者提供的经济补偿，主要强调的是对生态产品或者生态服务的付费；广义的生态补偿包含两方面的含义：一方面，由于生态环境属于一种具有较强正外部性的公共产品，为了保护生态环境免受破坏会产生一定的成本，[①]则需要通过合理收费对其进行一定程度的补偿；另一方面，为了修复遭受人为破坏的生态环境，对破坏生态环境的责任主体收

① 既包括生态环境保护地区在环保治理方面的直接成本，还包括机会成本，即因保护生态环境而导致的财政减收。

取生态修复相关费用。

在黄河中下游地区政府环境规制与企业社会责任耦合过程中，跨区域的生态补偿机制是增强政府和环境敏感型企业耦合的能力和动力，实现黄河流域生态环境合作治理的重要保障条件之一。现阶段，我国已有关于跨区域生态补偿方面的实践。譬如，长三角区域上下游的横向生态补偿、浙江省省内流域上下游的横向生态补偿，这些实践为黄河中下游地区跨区域生态补偿的实施提供了宝贵经验。当前，健全黄河中下游地区跨区域生态补偿机制的重点在于如下几个方面。

(一)选择恰当的跨区域生态补偿模式

跨区域生态补偿是环境价值理论和外部效应内部化理论在实践中的运用。以不同的理论为基础，出现了不同的跨区域生态补偿模式：一是跨区域生态补偿的市场化模式，该模式以科斯定理为理论基础，主张通过诸如水权和排污权等水文交易来解决环境资源和环境污染的外部性问题，以使得水资源充沛和生态环境良好的地区得到相应的补偿。二是跨区域生态补偿的强制化模式，该模式以庇古税为理论基础，主张针对环境污染的排放数量和浓度征收相应的税收，税收收入将会投入环境保护工作中去，以实现对生态环境保护较好的地区实施生态补偿。三是跨区域生态补偿的准市场模式，主张通过协商谈判的方式实现地区之间横向生态补偿。

市场化模式的有效实施是以产权的合理分配与成熟的产权交易市场平台为前提的，这一模式的推行目前仍处探索阶段；强制化模式也是刚刚推行不久。针对当前黄河中下游地区的现实情况，现阶段较易推行的是准市场化模式，在环境保护合作治理的过程中，通过多元主体间的协商谈判，以达成横向生态补偿协议。

(二)建立跨区域生态价值的评估机制

对生态价值的科学量化，是公平、合理地开展生态价值补偿的前提。当前，我国尚未建立起跨区域生态价值的量化评估方法。跨区域生态价值科学、合理量化的主要工作就是对实施生态环境保护的各项成本进行有效界定。不仅要考虑实施生态环境保护的治理成本，还要考虑包括开展生态环境保护的地区所付出的机会成本，也就是由于开展生态环境保护所带来的财政收入的减少。

(三)完善补偿资金的运营机制

跨区域生态价值补偿资金的运营包括资金的筹集和资金的使用两个

方面。在生态补偿资金的筹集方面，除现有的财政补偿资金的来源渠道外，还要不断引导社会资金投入黄河中下游生态环境治理领域。在生态补偿资金的运营方法方面，需要加强针对生态补偿资金的监督管理，保障补偿资金的合规性和高效性，使生态补偿资金的运营更合理、规范，做到生态补偿资金用得其所、用得高效。

（四）建立区际生态补偿的信息共享机制

由于跨区域生态环境治理过程中的信息不对称问题，流域环境治理成为发生道德风险和逆向选择的高危领域。因此，笔者认为，实现黄河中下游地区生态环境价值补偿必须健全黄河中下游地区的生态环境信息的发布机制。中央层面，定期公布诸如水文资源的达标情况、跨省断面水质状况、空气质量等生态环境信息；地方政府层面，定期发布本辖区内的生态环境治理状况。通过一定的信息平台实现跨区域生态环境信息数据的共享，为跨区域生态环境治理的民主协商提供必要的数据支撑，从而保障补偿决策的科学性和合理性。

第三节　设计激励约束相容的奖惩机制

当前我国实施的是中央制定规制政策，地方政府负责执行的环境规制体制。因此，黄河中下游地区政府环境规制与企业社会责任耦合过程中奖惩机制的设计，主要考虑的主体是地方政府和环境敏感型企业，通过相关政策的建立和引导，完善地方政府政绩考核激励机制，矫正地方政府的“虚位”“缺位”“错位”问题，强化黄河中下游各省（自治区）政府环境治理动力；优化环境敏感型企业的奖惩手段和奖惩力度，充分激励企业履行自身的环境责任。

一、完善地方政府政绩考核激励机制

地方政府政绩考核激励机制的建立，一方面需要不断优化地方政府政绩考核制度，逐步矫正唯 GDP 的政绩导向，不断降低地方经济增长率在地方政府官员职位晋升过程中的重要性，慢慢淡化地方政府“经济人”的特性，通过一定的制度设计引导地方政府官员树立正确的经济发展观和政绩观，在完善政府绩效评价体系中逐步将环境保护状况纳入政府绩效评估体系中，以增强地方政府在实现环境保护合作治理过程中的积极性，使地方

政府有内在动力按照可持续发展的要求推动地方经济发展，将地方保护主义与部门利益化对流域污染治理的影响降至最小，尽可能地减少地方政府间“逐底竞争”的出现；另一方面还需要强化黄河中下游各省、自治区政府自身的府际合作意识。流域环境污染的跨域性特征要求黄河中下游生态环境保护需要涉及多个地方政府及众多部门，加之环境污染的外部性特征，黄河中下游环境保护的治理又需要依靠多个辖区的地方政府之间实现有效合作，以避免环境治理中“搭便车”问题的出现。

二、优化环境敏感型企业的奖惩手段和奖惩力度

在工业化之前，生态环境的风险主要来自自然灾害。然而，在工业化之后，企业则成为生态环境风险的主要来源之一。黄河中下游地区作为黄河流域的重要经济功能区，在经济实现快速发展的同时，也带来了较大的生态环境风险。黄河中下游地区在实施环境保护合作治理的过程中，加强对环境敏感型企业的激励与约束显得尤为重要。一方面需要通过严格的内部问责和外部问责方式，实现对环境敏感型企业的环境问责。内部问责主要是指企业内部完善管理制度和考核指标，企业职工代表大会和董事会对企业各级经营人员进行环境污染问责，问责惩罚做到有理有据，构成对环境敏感型企业的内部压力。外部问责主要是通过媒体和社会大众对企业污染行为的监督和曝光，实现对环境敏感型企业的有效问责，构成对环境敏感型企业的外部压力。最终，通过有效的环境问责，实现对破坏生态环境的违法违规行为实施严厉处罚和制裁；另一方面需要鼓励企业实行清洁化生产方式，促进环境敏感型企业主动承担自身的环境责任，对于实施环境保护的企业可从产业发展、金融扶持、政策引导等多方面进行一定的奖励。

第四节　构建流域一体化的跨区域合作机制

一、完善流域环境治理多元主体间的长期协作机制

政府环境规制与企业社会责任耦合实现的长期协作机制，主要针对的是多元治理主体在实现自身经济利益和非经济利益的同时实现社会共同目标的社会激励相容问题，由此可以解决生态环境合作治理过程中治理主

体短期有活力但长期缺乏动力的困境。多中心治理理论认为，全面而有效的信息披露和传播是公共事务治理的基础。复杂系统理论也强调，在信息有效传播情境下，只要适当加大违规处罚力度，使潜在违规者感受到强烈的震慑和违规心理压力，社会中现有的违规者或潜在违规进入者就会逐步减少，或转变为不违规者，甚至成为规则的监督者。

生态环境长期协作机制的构建可以从以下两方面入手：其一，政府、社会公众和社会组织等治理主体可以发挥其社会公共委托人的作用，不仅为企业设立各种规则，还帮助企业遵守环境标准，协助企业建立绿色化的生产经营模式。其二，企业通过建立绿色化的生产经营规范提升自身的社会资本，同时将环境责任扩大为全社会的共同责任，而不是仅仅由企业单独承担的环境保护责任。但是，值得注意的是，不同主体之间所承担的环境责任是不同的，由此形成社会的激励相容。在生态环境合作治理过程中，可通过补贴、产业政策等方式引导不同的治理主体实施监督职责，尤其是通过设计全社会共同治理的激励机制来实现多元治理主体的长期协作。

伴随着经济发展过渡到不同阶段，生态环境多元主体长期协作机制的实现方式也会发生相应的变化。在经济发展初级阶段的合作治理中，政府环境规制机构主要通过制度规范来实现的市场制度规范和价值重构均会影响社会主体参与市场治理的行为。在经济发展到成熟阶段的合作治理中，以社会共识与责任形成的价值重构为主，与制度规范协同实施治理。

二、构建流域环境治理多元主体间的互信机制

建立包括企业、公众、媒体、社会组织等第三方参与的相互信任，实现黄河中下游五省（自治区）之间和多元主体间的行为互动和信息提供、传导。在黄河中下游地区环境保护的合作治理过程中，由于涉及跨区域合作的问题，存有一定的复杂性，信任便是一种简化复杂性的有效机制。基于此，本书认为，通过对黄河中下游地区环境治理信息的强制性披露、对政策及时评估制度的完善，有利于建立黄河中下游地区环境治理过程中府际间互信机制的建立，从而为减少集体行动的障碍提供一定可能性。这样，不仅可以在黄河中下游地区环境治理过程中实现中央和地方政府间的目标协调，还可对黄河中下游各省（自治区）政府间的竞争关系进行弱化，最终确保实现各级政府间的良性互动。

流域环境治理多元主体间互信机制的构建可从以下几方面入手：其一，构建流域环境治理信息的强制披露制度。由于流域环境治理的跨界性，流域环境治理涉及多个利益主体，主体间信息沟通不畅将会直接影响环境治理效率。应该充分利用互联网与大数据的优势构建流域环境治理信息共享平台，及时发布环境质量检查情况与标准，使得不同主体间的流域环境信息实现公开、透明。其二，完善流域环境治理政策的及时评估制度。为了提升流域环境治理政策的有效性和科学性，流域环境治理政策需要根据环境治理的现实问题不断调整和更新。环境治理政策的实施效果需要经过专业评估机构进行定期评估，并及时吸纳环境治理多元参与主体的反馈建议，不断实现环境治理政策的优化。

三、推进流域环境治理多元主体间的相互监督机制

生态环境治理中的相互监督机制主要解决的是共同参与生态环境治理的多元主体之间如何实现相互监督问题。黄河中下游地区环境保护的合作治理实现由一元治理向多元治理的转变，势必会将更多的利益相关主体纳入环境治理体系中。因此，笔者认为，有必要构建多元主体参与的相互监督机制。企业、社会公众、社会组织共同参与环境治理，不仅有利于环境信息在规制者和被规制者之间进行传递，而且有利于建立多元主体间的相互监督，可在一定程度上降低环境治理的成本。如果将政府环境规制部门和环境敏感型企业交由第三方来实施监督，那么又由谁来实现对第三方的监督问题。多中心治理理论认为，通过对其他主体行为的监督，可以确信大多数参与主体都是遵守规则的，增强共同参与公共事务治理的主体之间实现相互监督的积极性，从而降低实现监督的社会成本。

流域生态环境治理中多元主体相互监督的实现可以通过以下途径：其一，政府环境规制机构推动并鼓励社会组织形成相互监督的规则，通过简政放权、加强基层组织建设、强化行业组织监督职责、开展第三方评价、推广有奖举报等方式来激励社会组织形成相互监督行为，使监督行为成为社会组织实施自组织规则、进行自主治理的一种副产品，或者说是实现组织社会责任的一种“顺带完成的工作”，有效降低实施生态环境合作治理的社会成本。其二，通过社会共识、道德伦理等价值重构形成生态环境保护的责任意识，使得全社会环境治理主体之间的相互监督行为得以强化，相互监督行为的加强又会进一步提高主体之间在环境治理方面行为的监督。

其三,社会组织自行组建独立于政府环境规制机构之外的各种生态环境治理监督的组织或网站,提供营利性或公益性质的服务项目,重视社会或网络舆情中意见领袖在构建生态环境合作治理过程中的影响和作用。

伴随着经济发展过渡到不同阶段,生态环境合作治理中多元主体间相互监督的实现方式也会发生相应的变化。在经济发展初级阶段的合作治理中,主体间的相互监督通过政府简政放权,鼓励社会主体相互监督,推动建立相互监督机制。在经济发展中级阶段的合作治理中,主体间通过社会主体自主建构相互监督的规则和处罚机制,并实施相互监督。在经济发展到成熟阶段的合作治理中,主体间的相互监督已成为社会主体活动的一项副产品。

四、健全公共参与的社会保障机制

生态环境治理中公共参与的社会保障机制主要涵盖三个方面的内容:信息披露与稳定匹配机制、社会观念意识培育机制及法律保障机制。

(一)搭建信息披露与稳定匹配机制

生态环境治理中的信息披露,不仅包括对环境治理方面信息的有效公开,而且更重要的是要实现所公开的信息与社会公众所搜寻的相关信息实现动态匹配。通过"信息披露"与"信息获取"的双向互动实现信息供求双方的稳定匹配,环境保护方面的信息能够实现全方位的社会共享。

(二)搭建社会观念意识培育机制

从长期来看,正式制度的供给成本是高昂的。因此,在加强正式制度供给的同时,还需要引入和培育相应的社会观念,以加强非正式制度的供给。政府、社会公众和组织等多元主体,通过多种方式强化企业和社会公众的环保理念和环保意识。在生态环境合作治理中,政府、企业与社会公众及组织之间的关系更多的是合作伙伴关系,需要政府将环境监管的部分"权利"让渡给企业和社会,不是延续原有"这是我的事"的观念和社会角色,而是需要转变为"这是我们大家的事"的观念和社会角色。因此,政府应该习惯接纳企业的环境自治与社会公众和组织的第三方参与环境治理。

(三)搭建法律保障机制

合作治理离不开法律保障,生态环境合作治理框架下的法律体系和法律关系都需要得到创新和发展。政府、环境敏感型企业、社会公众和组织等多元主体各自的法律角色和彼此间的法律关系都要作出明确的规定。尤其是生态环境治理中，政府与环境敏感型企业之间的企业处于被规制的“弱势地位”问题，避免过度规制或者“矫枉过正”所引发的环境治理总效率下降的情况。

第七章　保障黄河中下游地区政府环境规制与企业社会责任耦合的政策建议

面对严峻的生态环境问题，如何采取有效的环境治理，保障政府环境规制与企业社会责任的耦合，是现阶段解决黄河中下游地区环境问题的关键。如上文所述，虽然政府、企业与社会组织都参与了黄河中下游地区环境治理，且各主体之间存在行为互动和积极的影响，但是尚未形成一个多元协同治理体系，政府、企业与非政府组织等治理主体协调度有待提升，这就对黄河中下游地区环境治理形成了一定程度的阻碍，影响黄河中下游地区生态治理进程。多元协同治理体系的建立，需要政府、企业与非政府组织等多元主体相互配合、相互促进，需要实现政府环境规制与企业社会责任的耦合，采取正确的耦合模式，形成多元主体循环影响的耦合路径，建立政府环境规制与企业社会责任的合作治理机制，促进二者有效耦合，以此解决黄河中下游地区环境治理问题。以上这些前文均有具体说明，但是针对黄河中下游地区的具体情况和现实需要，构建政府环境规制与企业社会责任的合作治理模式，实现黄河中下游地区政府环境规制与企业社会责任的耦合，还需要采取一系列具体且可执行的措施，本章将从四个方面进行详细分析，提出合理的政策建议，以期对解决黄河中下游地区生态环境问题有一定的借鉴意义。

第一节　选择科学的环境规制模式

中央政府可在授权型自我规制、共同规制和回应型规制等多种规制模式中进行科学选择，以实现政府和企业之间的良性互动。科学合理的规制模式可以推进政府环境规制与企业社会责任耦合的实现，从而有利于解决黄河中下游地区环境保护问题。由前文分析可得，授权型自我规制、共同规制和回应型规制是政府社会性规制与企业社会责任耦合模式的可行性选择。这三种规制模式都对政府环境规制与企业社会责任耦合有一定的适切性，满足当前黄河中下游地区环境规制的现实需要。

一、推动授权型自我规制

授权型自我规制既包括政府规制的指导，又具有企业自我规制的自觉性和内生性。它是对高昂的政府规制成本和无效规制变革的回应，是政府环境规制与企业社会责任耦合的一种可行模式。

在授权型自我规制的实施过程中，需要政府与企业的协同合作，既需要企业自身制定并实施规则，政府也并未放弃指导和监督职能，这样有助于政府环境规制与企业社会责任耦合的实现。政府要求每个企业都要制定一系列的规则，以应对企业所面临的意外事件。规制机构需要审批这些规则，如果认为规则不够严密的话，就送回企业再次修订。在这一阶段，鼓励公民社会组织和其他的利益团体参与规则的评论。在这一过程中，要求企业建立起自己独立的规制机构，政府的主要职能就是确保企业内部监督机构的独立性，并对其实施有效监督。但凡是违反由企业制定、政府批准的规则的行为都会受到法律的制裁。

从本质上来说，自我规制应属一种企业行为。然而，这种企业行为的规范化又离不开政府的规制行为。在政府监督下实施企业自我规制，有助于实现政府规制对于企业行为影响的内部化。因此，授权型自我规制为规范市场行为，促使企业承担社会责任，为其与政府社会性规制的有效融合提供一种可行性的制度安排，从而为企业行为与政府规制的有效融合提供途径和平台。

在黄河中下游具体的环境规制过程中，采取授权型自我规制，有利于建立政府与企业的互动机制，有利于促进政府、企业与社会协同治理。首先，在政府的要求下，每个企业自觉制定一系列规则，自觉实施规制，提高了企业承担环境责任的自觉性，也保障了环境规制实施的可行性。其次，企业制定好规则后送到政府规制机构审批，这样政府只需要发挥适当的监督和指导职能，避免了政府制定规则的复杂性和无针对性，减少了一系列规制流程，从而节约了政府规制成本，提高了规制的有效性。再次，社会公民组织也通过参与规则审定过程，发挥了独特的评价与监督功能，实现了环境规制的多元主体参与，提高了规制的科学性与适用性。通过授权型自我规制，突出企业的自觉规制，发挥政府的监督职能，促进社会共同参与规制过程，三个环节共同推进黄河中下游地区政府环境规制与企业社会责任的耦合，推动解决黄河中下游地区生态环境问题。

二、促进共同规制

共同规制既保证了政府的主体地位，又保证了企业的参与性，是政府环境规制与企业社会责任耦合的一种可行模式。在共同规制的实施过程中，政府、企业及各种社会组织都会参与其中。在公共事务的治理过程中，共同规制能够充分发挥政府的指导性与企业的主动性，有利于社会性规制与企业社会责任耦合的实现。

共同规制在英国、德国和荷兰等国家有着广泛的应用。以德国为例，最初对于共同规制的应用，来源于对未成年人实施保护的州际条约，目的是保护未成年人在新型媒体中免受不良内容的伤害。条约对非政府组织的设立实施认证，而且只有在非政府组织具有充分的独立性的基础上才会授予认证。非政府组织需要对条约内容进行分类，并且确保条款得以执行。

共同规制和利益相关者的参与强化了企业社会责任是企业组织中基于民主机制的一种政治性治理方式。企业作为政治参与者的合法性，起源于它能与其利益相关者对话的能力，以及对利益相关者负有义务。此外，利益相关者需要参与到有关企业、社会和环境行为的强化机制中去。同时，共同规制模式与企业在全球社会中行使公民权利的能力相关。共同规制和利益相关者动机的强化与企业公民的身份相关，也与公民参与和控制企业行为以保障人权的机制相关。

对于黄河中下游地区来说，共同规制模式作为企业、公民社会组织、政府性组织和国际性机构共同促成规制标准的制定、执行、监督并实现利益相关者之间的对话，保障了规制过程多元主体参与，为黄河中下游地区环境规制与企业社会责任的耦合建立多元协同治理机制提供了模式标准。共同规制的多元参与性，弥补了单一规制主体的不足，有利于政府比较高效地监督和控制规制过程，规制更能体现多元主体的共同意见，以此应对黄河中下游地区多样化的生态环境问题，实现政府环境规制与企业社会责任的耦合。

三、实施更多的回应型规制

在回应型规制的实施过程中，若要实现政府环境规制与企业社会责任的耦合，需要强化政府的规制职能，还要推动企业承担社会责任，必须实现政府环境规制与企业社会责任行为的良性互动。回应型规制并不是单向的，而是需要规制者与被规制者之间实现有效互动，从而不断地调整规制策略，提高规制效率。回应型规制的实施不仅能够矫正企业行为，还能够真正实现政府规制与企业行为的耦合，实现政府和企业的良性互动。

回应型规制作为政府环境规制与企业社会责任耦合的可选模式可以更好地实现规制效率。当然，真正有效的回应型规制强调规制者不只是对被规制企业的态度作出回应，而且对于企业的执行和认知框架、制度环境和规制体制的绩效、不同的规制工具和策略的逻辑，以及其中每一个因素的变化都要作出回应。

回应型规制模式同样也适用于黄河中下游地区解决各种环境问题，实现政府环境规制与企业社会责任的耦合。面对黄河中下游地区的环境压力，政府需要对规制不断进行革新，根据企业行为及时调整规制策略。2018年，中央政府宣布废除“排污费”改征“环境保护税”，这是对于“排污费”的执行与效果进行综合考察后作出的决定。改革过后，企业排污行为明显减少，自觉环保意识显著提升。这样政府与企业之间的良性互动，积极对规制的执行作出反应与调整，大大提高了规制的效率，有利于实现政府环境规制与企业社会责任的耦合，进而提升黄河中下游地区环境治理水平。

由于社会公共需求的复杂性、利益相关者的多元性、社会福利的累积性，企业或政府单方面的行为或治理均无法充分满足社会需求。因而，必须采取科学的规制模式，政府环境规制和企业社会责任实现耦合。科学的规制模式必须既体现政府环境规制的强制力，又具有企业社会责任的内生性；既要具有一定的稳定性，又要具有一定的开放性，这样才能推动政府环境规制与企业社会责任的耦合。

面对黄河中下游地区生态环境治理问题，上述三种规制模式都是介于政府规制和市场规制之间的中间手段，在环境治理方面都具有独特的优势，它们能够在一定程度上克服市场机制失灵和政府规制不足。它们能够向企业和其他的社会利益集团转移部分原来由政府控制的职能，这便会要求政府对企业的微观直接干预减少，从而减少政府权力寻租的机会，降低规制者被利益集团俘获的可能性，使得政府规制的效率得以提高，从而能够从客观上促使转变政府的治理结构，并且优化政府的规制效率。同时，规制的参与性和回应性，从客观上促进规制主体多元化，有利于创建均衡的规制体系。作为政府社会性规制与企业社会责任耦合的模式必须既能够体现政府社会性规制的强制力，又能够具有企业社会责任的内生性；既需要有一定的稳定性，还需要兼具开放性的特征。

然而，由于政府、企业与社会公众多元主体参与，增加了公共事务治理的复杂性，环境治理的不确定性也会随之增加。在黄河中下游地区生态环境治理过程中，很难从理论上说具体选择某一种耦合模式。而且，不同的耦合模式之间也存在着复杂的联系，某一类现实情况可能同时适应于多种模式，只有多种模式的有机结合才能实现预定目标，因而就很难作出非此即彼的选择。因此，在复杂的现实问题面前，黄河中下游地区耦合模式的选择需要根据具体情况具体分析，结合多种耦合模式的特点，扬长避短，探索并培育多元化的耦合模式，这样方能提高规制效率，加快实现政府环境规制与企业社会责任的耦合，改善黄河中下游地区生态环境。

第二节　运用有效的区域间利益协调手段

解决黄河中下游地区复杂的生态环境问题，建立多元协同治理体系，实现政府环境规制与企业社会责任的耦合是关键。而黄河中下游地区作为一个特定的流域范围，流域内各地区要面对的环境形势和环境责任各不相同，各地区之间的差异性直接影响了各地区的政府环境规制与企业环境责任耦合的状况。当前由于区域环境的复杂性和差异性，各地区的利益冲突不断，陷入了“集体行动”困境。① 因此，统筹区域间的利益协调发展成为区域间协同治理的关键措施。在环境层面上，区域利益协调发展就是要兼顾各地区的利益，根据各地区的差异性采取有效的方法，实现各地区环境共同治理、有效治理。② 在黄河中下游地区政府环境规制与企业社会责任耦合的过程中，针对黄河中下游地区的具体状况，实现区域间利益协调

---

① 著名经济学家奥尔森(Olson Mancur)在《集体行动的逻辑》中认为，在集体行动中，尽管成员的行为目标具有一致性，但他们之间的利益冲突也不容忽视。因为在一个较大集体中，利益冲突带给合作的破坏力往往大于利益一致带给合作的凝聚力。

② 李新安：《区域利益与统筹区域协调发展》，载《新疆社会科学(汉文版)》，2006 年第 2 期，第 30～34 页。

就要采取有效的区域间利益协调手段，下文从完善多层权责利分配制度、完善跨区域生态补偿政策与创新跨区域的财税分享制度三个方面入手，以实现区域间利益协调与环境治理的平衡。

一、着力完善环境保护多层治理的权责利分配制度

协调区域间的利益关系，构建多元协同治理体系，需要完善环境保护多层治理的权责利分配制度，以促进黄河中下游地区政府环境规制与企业社会责任的耦合。所谓多层治理，就是在一定区域内的不同层级中，各个行为主体相互独立又相互依存，通过不断协商、审议、执行，彼此形成的各种决策的过程。[①] 它具有创新性和动态性，进一步完善了传统的治理方式。完善多层治理的权责利分配制度，主要是从政府层面入手，明确各级政府之间的权力与责任，协调各级政府关系，约束与规范政府行为，建立多层管理体系。

在黄河中下游地区环境治理过程中，完善环境保护的多层治理权责利分配制度，促进区域间利益协调，实现政府规制与企业社会责任的耦合，关键要从明确不同层级政府的权责和完善多层治理的财政机制入手。

（一）明确不同层级政府的权责

政府作为国家行政机关，在拥有制定和实施决策权力的同时，也肩负着国家安全和社会管理的责任。权责分明是保障多层治理的基础。在黄河中下游地区的环境治理中，各级政府应该明确自身的权力与责任，相互制约、相互监督，实现多层治理。

在权力方面，要合理划分各级政府的权力，做到“事权与财权相匹配”。第一，明确各级政府的权力。一方面，中央政府是统筹一切工作的核心，生态环境部、水利部、财政部等国家政府部门以其特有的地位与权力，制定黄河中下游地区环境治理的总体规划，下达命令与监督落实工作，以此推动黄河中下游地区环境治理；另一方面，在黄河中下游地区，各省（自治区）依

① 多层治理最初是盖里·马克斯（Gary Marks）于1993年对欧洲共同体的结构政策进行分析时提出的，随后经过马克斯和里斯贝特·胡奇（Liesbet Hooghe）、贝阿特·科勒—科赫（Beate Kohler-Koch）、彼特斯和皮埃尔（B. G. Peters and J. Pierre）、艾德伽·葛兰德（Edgar Grande）、弗里茨·沙普夫（Fritz W. Scharpf）等多位学者的发展，该理论日臻完善。他们把多层治理定义为：“多层级治理是在以地域划分的不同层级上，相互独立而又相互依存的诸多行为体之间所形成的通过持续协商、审议和执行等方式作出有约束力的决策的过程，这些行为体中没有一个拥有专断的决策能力，它们之间也不存在固定的政治等级关系。”

据省、市、县、乡四级政府原则划分权力，对环境治理工作进行分工，分层管理，保障决策执行过程的有序性。第二，财权与事权相匹配。为了保障各级政府为了同一目标共同采取行动，统一执行，首先就要做到“事权与财权相匹配”。首先，要在明确各级政府事权的同时，对各级政府的财权分配也要分级进行，保障权权相配，提高决策执行度。其次，在此基础上，还要完善财税分配制度，通过财政机制改革，运用转移支付，加大对黄河中下游地区环境保护的财政投入力度，推进生态环保领域财政事权与支出责任划分机制改革。①

在责任方面，要明确各级政府责任，建立分级支出责任分担体系。在黄河中下游地区的环境治理中，各级政府要明确其责任，做到“权力与责任相匹配”。中央政府要对黄河中下游地区环境总体负责，地方各级政府要明确各自责任，积极落实中央对环境治理的政策，对各自所辖地区的环境治理负责。另外，黄河中下游地区各区域，要建立分级支出责任分担体系，明确流域内省、市、县、乡具体的责任分担，合理界定权责关系。

（二）完善多层治理的财政机制

合理完备的财政机制可以为环境治理提供良好的财政资金环境，极大地减少环境治理过程中的障碍，保障环境恢复工作迅速完成。在黄河中下游地区的生态环境治理中，完善财政机制主要在于财政补偿机制和财政转移机制。

完善财政补偿机制。完善黄河中下游地区的财政补偿机制，一是要加强黄河中下游地区的生态补偿，中央财政应该把重点放在黄河中下游中的国家规定的禁止或者限制开发的区域，加大该区域的生态补偿力度，以此弥补这些区域内企业的经济损失。② 二是要对黄河中下游地区积极实施生态环保企业，加大对其财政补偿的力度，激励更多的企业参与环保行动。三是要实施分层财政补偿，按照省、市、县、乡四级原则采取分级补偿，分级财政投入，各级落实和监督。

完善财政转移机制。一方面，利用转移支付，对黄河中下游地区的湿地保护、水土保持、天然林保护和生态移民搬迁等环境保护专项措施给予

---

① 肖金成、刘通：《长江经济带：实现生态优先绿色发展的战略对策》，载《西部论坛》，2017年第1期，第39～42页。

② 王坤、何军、陈运帷等：《长江经济带上下游生态补偿方案设计》，载《环境保护》，2018年第5期，第59～63页。

财政支持，加大黄河中下游地区生态环境保护的财政投入力度，积极推进黄河中下游水环境污染、水资源短缺以及水土流失等工程建设；[①]另一方面，要建立分层治理的财政转移机制，依据具体问题具体分析的原则，对各地区的具体环境情况采取不同的财政转移手段，协调各区域间的利益冲突，分层转移支付，以推进财政政策有效落实。

二、完善跨区域生态环境补偿政策

生态补偿是一个包含补偿的客体、主体，对象、方式、标准和途径等多方面内容的复杂系统工程，需要对生态补偿中的“为何补偿、由谁补偿、补偿给谁，补偿什么、补偿多少和如何补偿”等问题进行明确界定。其中，“为何补偿、由谁补偿、补偿给谁”等问题比较容易解决，重点是“补偿什么、补偿多少和如何补偿”问题的确定。

当前，我国黄河中下游地区的生态补偿，重点在于优化补偿方式、完善补偿标准和健全补偿途径。

（一）合理制定生态补偿标准

生态补偿标准合理与否，在很大程度上会影响生态资源的利用效率及生态补偿机制的激励与约束作用的发挥，最终会影响到流域生态环境治理效率的高低。虽然生态环境并非纯公共物品，但是具有较强的公共物品特征。因此，对生态补偿标准的制定不应该依照社会平均成本来确定。尤其是在当前流域生态补偿基本不存在的情况下，必须对生态补偿标准的制定进行规范。

在黄河中下游地区协同实现环境保护的合作治理过程中，多元治理主体应该根据当前的经济社会发展水平和自然禀赋条件，依照当前全社会对生态服务的需求日益增强的趋势，有计划、分阶段地提升生态补偿标准。补偿标准不仅包含资金补偿的标准，还应包含政策补偿、实物补偿和智力补偿等方面的标准，实现补偿标准的多元化、层级化、动态化和区间化。为了确保生态补偿标准制定得客观公正，应当委托第三方专业机构综合评估黄河中下游各地区的生态环境状况、生态资源利用水平及其产生所产生的生态溢出效应，依据综合评估结果确定科学合理的生态补偿数额区间。生

---

① 姚瑞华、李赞、孙宏亮等：《全流域多方位生态补偿政策为长江保护修复攻坚战提供保障——〈关于建立健全长江经济带生态补偿与保护长效机制的指导意见〉解读》，载《环境保护》，2018年第9期，第18～21页。

态补偿标准的制定所应遵循的原则是:生态补偿的价值区间要以生态服务价值量为上限,以生态环境建设、维护或者修复成本为下限。

(二)系统健全生态补偿途径

在黄河中下游地区生态环境跨区域生态补偿过程中,可综合运用以下三种常见途径:第一,政府间的转移支付途径。主要包括两种实现方式:一是为了保持区域生态环境的可持续性、社会生态福祉的最大化和维护生态服务的代际公平,通过上级政府对下级政府的纵向财政转移支付或者政策性贷款实现的生态补偿。二是按照“破坏者付费、受益者补偿”原则,同层级政府之间的横向转移支付来实现的生态补偿。第二,市场途径。基于生态服务(产品)市场供求关系的动态均衡,把原本难以量化的生态服务或产品通过市场化的手段进行价值量化,主要包括碳排放权交易、水文服务交易和生物多样性交易等。譬如,通过水权和排污权等的交易来解决水资源配置和水污染的外部性问题,使水资源丰富的地区和生态环境较好的地区得到应有的补偿。通过实现生态补偿便携化的操作,推动对生态服务供给的激励,继而实现黄河中下游地区的生态环境保护。第三,金融途径。依托创新性的金融工具,在生态补偿项目中不断吸入社会资本,可供选择的用于生态补偿的金融途径主要包括:生态信贷、碳金融和生态证券。在当前黄河中下游地区实现政府、企业与社会实施环境治理过程中,要不断突破固有思维,脱离依靠政府财政转移支付的惯性,不断吸引更多的社会资本,实现政府和社会力量通力合作的 PPP(Public-Private-Partnership)模式,实现政府与社会资本的互惠双赢:既能够环境政府环境规制的财政压力,也能够使得社会资本获得相应的投资收益。

(三)强化生态补偿保障制度

生态补偿制度的有效发挥,还需要相关保障机制的强化和完善。譬如,完善耕地、水资源、碳交易等领域生态补偿的相关立法,对各种生态资源的地位进行明确,对生态补偿的核心内容进行突出,对不同主体和客体的权责利范围进行界定,以法律的形式对生态补偿制度的有效实施进行强有力的保障。对实施生态补偿制度的执行程序进行全面强化,对实施生态补偿的组织管理体系进行优化;确立“专款专用、全程追踪安全高效”的原则,对生态补偿资金的拨付和使用进行规范;强化对生态补偿效果的监督和评估。建立和完善生态补偿预算制度,为政府高效率承担生态责任提供保障机制。

三、创新跨区域的财税分享制度

要实现区域间利益协调，促使各地共同应对环境问题，以此改善黄河中下游地区的生态环境，推进黄河中下游地区高质量发展，除了需要完善环境保护多层治理的权责利分配制度和完善跨区域生态环境补偿政策之外，还必须重视财税分享制度。创新黄河中下游地区的财税分享制度，建立跨区域的投入共担、利益共享的财税分享制度，可以破除以往财税制度的缺陷，弥补传统体制机制的不足，促进黄河中下游地区区域间利益协调发展。

（一）建立完善的跨区域税收征收管理体系

跨区域的财税分享制度的建立，首先要从税收管理入手。黄河中下游地区跨越内蒙古、陕西、山西、河南和山东省（自治区），各地的税收政策和征收标准有所不同，而且针对不同税收的征收与管理办法也有不同的标准，各区域间信息沟通不畅，不利于流域内整体协调，统一管理。因此，需要建立完善的跨区域的税收征管体系。首先，要充分利用互联网时代的优势，建立更加便捷高效的税务系统，建立电子税收服务平台，为各地税收节约成本，提高税收效率。其次，要加强各区域间信息沟通，加强黄河中下游地区之间税收信息交互，各区域互相了解彼此的税务状况，以更好地改进自身的税务系统。再次，要建立跨区域的税收服务平台。要建立完善的跨区域税收征收管理体系，就必须有跨区域的税收服务平台，在各地税务局成立跨区域服务窗口，提供一般税收服务，支持异地办税，这样可以节约流域内整体的税收成本，提高税收管理效率。

（二）探索跨区域的财税分享机制

为推进黄河中下游地区生态环境治理一体化建设，协调区域间利益关系，实现黄河中下游地区多元协同治理，还必须探索针对黄河中下游地区的跨区域的财税分享机制，建立投入共担、利益共享的财税分享制度。在投入方面，可以在黄河中下游地区建立一个一体化的财政投入体系，要求黄河中下游地区五省共同投入财政，共同出资进行生态环境的治理和保护工作，建立一体化的投入机制，为解决黄河中下游地区环境问题共担责任，共筹资金，提供强大的财政支持。在利益方面，做到利益共享，即对黄河中下游地区共同的财政利益实行跨区域分享，按照各区域投入和贡献的比例，划分利益所得，以此支持各地区的环境治理工作，激励各地区参与生态环境治理,提高区域参与积极性,以此实现区域间利益协调,促进黄河中下游地区生态环境的多元协同治理。

第三节 搭配多样化的环境规制工具

环境规制工具就是针对不同环境状况采取的治理环境的规制手段,环境规制工具能够促使企业积极采取环保措施,主动承担其环境责任,因而环境规制工具的正确使用和合理搭配对政府规制的有效性具有重要意义。国外学者 Totenberg 将环境规制工具分为命令控制型、市场激励型和自愿参与型三种类型,不同类型的环境规制工具有不同的功能与特点。① 在黄河中下游地区的环境治理方面,由于各地区多样化的经济、社会和环境状况,应该合理搭配多样化的环境规制工具,建立多维一体的环境规制工具体系、构建对地方政府有效的绩效评估和问责制度与完善对环境敏感型企业的激励约束相容制度,以充分发挥规制工具的积极作用,提高政府规制效率,促进黄河中下游地区政府环境规制与企业社会责任的耦合。

一、建立多维一体的环境规制工具体系

不同的环境规制工具类型对环境治理都有独特的作用和意义,都以各自的方式引导或者约束企业行为,促使环境规制与企业环境责任的耦合。因此,在黄河中下游地区环境治理过程中,建立多维一体的环境规制工具体系,灵活运用规制工具,针对具体情况选择不同的规制工具是非常必要的。

(一)变革命令—控制型规制②

在命令控制型规制中,政府占据主导地位,把控全局。但是伴随着市场化程度的不断提高,政府的职能也需要作出相应的转变。在企业的社会责任的建设过程中,政府的规制作用是必不可少的。但是,政府规制仅仅

① 杨辛夷:《环境规制工具类型与企业环境成本关系的实证分析》,载《中国管理信息化》,2019 年第 21 期,第 4～8 页。

② 命令—控制型环境规制是指政府通过制定法律法规,规定一定的环境标准,利用法律的权威性和强制性,规范企业行为,控制和监督企业履行环境责任。命令—控制型环境规制是一种强制性的规制工具,企业作为被规制者没有选择性和参与性,因而这种环境规制工具缺乏一定的公众意识。命令—控制型环境规制具体表现在政府所规定的环境质量标准、污染物排放标准、环保技术标准等具体的控制污染的标准。

是推进企业社会责任的外部驱动力之一。而且，政府由于自身的有限理性，也会存在有政府失灵。因此，政府应该努力转变思维，改革命令控制型为主的规制工具，政府简政放权，在环境治理方面避免过度管控，废除老旧的管控标准，创新管控环境污染的方式，实现多样化管理。当前的命令控制型规制更倾向事后监督，今后可将政府环境规制工具前置，适时与企业就环境问题开展日常沟通、加强政府环保政策的宣传、环保理念的灌输、强化政府协调职能的发挥，通过各项前置性规制工具的运用，更好地实现对环境敏感型企业的事前指导。

(二)加大市场激励型环境规制[①]的使用力度

市场激励型的规制可以鼓励企业加大环境投入力度，推进实现环境保护目标。目前黄河中下游地区，主要采用的是命令控制型规制，政府应该将以命令—控制型为主转变为以市场激励型环境规制为主，以命令—控制型环境规制为辅，充分发挥市场作用，适时调整排污税、环保补贴、排污权交易标准，不断刺激企业主动参与环境保护。

(三)完善自愿参与型环境规制[②]

目前自愿参与型环境规制工具在黄河中下游地区环境治理过程中发挥的作用比较有限，主要是由于公众参与有限和政府作为有限，因而需要完善自愿参与型规制，以实现其规制效果。首先，政府应该加大信息公开和决策参与力度，创新信息公开方式，搭建信息公开平台，积极引导公众参与环境规制。其次，政府应该加强内部管理改革，对公众反应的环境问题及时作出反应，及时解决并将结果公示，以此提高政府工作的透明性，提高政府工作效率。

二、构建对地方政府有效的绩效评估和问责制度

(一)强化对干部的生态绩效考核

在传统的干部政绩考核指标体系中，添加生态环境相关的指标，考核

---

① 市场激励型环境规制是指政府只规定总体的环境目标和环保原则，通过制定一系列激励环境保护的政策法规，利用市场“看不见的手”，给企业足够的空间和选择权，鼓励企业自觉承担环境责任，从而实现环境保护的间接规制方式。市场激励型环境规制具体表现在制定排污税、实施排污许可证交易制度、环保补贴等一系列在市场作用下鼓励企业节能减排的措施。

② 自愿参与型环境规制是指企业自愿履行环境责任，在企业内部自觉进行环境规制，由政府设置总体环境目标，企业自觉执行，以此达到环境治理目的的规制方式。自愿参与型环境规制给了企业更大的选择空间，不具有强制性，是政企合作的共同实现环境目标的典型模式。自愿参与型环境规制具体表现在信息公开、政府与企业的自愿协议、举行环境听证会等形式。

与领导干部本职工作相关的绿色发展政策的决策和执行情况，以不断优化对领导干部政绩考核的指标体系，并不断加大黄河中下游地区环境保护治理方面的考核权重，逐步对生态环境保护治理方面的考核指标不断科学量化，逐步建立绿色化导向的生态环境保护治理绩效考核指标体系，强化“既要金山银山，又要绿水青山”的干部绩效考核。引导领导干部追求绿色GDP政绩，以此纠正政府官员只重视经济发展而忽视生态环境保护导致的地方政府“虚位”问题。

(二)强化对政府部门的环境问责

黄河中下游环境保护的合作治理，虽然有多元主体的参与，但是政府环境规制依旧是实施环境保护的“主力”，环境保护依旧是政府不可推卸的重要职责之一。为此，一方面，需要不断强化环境管理职能，解决地方政府在生态环境保护和治理中的“缺位”问题；另一方面，还要防止地方政府对生态环境保护和治理的不当干预，解决“错位”问题。强化对地方政府的环境问责恰是为了更好地解决地方政府环境保护治理中的“缺位”和“错位”问题。通过对地方政府在生态环境治理中的不作为、乱作为及违法违规行为进行追究和惩处，使其“有过必罚”，对生态环境的违法行为起到一定的威慑作用。对地方政府环保部门的相关人员中的懈怠、违规、违法行为进行严格监督，做到“党政同责”、自然资产的“离任审计”和环境污染的“终身追究”。

三、完善对环境敏感型企业的激励约束相容制度

根据《上市公司环境信息披露指南》和《上市公司行业分类指引》，环境敏感型企业主要包括金属制造业、非金属矿物制造业、碳油气开采业、造纸业、石化业、化工业、纺织印染业、制药业和橡胶制造业等16个重污染行业。[①] 这些环境敏感型企业，由于其行业特定的高耗能、高排放、高污染，进行生产经营活动，必然会对环境造成一定的压力，影响当地的环境治理进程。因而，要解决黄河中下游地区的环境治理问题，实现政府环境规制与企业社会责任的耦合，必须重视环境敏感型企业。对环境敏感型企业的环境规制，主要用到政府环境规制工具中命令控制型的约束制度和市场激励型的激励制度，在激励与约束两方面实现相容，从而形成针对环境敏感

---

① 游辉城、刘业、马北玲：《慈善捐赠对权益资本成本的影响：基于环境敏感型与非环境敏感型企业的分析》，载《南京工业大学学报(社会科学版)》，2019年第3期，第102～110、112页。

型企业的完善的激励约束相容制度。

(一)强化对环境敏感型企业的激励制度

强化激励制度主要从市场角度入手,充分发挥“看不见的手”的作用,刺激环境敏感型企业主动承担环境责任。第一,要建立专门针对环境敏感型企业的市场化生态治理机制,缩小政府参与环境治理的范围,只规定明确的环境目标,将环境治理成本转移到企业方,倒逼环境敏感型企业参与环境保护,履行环境责任。第二,要加强排污税改革、优化排污许可证交易环境,为企业之间的环境责任交流提供良好的市场氛围。第三,应该对积极进行环保技术改造和主动节能减排的环境敏感型企业发放补贴和奖励,以政策优惠和减免税收等方式吸引环境敏感型企业建立自己的环境规制体系,承担环境责任。第四,建立绿色信贷制度,鼓励企业发现绿色债券,充分利用市场作用激励企业调整产业结构转型升级,进行绿色生产,低碳环保,促进政府环境规制与企业社会责任的耦合。

(二)强化对环境敏感型企业的约束制度

约束制度的强化需要借助于命令控制型和市场激励型两种规制工具,传统的命令控制型规制方式,使环境敏感型企业长期处于被动地位,从而产生了一系列的负面效应。而要强化对环境敏感型企业的约束制度,必须建立基于市场的命令控制体系,即在传统约束制度下,结合市场变化,对约束制度进行改进,利用市场对环境敏感型企业进行约束。第一,要建立企业环境风险评级制度和信用评价制度,将环境责任与信用评级挂钩,以此约束企业行为,促使其及时进行环境风险自测,履行环境责任。第二,应该制定适应市场的排放标准和环保技术标准,在不同的市场环境下约束环境敏感型企业的行为,在遵循市场规律的基础上实现对环境敏感型企业的约束。第三,要完善环境敏感型企业准入制度,制定严格的环境敏感型企业准入标准,以此规范环境敏感型企业的生产经营活动,倒逼企业改进技术以减少环境污染。另外,严格的准入标准提高了环境敏感型企业准入门槛,也可以适当减少黄河中下游地区一些区域环境敏感型企业的进入,从而减轻当地的环境压力。

第四节　搭建府际及多元主体间的对话、沟通、合作平台

构建多元协同治理体系是当前加快黄河中下游地区政府环境规制与企业社会责任耦合，促进解决黄河中下游地区环境问题的主要路径。要建立多元化的治理体系，实现政府、企业与社会多元协同，就要首先搭建好平台，搭建府际及多元主体间的对话、沟通、合作平台，通过良好的沟通交流平台，充分利用互联网与大数据，做好信息收集和传递工作，以促进多元主体信息沟通、引导政府、企业与社会多元合作共同参与黄河中下游地区的环境治理，实现政府环境规制与企业社会责任的耦合。搭建府际及多元主体间的对话、沟通、合作平台主要从搭建合理的流域污染治理组织平台、深化环境治理多元主体间的合作伙伴关系、健全流域生态环境治理的公众参与制度与信息公示制度、建立流域一体的生态环境风险有效防控制度和建立跨区域生态环境“三统一”制度五个方面重点分析，以形成黄河中下游地区流域环境保护的共同体，实现多元协同治理，促进环境问题的解决。

一、搭建合理的流域污染治理组织平台

黄河中下游地区涵盖内蒙古、山西、陕西、河南、山东省（自治区），各个区域地理、经济和环境状况的差异性，决定了黄河中下游地区在环境治理过程中要想多地区合作治理，建立横向与纵向相互协调的府际关系，就必须搭建府际对话、沟通与合作平台，即首先要搭建跨区域的流域污染治理组织平台。流域污染治理组织平台可以为流域环境治理提供基本的管理与治理机构保障，为黄河中下游地区环境治理的有效性奠定良好的组织基础，加快实现政府环境规制与企业社会责任的耦合。

（一）成立跨区域的环境治理委员会

黄河中下游地区流域环境治理属于流域环境治理范畴，流域环境治理由于跨区域的特征，因而在黄河中下游地区环境治理的过程中，要搭建合理的流域污染治理组织平台，就必须建立具有权威和影响力的有效管理机构，以权威管理机构实现黄河中下游地区各地协同治理，协调多元协同治理中各主体的利益关系。成立跨区域的环境治理委员会，可以协调黄河中下游地区各地方政府之间的政治博弈，为流域内各地区搭建沟通交流平台，实现流域各地区合作治理，共同应对黄河中下游地区的环境问题。

1.建立多层环境治理委员会

成立跨区域的环境治理委员会，国际社会的一些经验值得参考和借鉴。例如，澳大利亚墨累河岸地区的环境治理，主要是通过构建三层流域管理机构，在中央政府的支持下，明确各级管理主体并按职能划定分工，从而使每一层级主体明确权利与责任，进行具体的分层级的环境治理。澳大利亚的三层流域管理机构主要包括流域部长级理事会、流域委员会、社区委员会，部长级理事会主要负责整体环境规划的制定和监督，流域委员会负责将流域部长级理事会提出的整体规划工作进行细化落实，社区委员会主要发挥社会公众职能，向社会进行信息传递和反馈。但是流域部长级理事会并不是“一家独大”的绝对决策权，在环境治理的一些重要方面，流域部长级理事会向流域委员会和社区咨询委员会征询意见，流域委员会和社区咨询委员会具有参与决策的意见权，以此影响流域部长级理事会的重大决策。[①] 这样从中央到地方再到各个社区，分工明确，提高了流域治理的整体效率。因此，黄河中下游地区也应当借鉴澳大利亚的成功经验，建立中央、地方到社区乡镇等多层治理平台，按多层治理原则，划分各层级职能与分工，构建多层环境治理委员会，形成流域环境网格化治理体系，推动黄河中下游地区环境治理水平与治理效率的有效提高。

2.改革现行环境治理体制

在环境治理的过程中，我国的流域环境治理体系是由流域水利委员会和流域水资源保护局两个部门双重领导，协调各地区利益关系。但是流域水利委员会的规划制定机构无法有效协调各部门、各地区的矛盾，水利委员会的环境解决机构得不到各级地方的支持，跨区域间的执行难度加大，因此其规划与执行难以相符，治理难度和治理成本有所提高。因而必须改革现行的环境治理体制，建立流域内跨区域间的管理治理机构，以其权威性和专业性，为黄河中下游地区环境治理的规划制定与执行提供管理平台，综合协调各区域的同一性和差异性，减少流域内区域环境冲突，实现各区域协调治理。

(二)建立流域环境治理的专业化机构

政府的环境治理不是一成不变的，而是动态发展变化着的。随着社会经济的发展，面临的环境危机和挑战越来越多，环境治理难度不断加大。

---

① 孔祥智、郑风田、崔海兴:《太湖流域水环境污染治理对策研究》，武汉:华中科科技大学出版社，2010年，第64～65页。

因此,要解决黄河中下游地区的生态环境问题,搭建合理的流域污染治理组织平台,除了成立跨区域的环境治理委员会、建立良好的府际关系之外,还需要针对黄河中下游地区的特殊状况,建立流域环境治理的专业化机构。以流域内环境治理的专业化机构,应对复杂变化的环境问题,增加治理决策的科学性和专业性,提高政府生态治理水平。黄河中下游地区环境治理是一个长期的过程,建立流域环境治理的专业化机构自然也是一项较为复杂的任务。(1)从纵向上看,应该从中央到地方分层建立专业化机构,协同各级政府共同参与环境治理,但是环境治理的专业化机构应该更侧重地方政府,在各省级政府建立环境治理专业化机构,赋予其特殊的决策权和监督权,加强对各省之下的市域和县域的影响,从而为形成多层治理体系搭建平台,协调各地区环境治理工作。(2)从横向上看,专业化的环境治理机构的建立应该依据环境问题进行专门细分。由于黄河中下游地区面临的环境问题的复杂性,生态治理难度也随之加大,为此需要对黄河中下游地区的环境问题进行分类,按照环境污染类型、污染轻重程度与治理难易程度具体细分,针对不同的情况成立专业化的治理小机构,这样细化了分工,环境治理也更有针对性,可以提高治理效率,加快解决黄河中下游地区的生态环境问题。

二、深化环境治理多元主体间的合作伙伴关系

伴随着市场经济的发展,在生态环境的治理过程中,除了需要政府规制之外,还需要企业与社会发挥重要作用,构建政府、企业与社会“三位一体”的合作治理模式。其中,政府、企业与社会分别扮演着不同的角色。政府在环境规制过程中扮演的是“掌舵者”的角色。环境问题由于自身的外部性决定了政府需要借助于权威的广泛性与规制手段的强制性对企业实施规制。但是由于政府职能的有限性,导致了政府无法获得环境问题的全部信息,从而导致了政府环境规制的高成本和低效率。因此,政府需要将环境治理过程中的部分事宜交给企业和社会去完成。企业可以充分发挥专业性与信息优势等来成功扮演“划桨者”的角色。而社会具有公众的参与性等特征,可以充分发挥其环境治理的监督者的角色。企业与政府的关系并不是此消彼长、相互替代的关系,二者之间更多的是协同合作的关系。企业与政府需要相互影响、相互作用,实现合作治理。因而,黄河中下游地区环境问题的解决,需要实现政府、企业与社会的合作治理,深化环境治理

多元主体间的合作伙伴关系，具体措施可从以下几个方面入手。

(一)深化地方政府与企业间的伙伴合作关系

企业作为社会大系统的一分子，其行为不可避免地会与企业内部和外部的社会系统发生千丝万缕的联系。然而，企业的发展和运作并不是独立的，由于企业自身的基本性质所致，企业也不可能完全自发地承担社会责任。作为社会管理者的政府，理所应当地介入企业的生产经营活动，在一定程度上规制企业的行为，以便规范企业的行为，促使其能够承担所应承担的社会责任，使得企业的行为能够符合社会利益的要求。因此，处理好与企业之间的关系，深化政府与企业的合作治理，有利于促进政府规制与企业社会责任的耦合。

1. 深化政府与排污企业间的关系

由于具有高耗能、高排放、高污染，以往这类企业经常处于政府环境治理的“黑名单”，排污企业与政府之间的矛盾日益增加。在这种局面下，政府首先应该转变以往的规制方式，由命令控制型规制方式转变为市场激励型规制，通过一系列环保补贴和奖励激励排污企业减少排放，以激励为主，以命令控制型为辅，逐渐改善政府与排污企业之间的对立关系，积极引导排污企业节能减排，进行技术改造和转型升级。其次，政府也应该深化命令控制型规制，在环境保护税和排污费的征收上，严格把控标准，对排污量严格把关，以此适当提高企业的排污成本，倒逼企业采取行为减少污染。

2. 深化政府与环保企业的关系

专业的环保企业在参与环境治理的过程中有时候也可以承担第三方的治理角色，对于这类企业，政府应该利用这些环保企业特殊的作用，与其合作治理，以达成环境保护的目标。黄河中下游地区的各地方政府可以借鉴国际社会的经验，与第三方环保企业签订合同，雇佣第三方治理企业，帮助政府进行生态治理。同时，政府需要依据治理结果的绩效考核，给予第三方治理企业相应的劳动报酬。

(二)深化政府与非政府组织间的伙伴合作关系

在实现政府环境规制与企业社会责任耦合的过程中，非政府组织的作用需要引起足够的重视。非政府组织的产生源于政府与企业都存在有职能的缺失。政府与企业之间的信息沟通、协调机制的运行都需要非政府组织在其中发挥一定的作用。因而，非政府组织的建立和成长壮大，可以协调政府与企业之间的关系，加强政府与企业之间的信息沟通。而且，非政府组织在使政府运营成本降低的同时，还能够使得政府工作效率得以提高。非政府组织对于政府环境规制与企业社会责任的耦合，黄河中下游地区生态环境的有效治理有着举足轻重的作用。然而，在中国，非政府组织的发育尚不成熟，可以说依然处于政府的"怀抱"之中，社会公众的参与监督意识并不强。因此，黄河中下游地区的环境治理必须深化政府与非政府组织之间的合作关系，加强非政府组织的建设。第一，可以鼓励一些专业组织或机构为环境治理工作提供专业化的服务。由于这些机构拥有较多的专业性资源，具有比较强的科学判断力，可以为消费者组织、新闻媒体等社会公众组织提供专业性的咨询服务。第二，鼓励各界新闻媒体充分发挥起环境保护的社会监督作用。新闻媒体可以通过报纸、电视、电台等多种渠道，向社会公众及时发布环境保护的相关信息，及时揭露环境治理隐患。第三，需要创设让社会公众参与社会监督的渠道，建立健全环保监督机制，构建完善的信息披露平台，鼓励社会组织举办环保宣传活动，多种制度和渠道鼓励公众参与到黄河中下游地区的环境保护中去。

三、健全流域生态环境治理的公众参与和信息公开制度

(一)完善流域环境治理的公众参与制度

伴随着社会的发展，人们生产生活水平的提高，社会的公共需求也在随之发生很大的变化。社会公众对公共事务的参与热情高涨，不仅公共需求的形式越来越多样化，而且对公共事务质量的要求也越来越高。因此，在黄河中下游地区生态环境治理过程中，必须重视建立和完善流域环境治理的公众参与制度，发挥社会公众的积极作用，促成生态治理主体多元化，以推进黄河中下游地区政府环境规制与企业社会责任的耦合。公众参与制度是我国环境法的基本原则之一，建立健全黄河中下游地区生态环境治理的公众参与制度主要从拓宽公众参与渠道与健全公众参与监督制度的角度出发进行具体分析。

1. 拓宽公众参与渠道

保障公众参与生态环境治理的决策、执行与监督各个过程，就要首先保证公众参与渠道的畅通。第一，应该完善立法工作，建立公众参与环境治理的法律体系，在制度层面上构建公众参与环境治理的渠道，创建沟通机制以推动企业——社会之间的对话，为社会公众参与环境治理提供强有力的保障。第二，应该扩宽社会公众参与环境治理的渠道。充分利用互联

网时代的优势，开辟多种新式渠道鼓励社会公众参与环境治理，利用现代化的管理思维，借助于新技术和新手段，建立特色化的公众参与渠道，搭建多元协同治理体系的有效沟通平台，充分发挥人民群众的作用，推动多元协同治理，加快黄河中下游地区政府环境规制与企业社会责任的耦合。

2.健全社会公众参与监督制度

社会公众参与生态环境治理，一在参与过程，促成结果；二在监督过程和结果。人民群众是社会实践的主体，是社会变革的决定力量，有参与社会公共事务的监督权利，因而要完善黄河中下游地区流域生态环境治理的社会公众参与制度，还必须建立完备的社会公众监督机制，健全社会公众参与监督的制度。建立健全社会公众监督机制，首先，应该通过制度建设手段，出台一系列鼓励公众参与监督黄河中下游地区环境治理工作的推进和执行过程，保障社会公众的监督权。其次，应该利用现代网络技术，建立互联网监督平台，方便社会公众随时参与监督，提高公众参与环境治理监督的便利性和有效性，以此促进多元协同治理体系的构建，提高黄河中下游地区生态环境治理的效率和水平。

(二)建立流域生态环境的信息公开制度

所谓信息公开制度，是指国家行政部门和机关，依据国家制定的各种法律法规，在公共事务处理的过程中，以各种形式向社会公众及特定企事业单位公开公共事务处理进度和信息的制度。[①] 黄河中下游地区建立流域内的生态环境信息公开制度主要分两个层面推进。

1.完善社会公众的信息公开制度

面向社会公众实施信息公开，向社会公众及时公开生态环境治理的办法、执行与成就，通过网络和报刊等方式，建立起社会公众的信息公开平台，保障社会公众的知情权，也更加便利社会公众参与实施监督，广泛参与生态环境治理过程，促进生态环境的多元主体治理体系的构建。

2.完善信息公示制度

完善信息公示制度主要是针对企业特别是排污企业而言的。一方面，环境方面的信息公示制度要求企业对企业内部的环境污染情况，如污染物的排放状况、环保投资等向政府及社会公众进行公示，以此达到政府、企业

---

① 章剑生：《知情权及其保障——以〈政府信息公开条例〉为例》，载《中国法学》，2008年第4期，第145～156页。

与社会之间的信息沟通，使公众更加全面地了解企业的环保状况。通过信息公示制度，可以督促排污企业减少排放总量，受公示带来的市场影响，企业也会自觉进行环保技术改造，力图进行环保生产，促进企业转型升级；另一方面，完善信息公示制度，要考虑到治理成本的问题，要结合政府与企业的信息沟通、对话具体情形进行信息公示，减少不必要的信息收集、整理过程，简化信息公示的环节和流程，以此降低信息沟通成本，提高生态环境治理的效率。

四、建立流域一体的生态环境风险有效防控制度

所谓生态环境风险，是指由人类活动或自然因素造成的一系列生态环境问题，对人类社会的生产生活造成一定危害的概率，生态环境能够影响人类生存和发展的可能性。[①] 生态环境风险影响人类的生命安全和发展方式，因此要有效防控生态环境风险。在黄河中下游地区生态环境的治理过程中，必须在流域内推进建立生态环境风险防控制度，以有效的风险防控应对复杂多变的环境状况，及时预防和监控生态环境风险。完善生态环境风险预警机制、建立生态环境风险防控平台、提升生态环境风险应急能力，多方面推进黄河中下游地区生态环境风险的有效防控。

（一）完善生态环境风险预警机制

风险预警机制是有效防控生态环境风险的第一步。生态环境问题复杂多变，稍有不慎就可能诱发更大程度的环境后果。因此，要做好黄河中下游地区的生态风险防控工作，首先就要建立完善的生态环境风险预警机制，及时发现生态环境隐患和危机，及时止损，降低环境风险和环境治理成本。

1. 建立完善的环境监测系统

完善的环境监测系统是生态环境预警机制的基础，通过精准的环境监测，可以获得黄河中下游地区生态环境状况的精确数据，更加准确地处理生态环境问题。建立完善的环境监测系统，可以按区域进行划分，针对黄

---

① 生态环境风险是指由人类活动引起或由人类活动与自然界的运动过程共同作用造成的，通过环境介质传播的，能对人类社会及其生存、发展的基础产生破坏、损失乃至毁灭性作用等后果的事件的发生概率。是由于组织的经营活动所导致的排出物、排放物、废弃物、资源枯竭等对生物体和环境造成不利影响的实际或潜在威胁。具有不确定性和对生态 环境及人体的危害性两大特性。具体而言，环境风险是指人们在建设、生产和生活过程中，所遭遇的突发性事故（一般不包括自然灾害和不测事件）对环境（或健康乃至经济）的危害程度。

河中下游地区不同区域不同的生态环境状况，在指定区域设立环境监测设备，建立环境监测点，成立环境监测小组，严格监测污染排放、垃圾回收和水土流失等生态环境状况。

2. 建立生态环境数据处理库

环境监测系统监测到的各种污染排放、垃圾回收和水土流失等生态环境状况的具体数据，要对数据进行归纳、整理和深层次解剖，因此需要建立精密完善的生态环境数据处理库。建立生态环境数据处理库首先要对采集的数据按生态环境类型和具体地域进行分类，在数据库中进行归档。其次要将归档后的数据进行进一步的剖析，对造成生态环境问题的主要因素进行归纳总结，判定生态环境的风险系数。再次要根据生态环境问题的风险系数，判定生态环境风险等级与发生概率，为生态环境风险防控提供数据支撑和资料。

3. 发挥风险预警系统的自动管控作用

在环境危机发生时，生态环境监测系统超过设置的临界点，刺激生态环境风险预警系统自动发送信号，对生态环境状况进行治理和管控，及时发现生态环境风险并采取措施迅速解决风险，减少生态环境问题对人类活动的影响，有利于生态环境的有效治理。

(二)搭建生态环境风险防控平台

如果说风险预警机制是有效防控生态环境风险的前提和基础，那么风险防控就是生态环境风险有效防控的主要内容。风险预警机制只能及时监测和发现生态环境风险，而及时防控才是解决生态环境风险的最重要途径。要实施有效防控就必须建立良好的生态环境风险防控平台，可以从信息共享和府际关系两个角度出发，积极进行黄河中下游地区生态环境风险的防控工作。

1. 搭建生态环境风险信息共享平台

对于生态环境风险预警的监测系统信息，首先，政府应该利用好现代沟通交流方式，通过网络等方式，及时发布风险预警信息和防控办法信息，建立生态环境风险信息公开平台，确保生态环境风险信息公开的及时、准确和透明度，使社会公众了解到生态环境风险，提高风险意识，加强防范。其次，政府应该推动地区间进行信息共享，黄河中下游地区是一个流域范畴，推进流域内各区域进行生态环境风险信息共享，建立多种形式多样化的地区生态环境风险交流平台，保障流域内各地区信息交流和互换，以不断调整风险应对措施，降低环境治理成本。

2.搭建府际生态环境协作平台

府际生态环境协作平台主要从横向和纵向两个方面进行分析。首先，在横向上，要搭建黄河中下游地区各地区政府间的生态环境风险合作防控平台，建立黄河中下游地区统一的流域风险防控中心，加强府际间风险信息交流与互动，推进各地方政府通力合作，共同应对生态环境风险，实现黄河中下游地区生态环境风险的联防、联控与联治。其次，在纵向上，建立从中央到地方的生态环境风险防控平台，在中央设立流域环境风险防控中心，下达防控命令和措施，在各省级地方设置环境风险防控的执行部门，接受中央的生态环境风险防控指令后，根据各地具体环境问题，制定风险防控措施，再依据层级分别下达到市、县、乡镇，具体执行防控措施，建立多层生态环境风险防控体系，提升黄河中下游地区流域生态环境风险的防控水平。

(三)提升生态环境风险应急能力

面对生态环境风险，除了及时监测、加强防控之外，还需要有应对突发生态环境状况的能力。当发生紧急的生态环境危机时，风险应急能力的强弱决定了能否顺利渡过危机，转危为安。因此，各地必须着力提升生态环境风险应急能力，保障生态环境风险防控的及时性和有效性。

1.加强生态环境风险应急队伍建设

在紧急生态环境状况发生之前，加强生态环境应急队伍建设，可以为生态环境应急储备人力保障，以应对突发状况下人才紧缺的紧急状况，减少了突发环境状况带来的混乱，极大减少了生命、财产和物资损失。第一，应该壮大志愿者队伍。各地应该积极发挥人民群众的作用，凝聚社会力量，制定环保志愿者优待激励政策，吸引社会公众自愿参与应对生态环境风险，壮大志愿者队伍，为生态环境风险应急提供基本的人力数量。另外，要加强生态环境风险应急志愿者的专业技术培训，在发生紧急生态环境危机时，志愿者具备志愿服务的专业技能，提高风险应急志愿者的质量。第二，应该加强专家团队建设。当生态环境紧急危机发生时，专家团队是应对危机的中坚力量，为解除生态环境危机出谋划策。为此，各地应该加强生态环境风险应急的专家团队建设，广泛吸纳各界经验与学识丰富的专业人才，按照专业领域进行划分，成立专家应急团，为风险应急提供智慧支撑，以完善黄河中下游地区的生态环境风险应急队伍体系，提高生态环境风险应急能力。

2.建立完备的应急物资保障体系

应急物资是应对紧急环境风险的基础保障，确保物资充足稳定供应，才能保障顺利克服环境危机。因此，必须保障物资稳定，建立完备的应急物资保障体系，从而提升生态环境风险防控的能力。首先，要确保应急物资的数量和质量。在数量上，严格按照国家重大灾难防控标准，保证风险应急物资的设置和储存数量，当发生重大环境危机时，有充足的物资储备，保障物资及时供应。在质量方面，应该设立专门的物资监察机构，根据物资储备的各项质量标准，严格检查进入储备阶段的物资，储备高品质、高标准的物资，提高物资储备的质量，保证应对环境风险的安全底线。其次，合理划分物资。发生生态环境灾难时，如何分配储备物资，才能更迅速地解除危机是需要思考的重要问题。为此，政府应该根据各地生态环境风险的等级和发生生态环境危机的频率，综合各地的实际需要，合理划分储备物资，保障各地均具有应对紧急生态环境风险的相对充足的物资供应，避免在紧急生态环境风险发生的同时，又引发一系列的地域冲突，影响社会和谐稳定。再次，要建立完善的应急物资运送体系。紧急的生态环境风险可能带来物资运输渠道的阻塞，影响应急物资的运输。因此，各地必须再建立一条应急物流体系，提高物资运送效率，确保应急物资在最短的时间到达现场，提升黄河中下游地区生态环境风险应急能力，实现紧急生态环境风险的有效防控。

五、建立跨区域的生态环境“三统一”制度

搭建府际及多元主体间的对话、沟通、合作平台，需要流域内各区域之间相互协调、相互配合，在良好的府际关系下共同治理黄河中下游地区的生态环境，促进政府环境规制与企业社会责任的耦合。流域内各区域生态环境问题和治理状况虽然有所差异，但针对整个黄河中下游地区来说，建立生态环境统一的制度标准也是必不可少的。统一的跨区域的生态环境制度，有利于消除区域差异，联合应对生态环境危机，实现黄河中下游地区府际协同治理，提升整个黄河流域的生态环境治理水平。因此，在黄河中下游地区建立跨区域的生态环境“三统一”制度，也是改善府际关系，实现生态环境协同治理的重要手段。这里的“三统一”是指统一的生态环境标准、统一的环境监测体系、统一的生态环境行政执法制度，通过制定“三统

一”制度，形成跨区域的生态环境统一治理体系，加快黄河中下游地区生态环境治理的整体进程。

（一）制定统一的生态环境标准

黄河中下游地区的生态环境治理，是跨区域的生态环境治理的过程。各区域的生态环境状况的差异性，决定了必须在流域内制定跨区域的生态环境标准，做到各区域生态环境标准的统一。要在生态环境治理与恢复范畴内，制定严格的环境标准，对污染物排放标准、环境治理标准与其他生态环境标准进行严格的规定，综合流域内各区域间的不同情况，制定符合实际的生态环境标准，确保这些生态环境标准普遍适用于黄河中下游地区各个区域，各个区域实行统一的生态环境标准，保障公平公正，有利于加快建立流域整体环境治理体系，加强府际沟通合作。

（二）建立统一的环境监测体系

环境监测体系是有效防治环境污染和环境破坏的重要法宝，可以精准地获知生态环境状况，为生态环境的治理工作提供数据信息，保障生态环境治理有序推进。在黄河中下游地区建立统一的环境监测体系，可以准确获取黄河中下游地区各区域环境状况，保障各地区信息互通，以更好地进行生态环境治理。建立统一的环境监测体系，最重要的就是要建立统一的生态环境监测平台，平台可以跨区域使用，将各地区的生态环境监测结果汇总到该平台，各地区之间可以相互查看，增加流域内各区域间的信息交流，提升各区域合作治理的水平。同时，平台数据可以清晰反映整体生态环境状况，便于以此为参考制定整体生态环境治理规划。

（三）制定统一的生态环境行政执法制度

制度的关键在于实施，而严格的行政执法制度是保障制度有效顺利实施的重要保障，能够保障国家社会秩序的稳定，维护社会公共利益。在黄河中下游地区的生态环境治理过程中，制定统一的生态环境行政执法制度，加大生态环境执法力度，可以促进黄河中下游各地区联合执法，保障生态环境治理工作的有序推进。制定统一的生态环境行政执法制度，一方面，要制定严格的生态环境执法规范，规定在生态环境治理过程中，对私排、超排、乱排污染物、违法开采、违法取水等对环境造成危害的违法乱纪现象进行明确的执法标准和处罚力度，做到严格执法，规范执法；另一方面，要重视跨区域联合执法，对于一些跨区域的生态环境违法行为，应当制定统一的执法规范，各区域执法权统一划定，享有交叉执法权，推动区域间联合执法，共同打击违法乱纪现象，提升流域整体生态环境行政执法水平，保障生态环境规制有序实施，加快实现黄河中下游地区政府环境规制与企业社会责任的耦合。

附　录

附一:调查问卷

政府环境规制和企业社会责任的问卷调查

为了解我国黄河中下游地区政府环境规制和企业社会责任的基本状况,河南工业大学经济贸易学院课题组组织开展本次问卷调查。调查采取匿名形式,数据将严格保密,仅用于分析研究。问卷填写平均需花费3分钟,您的参与对于我们的研究非常重要。回答没有对错,您只需按照您的真实情况和想法作答。感谢您的理解与配合!

概念解释
政府环境规制是指国家为了保护环境而采取的对经济活动具有限制性的一切法律、政策、措施及其实施过程。 企业社会责任是指企业在对股东负责、创造利润的同时,还需要承担其对员工、对社会与对环境的社会责任。

一、基本信息

1. 您所在企业为［单选题］*

○国有企业

○非国有企业

2. 您所在企业是否上市?［单选题］*

○是

○否

3. 您所在企业所属行业［单选题］*

○造纸业

○农副食品加工业

○冶金矿产业(铝、钢铁、电解等)

○建筑建材业(水泥等)

○能源化工业(火电等)

○石油化工业(石化等)

○医药卫生业(制药等)

○服装纺织业(制革等)

二、以下有关环境规制的选项,请根据您所在企业的实际情况,对以下描述符合程度进行评价。

1.命令控制型环境规制[矩阵量表题]*

	完全不符合	不太符合	不确定	基本符合	完全符合
企业生产经营遵循严格的技术标准	○	○	○	○	○
企业生产经营的产品满足相关的产品环保标准	○	○	○	○	○
企业按排放绩效标准对废弃物进行浓度和总量控制	○	○	○	○	○
企业的一些生产经营许可由政府规制部门决定	○	○	○	○	○
企业违反环境规制的相关规定将会受到严厉处罚	○	○	○	○	○

2.市场激励型环境规制[矩阵量表题]*

	完全不符合	不太符合	不确定	基本符合	完全符合
企业排污要承担相应的税费	○	○	○	○	○
企业要缴纳一定的排污保证金	○	○	○	○	○
企业进行环境污染治理能得到财政补贴	○	○	○	○	○

续表

企业进行环境污染治理能得到税收优惠	○	○	○	○	○
企业进行产品废物回收处理能得到一定的押金退还	○	○	○	○	○

3. 自愿参与型环境规制[矩阵量表题]*

	完全不符合	不太符合	不确定	基本符合	完全符合
企业及时、准确地对外发布经营环境信息	○	○	○	○	○
企业环境管理的标准通过 ISO 14000 认证	○	○	○	○	○
*企业积极征求有关单位、专家和公众对环境影响评价报告的意见	○	○	○	○	○
*企业积极主动承诺达到比规制政策要求更高的环境绩效	○	○	○	○	○
企业的生产过程采用清洁生产和全过程控制	○	○	○	○	○

*注:关于“积极争取”的认定:近三年,被调查企业向有关单位、专家和公众就自身环评报告开展3次及以上的公开听证会或者报告会,视为“积极争取”,选择“完全符合”;1次及以上,小于3次;选择“基本符合”;其他情况根据实际选择“不确定”或“不太符合”。

关于“积极主动”的认定:本问卷对“企业承诺达到比规制政策要求更高的环境绩效”作了简化处理,只要企业主动要求企业排污量不高于相关政策规定的标准,均视为“积极主动承诺更高的环境绩效”,选择“完全符合”;企业的排污量基本和规制政策规定的标准持平,选择“基本符合”;其他情况根据实际选择“不确定”或“不太符合”。

4.您的企业有因为环保采购相关设备或运用新技术吗?[单选题]*

○有

○没有

5.政府在您的企业采购环保设备或运用新技术时有给予相应的补贴吗?[单选题]*

○有且补贴力度非常大

○有且补贴力度较大

○有但是补贴力度较小

○没有

三、以下关于企业社会责任的选项,请您根据实际情况回答。

1.您认为企业履行社会责任对企业发展而言的重要性[单选题]*

○非常重要

○比较重要

○重要性不明显

○无关紧要

2.您认为企业有承担社会责任的义务吗?[单选题]*

○有,企业从社会中赚钱,回馈社会是理所应当的

○有,一个愿意承担社会责任的良好形象会使得公众更愿意去消费其产品,可以充分体现企业的文化、使命,实现企业和个人的价值

○没有,企业有遵守法律的义务,没有承担社会责任的义务

3.您认为履行社会责任对企业经营有什么影响?[多选题]*

□长期利益

□提高效益

□降低成本

□财务负担

□没什么影响

□其他

4.您认为企业在生产活动中会自觉地承担社会责任吗?[单选题]*

○会

○不会

5.如果企业愿意承担社会责任,您认为所在企业可以承担的社会责任具体内容应包括:[多选题]*

□确保企业利润

□保护环境、节约资源

□依法纳税

□维护员工利益

□技术自主创新

□保证产品质量安全

□积极参加公益活动

□诚信经营

□建立先进企业文化

□遵守行业道德规范

□其他

6.您认为企业履行社会责任的动机是?［多选题］*

□提高自己的竞争力

□为消费者创造更多价值

□来自外部(社会舆论、市场等)的压力

□应对政府规制的需要

□提升企业形象

□为社会发展作贡献

□企业家的道德和良知

□实现企业家的个人价值和追求

□为企业创造更多的利润

□有利于企业文化的形成

7.您认为目前环境资源(如水资源)的定价合理吗?［单选题］*

○较合理

○定价较高

○定价较低

○不了解

8.当企业的经济利益和企业履行社会责任发生冲突时,您认为［单选题］*

○企业依旧需要履行自身的社会责任

○企业需要首先确保自身经济利益

9.您认为造成一个企业不注重履行社会责任可能的原因是［多选题］*

□增加了企业的运营成本

□增加了法律、道德层面上面临的风险

□从中获得的利益不明显

□企业规模不足以支撑履行社会责任的成本

□企业对承担社会责任不重视

□地方政府采取默许态度

10.您认为决定企业是否履行社会责任的主要因素是〔多选题〕*

□企业的组织能力

□管理层的环保意识和导向

□企业内部经验和传统

□企业员工的学习能力

□政府环境规制

□社会舆论压力

11.您认为促进企业履行社会责任最重要的因素是:〔多选题〕*

□政府引导

□法律强制

□企业自觉履行

□社会监督

□其他

12.您认为政府在环境规制中应该改善的地方是?〔多选题〕*

□明晰各辖区环境责任

□提高环境资源交易市场的效率

□完善环境资源类公共品供给制度

□明确界定环境资源产权

□提高政府规制的效率

□加大政府规制的力度

□其他

社会环保组织发展状况调查问卷

为了解我国黄河中下游地区社会环保组织发展的基本状况，河南工业大学经济贸易学院课题组组织开展本次问卷调查。调查采取匿名形式，数据将严格保密，仅用于分析研究。问卷填写平均需花费3分钟，您的参与对于我们的研究非常重要。回答没有对错，您只需按照您的真实情况和想法作答。感谢您的理解与配合！

1.您所在的环保组织的类型是[单选题]*

○国际环保民间组织驻华机构

○由民间自发组成的环保民间组织

○政府部门发起成立的环保民间组织

○学生环保社团及其联合体

2.您所在组织成员(专职人员和兼职人员数量，不含志愿者)人数是？[单选题]*

○5人以下

○5人～10人

○10人～20人

○21人～30人

○31人～50人

○50人以上

3.您认为贵组织专职工作人员人数与当前业务工作的匹配程度[单选题]*

○具有与章程规定的业务工作相适应的工作人员人数

○专职工作人员人数偏少，业务工作开展不流畅

○专职工作人员人数过少，业务工作开展困难

4.贵组织专职工作人员学历为本科及以上所占比例[单选题]*

○40%以下

○40%～70%

○70%以上

5.贵组织专职工作人员年龄分布情况[单选题]*

○基本为离退休人员

○基本为学校刚刚毕业的学生

○离退休人员与刚刚毕业的学生比例都不超过工作人员总数的20%

6. 近三年来，贵组织工作人员是否接受过培训 [单选题] *

○受过

○未受过

7. 贵组织接受过的培训内容通常有哪些？[多选题] *

□提高社会组织服务能力的

□财务、专业等知识的

□政策、法律信息

□所在产业领域的专业性知识

□人事、社保政策信息

□其他

8. 对于工作人员的培训，根据贵组织的情况，您认为最急需的是 [单选题] *

○社会组织的组织管理方面

○会员的组织管理方面

○国家政策法规方面

○知识与技能方面

○项目管理方面

○筹资策略方面

○其他

9. 您认为以下哪几个方面管理能力对于贵组织是最重要的？[多选题] *

□对社会组织的日常运作组织管理的能力

□组织动员会员的能力

□对社会组织的把握与认知高度

□开发有偿经营项目的能力

□谋求组织创新与发展的能力

□提高为会员服务的能力

□提高与政府的协调能力

□把握政策环境的能力

10. 贵组织的资金状况 [单选题] *

○经费充足

○经费比较充足

○经费不充足

○经费十分困难

11.贵组织的经费来源是[多选题]*

□政府给予资助

□社区给予资助

□成员募捐

□由负责人解决

□社会捐赠

□其他

12.贵组织的动力来源是[多选题]*

□政府支持

□社区主任等社会工作者推动

□社区居民客观需要

□社会公众的认可和积极反馈

□非营利组织负责人的热心推动

□成员的参与和关心

□其他

13.您觉得现阶段环保组织存在哪些不足?[多选题]*

□专业性不足

□信息公开程度不够

□执行力不高

□活动低效率

□内部管理不完善

□公信力不高

□体系化不强

□其他

14.您认为贵组织在参与环境治理中面临的主要障碍是[多选题]*

□缺乏健全的参与机制

□缺乏人、财、物等方面的政策支持

□缺乏有效的激励机制

□其他

15.现阶段社会组织自身在公信力建设上面应该做哪方面的改进[多选题]*

□服务质量有待提高

□提升工作人员的素质

□资金的使用效率有待提高

□提高独立性,摆脱对于政府的附属

□加强组织管理和自我监督机制的建设

□加强信息公开,全面建设信息化大众化的平台建设

16. 在能力建设方面,贵组织目前面临的问题有[多选题]*

□缺乏人才

□缺乏资金

□缺乏国家政策

□缺乏社会支持

□组织自身能力有待提高

□行政干预太多,体制不顺

17. 您认为贵组织与政府相关部门的联系?[单选题]*

○非常密切

○关系一般

○联系不多

○几乎不联系

18. 近三年来,贵组织是否与政府建立合作关系[单选题]*

○建立

○未建立

19. 您认为政府应该为贵组织的发展着重提供哪些政策支持?[多选题]*

□完善相关法律法规

□优化政府信息公开制度

□优化环境应急管理制度

□提供低息贷款或者相关融资政策

□健全社会广泛参与环保行动的制度

20. 贵组织承接的政府项目是何种形式?[单选题]*

○委托购买

○资金补贴

○无偿服务

○其他

21. 贵组织承接的政府项目采取何种方式获取？[多选题] *

□定向补贴

□签订短期合作协议

□定向签订长期合作协议

□依据法律法规进行授权

□由政府公共平台集中招标采购

□其他

22. 贵组织曾接受过政府部门什么类别的资助？[多选题] *

□项目资金

□财政拨款

□税收优惠

□财政补贴

□其他

23. 贵组织在承接政府项目中主要面临哪些困难？[多选题] *

□资金不足

□组织人才短缺

□组织自身能力不足

□缺乏相应的采购标准

□税收政策优惠无法落实

□政府职能部门不愿放权

□存在法律法规方面的障碍

□缺乏透明、公平的采购程序

□信息不对称，无法获知相关信息

24. 您认为政府向环保组织购买公共服务可能存在的风险程度？[单选题] *

○一般

○较大

○较小

○没有风险

25. 您认为政府向环保组织购买公共服务存在哪些风险？[多选题] *

□环保组织提供公共服务的效率不高

□政府所购买公共服务与公民的需求脱节

□环保组织提供公共服务的公共性弱化倾向

□政府对环保组织提供公共服务行为监管不到位

□环保组织提供公共服务对服务对象的回应性不高

□其他

26.环保组织提供公共服务效率不高的可能性［单选题］*

○极高

○高

○中等

○低

○极低

27.环保组织提供公共服务效率不高的危害性？［单选题］*

○极高

○高

○中等

○低

○极低

28.政府对环保组织提供公共服务行为监管不到位发生的可能性［单选题］*

○极高

○高

○中等

○低

○极低

29.政府对环保组织提供公共服务行为监管不到位发生的危害性？［单选题］*

○极高

○高

○中等

○低

○极低

30.贵组织每年大概的活动资金为［单选题］*

○10 万元以下

○10 万元～50 万元

○50 元万以上

社会公众生态环境行为调查问卷

为了解我国黄河中下游地区社会公众的生态环境行为基本状况，河南工业大学经济贸易学院课题组组织开展本次问卷调查。调查采取匿名形式，数据将严格保密，仅用于分析研究。问卷填写平均需花费 2 分钟，您的参与对于我们的研究非常重要。回答没有对错，您只需按照您的真实情况和想法作答。感谢您的理解与配合！

1. 您的性别［单选题］*

○男

○女

2. 您的年龄［单选题］*

○18 岁～29 岁

○30 岁～49 岁

○50 岁以上

3. 您受教育的程度［单选题］*

○硕士及以上

○本科

○大专

○高中/中专

○其他

4. 您的常住地属于：［单选题］*

○城镇

○农村

5. 您目前工作单位的类型是：［单选题］*

○从事环保工作的党政机关或政府事业单位

○环保系统以外的其他党政机关或政府事业单位

○社区基层工作机构（如居委会、村委会）

○有污染排放的企业

○无污染排放的企业

○环保社会组织或团体

○非环保领域的社会组织或团体
○学生
○务农
○其他
6. 您认为目前您住处附近最突出的一个环境问题是什么?[单选题]*
○空气污染
○水污染
○土壤污染
○噪声污染
○垃圾废弃物污染
○电磁辐射
○生态破坏
○无突出环境问题
○不清楚
○其他
7. 总体而言,您认为您所在地区的生态环境问题严重吗?[单选题]*
○非常严重
○比较严重
○不太严重
○不严重
○不清楚
8. 您认为个人关注生态环境信息对于保护生态环境重要吗?[单选题]*
○非常重要
○比较重要
○重要性不明显
○无关紧要
9. 您平时会关注生态环境信息吗?[单选题]*
○几乎不
○有时
○经常
○总是
10. 您了解日本公海投放核废水事件吗?[单选题]*

○非常了解

○比较了解

○了解一些

○不清楚

11. 您喜欢关注什么形式的环境信息？[多选题] *

□深度长文

□列出主要观点的短文

□有翔实数据支撑

□有权威专家观点

□图文并茂

□短视频呈现

□其他

12. 您希望更多地了解哪些环境信息？[多选题] *

□环境质量状况

□环境污染的来源和成因

□企业污染排放和环境管理信息

□个人生活和消费行为对环境产生的影响

□环保法律法规、政策措施及相关解读

□环境决策科学论证相关信息，如成本收益分析等

□政府环境治理的进展和成效

□环境状况对人类生活、健康等的影响及健康防护信息

□其他

13. 您认为个人参与监督举报对于保护生态环境重要吗？[单选题] *

○非常重要

○比较重要

○重要性不明显

○无关紧要

14. 过去一年，您采取过环保监督举报行动吗？[单选题] *

○是

○否

15. 你是通过什么渠道进行环保监督举报的？[多选题] *

□向当地街道、居委会或村委会反映情况

□向当地政府相关部门投诉举报

□通过上访向上级政府反映情况

□向媒体反映情况，引起舆论关注

□寻求民间环保团体的帮助

□把事情直接曝光到网上

□其他

16. 您认为个人参加环保志愿活动对于保护生态环境重要吗？[单选题]*

○非常重要

○比较重要

○重要性不明显

○无关紧要

17. 过去一年中，您参加过几次环保志愿活动？[单选题]*

○0 次

○1 次～2 次

○3 次～5 次

○6 次～10 次

○10 次以上

18. 以下哪些因素能够吸引您参加环保志愿活动？[多选题]*

□为社会做贡献

□提升个人知识、能力和社会阅历

□增加社交机会

□获得物质奖励或某些公共服务

□有利于找工作

□提高社会声誉

□其他

19. 阻碍您参加环保志愿活动的主要因素有哪些？[多选题]*

□很难获取活动信息

□时间地点不方便

□活动组织不规范

□缺乏必要的培训

□活动名额有限

□缺乏对志愿者的法律保障

□周围人都不参加

□其他

20. 您认为环境污染现象是由下列哪些原因造成的?［多选题］*

□工业污染

□生活污染

□人口膨胀

□人们的环保意识差

□政府对环境问题的重视程度不够

21. 您认为政府当前对污染治理的监管力度如何?［单选题］*

○尽职尽责

○监管力度一般

○监管力度非常不够

○不知道

附二:2001—2019年黄河中下游地区五省(自治区)政府环境规制和企业社会责任综合发展指数

2001—2019年黄河中下游地区政府环境规制综合发展指数

年份	省(自治区)	环保系统机构数(个)	环保机构人员数(人)	排污费缴纳单位数(个)	每单位平均排污费缴纳额(万元)	环境处罚案件数(起)	环境治理投资占GDP比值(%)	政府环境规制综合发展指数
2001	山西	1.3341E-05	8.65733E-06	0.092181309	2.84711E-05	0.009869578	0.016924299	0.119025655
2002	山西	0.041416464	0.016498184	0.083832505	0.002544923	0.016407869	0.022347687	0.183047633
2003	山西	0.005928073	0.02288377	0.104330323	0.002807355	0.02205882	0.017360314	0.175368656
2004	山西	0.049959966	0.026168536	0.113612171	0.003105727	0.026168603	0.081523459	0.300538462
2005	山西	0.028929808	0.036311895	0.122962053	0.003390276	0.032917053	0.010533024	0.235044109
2006	山西	0.029587001	0.039386436	0.140223374	0.003373498	0.0643242	0.024803599	0.301698107
2007	山西	0.028929808	0.039255046	0.01469975	0.03448158	0.035345561	2.00699E-05	0.152731815
2008	山西	0.087419934	0.050357556	0.107304402	0.05440256	0.034831838	0.041748114	0.376064403
2009	山西	0.092020281	0.055179593	0.100646742	0.096486046	0.0384746	0.037604017	0.420411278
2010	山西	0.038787694	0.058924226	0.04924183	0.190953287	0.154412506	0.053411802	0.545731345
2011	山西	0.088734319	0.066860222	0.101949117	0.245677833	0.051737991	0.060700468	0.615659949
2012	山西	0.092020281	0.072904192	0.095330333	0.246337207	0.098603525	0.12065836	0.725853897
2013	山西	0.109764477	0.07039463	0.038706204	0.229071934	1.54397E-05	0.119086102	0.567038787
2014	山西	0.106478515	0.077910176	0.033516144	0.237691344	0.061685533	0.123472234	0.640753946
2015	山西	0.114364824	0.079421169	0.030260208	0.284739705	0.046367252	0.156382209	0.711535366
2016	山西	0.12422271	0.080064983	0.031718091	0.181691845	0.042490979	0.170092629	0.630281236
2017	山西	0.128823057	0.080354042	0.028938396	0.225925971	0.034294764	0.200719053	0.699055283
2018	山西	0.127508672	0.078028428	0.018363893	0.190334755	0.038544653	0.152345779	0.60512618
2019	山西	0.133423404	0.086581959	1.40209E-05	0.198939187	0.048048526	0.120278517	0.587285614
2001	内蒙古	6.45722E-06	1.0423E-05	0.071692189	0.001000494	8.21477E-06	0.00955419	0.082271968
2002	内蒙古	0.00547511	0.008286495	0.077349773	0.001139114	0.05427275	0.033545392	0.180068635

续表

年份	省(自治区)	环保系统机构数(个)	环保机构人员数(人)	排污费缴纳单位数(个)	每单位平均排污费缴纳额(万元)	环境处罚案件数(起)	环境治理投资占GDP比值(%)	政府环境规制综合发展指数
2003	内蒙古	0.064578629	0.016186382	0.087744603	0.000776319	0.015076135	0.016500794	0.200862861
2004	内蒙古	0.062685633	0.020808083	0.108241753	4.04234E-05	0.030995067	0.050067775	0.272838735
2005	内蒙古	0.045648676	0.024892379	0.109147822	0.000451109	0.016828218	2.16732E-05	0.196989877
2006	内蒙古	0.034501037	0.029863396	0.128096805	0.001450495	0.052570726	0.001669752	0.248152211
2007	内蒙古	0.03092538	0.03314158	0.073240354	0.006001778	0.017629171	0.006213501	0.167151764
2008	内蒙古	0.033239041	0.040047264	0.091097774	0.008642155	0.018780541	0.008006092	0.199812866
2009	内蒙古	0.023984397	0.043217966	0.099880229	0.017141033	0.057626739	0.029605553	0.271455916
2010	内蒙古	0.017884745	0.047678446	0.105951609	0.022743234	0.038754295	0.075608868	0.308621196
2011	内蒙古	0.02566706	0.054745351	0.11301467	0.039392432	0.025488518	0.047634241	0.305942272
2012	内蒙古	0.040811021	0.075569883	0.11301467	0.03941551	0.023586256	0.059843383	0.352240724
2013	内蒙古	0.038497361	0.07610729	0.038916727	0.125824717	0.022685184	0.041248213	0.343279492
2014	内蒙古	0.038707693	0.07833753	0.023663366	0.244953095	0.03174596	0.132960585	0.550368229
2015	内蒙古	0.043755681	0.081938159	0.017342281	0.256522702	0.049567154	0.114433735	0.563559712
2016	内蒙古	0.041862686	0.089999268	0.014010514	0.303112004	0.033297806	0.099777875	0.582060152
2017	内蒙古	0.044176347	0.096878081	0.010864241	0.342666987	0.025388399	0.17561245	0.695586503
2018	内蒙古	0.044597012	0.099430765	0.003116275	0.404274037	0.082155911	0.216754059	0.850328059
2019	内蒙古	0.047541671	0.10424056	1.28084E-05	0.377210447	0.046663701	0.131107072	0.706776259
2001	山东	0.052199587	7.37318E-06	0.10784725	0.019232608	0.006329561	0.080823472	0.266439852
2002	山东	0.001205883	0.013335097	0.092972313	2.23747E-05	1.44697E-05	0.020965578	0.128515715
2003	山东	0.002984734	0.019774554	0.132875049	0.01937247	0.008948014	0.048149756	0.232104576
2004	山东	1.99824E-05	0.022252769	0.127898761	0.014971263	0.014867037	0.024917128	0.20492694
2005	山东	0.004763582	0.024740741	0.165659999	0.016270969	0.030115672	0.001966025	0.243516988
2006	山东	0.045677137	0.032058305	0.171437422	0.017374628	0.035066528	1.83746E-05	0.301632394
2007	山东	0.026109785	0.024877335	0.092964609	0.032421588	0.031259869	0.012461837	0.220095024
2008	山东	0.064058588	0.034907277	0.170566957	0.027967583	0.144711475	0.031504805	0.473716685
2009	山东	0.056350237	0.036292736	0.174272211	0.03947748	0.126382307	0.028298057	0.461073028

续表

年份	省(自治区)	环保系统机构数(个)	环保机构人员数(人)	排污费缴纳单位数(个)	每单位平均排污费缴纳额(万元)	环境处罚案件数(起)	环境治理投资占GDP比值(%)	政府环境规制综合发展指数
2010	山东	0.031446335	0.041102814	0.134962625	0.060883321	0.097139254	0.036090061	0.401624409
2011	山东	0.078882338	0.045971434	0.124108771	0.071704003	0.079536212	0.074215958	0.474418716
2012	山东	0.145885695	0.046508055	0.124170397	0.070368767	0.07958022	0.123542812	0.590055946
2013	山东	0.199844148	0.050313189	0.024559919	0.146230738	0.065849846	0.072470083	0.559267924
2014	山东	0.166045995	0.050986405	0.036630883	0.161781674	0.091044201	0.098410147	0.604899305
2015	山东	0.172568446	0.053367052	0.018690058	0.173853528	0.110363538	0.083629292	0.612471914
2016	山东	0.075917589	0.05688924	0.012797085	0.194500038	0.062747311	0.161677788	0.56452905
2017	山东	0.092520189	0.059455266	0.006010539	0.223768967	0.086621437	0.173993735	0.642370133
2018	山东	0.091927239	0.058850347	0.001843091	0.212129802	0.129594863	0.183764047	0.678109389
2019	山东	0.09904264	0.073739151	1.74255E－05	0.202096199	0.140596764	0.131836408	0.647328588
2001	河南	0.03734616	9.16164E－06	0.055170544	0.006821014	0.043320709	0.086137889	0.228805476
2002	河南	2.57511E－05	0.005568435	0.088069482	0.000899694	0.060236333	0.017461533	0.172261228
2003	河南	0.001891772	0.012716071	0.110413044	0.003613464	0.067225996	0.028135548	0.223995895
2004	河南	0.030815088	0.015861654	0.13338651	0.001005097	0.056980873	0.024761372	0.262810595
2005	河南	0.020551974	0.027800336	0.164053792	0.002742605	0.048523061	0.028806283	0.292478051
2006	河南	0.052274322	0.035274988	0.180314289	2.74853E－05	0.103291384	0.026440336	0.397622804
2007	河南	0.073733555	0.046876272	0.069487341	0.029233364	0.101567905	9.24421E－06	0.320907681
2008	河南	0.014953913	0.046834747	0.180197308	0.022888677	0.06231089	0.018100491	0.345286025
2009	河南	0.048542282	0.056110582	0.147568327	0.055214658	0.057906445	0.033402302	0.398744596
2010	河南	0.019618966	0.054901142	0.108550331	0.098291681	0.053789246	0.038375351	0.373526716
2011	河南	0.001891772	0.056650419	0.055845439	0.148374354	0.091322781	0.063084453	0.417169219
2012	河南	0.044810239	0.061311695	0.053298832	0.146746518	0.049352884	0.040930152	0.396450321
2013	河南	0.031748099	0.063367224	0.020867821	0.193892064	1.03281E－05	0.041819171	0.351704707
2014	河南	0.169833606	0.065116501	0.011329289	0.258520257	0.076928543	0.035007319	0.616735514
2015	河南	0.257536563	0.068739631	0.010159469	0.264711768	0.012649172	0.035622667	0.64941927
2016	河南	0.159570494	0.065329321	0.023234458	0.274880836	0.010542698	0.03793526	0.571493067

续表

年份	省(自治区)	环保系统机构数(个)	环保机构人员数(人)	排污费缴纳单位数(个)	每单位平均排污费缴纳额(万元)	环境处罚案件数(起)	环境治理投资占GDP比值(%)	政府环境规制综合发展指数
2017	河南	0.161436513	0.064623381	0.02543012	0.242793115	0.007382987	0.092451363	0.59411748
2018	河南	0.171699627	0.066414183	0.013623935	0.219836126	0.035150144	0.080209252	0.586933268
2019	河南	0.181962738	0.091625564	1.80296E－05	0.237200437	0.057172371	0.058068496	0.626047636
2001	陕西	6.5644E－06	5.97503E－06	0.150285722	0.004593712	9.99043E－06	1.26373E－05	0.154914601
2002	陕西	0.056342876	0.016699525	0.221057438	0.021551562	0.073476021	0.032815968	0.421943389
2003	陕西	0.032338708	0.019235054	0.193441083	0.000537243	0.040055243	0.029768803	0.315376134
2004	陕西	0.037727399	0.021896573	0.222433554	4.07926E－05	0.036593806	0.040130014	0.358822139
2005	陕西	0.02303097	0.031408747	0.22634822	0.000432724	0.058317311	0.069497961	0.409035933
2006	陕西	0.03821728	0.049236198	0.240425638	0.000637923	0.087083051	0.04015517	0.45575526
2007	陕西	0.027929779	0.040637445	0.141687132	0.020369807	0.02996933	0.021996741	0.282590235
2008	陕西	0.027439899	0.041031161	0.123404439	0.021172647	0.025553013	0.011431773	0.250032931
2009	陕西	0.020581565	0.042716264	0.098523222	0.037188363	0.02979029	0.045937688	0.274737392
2010	陕西	0.036747637	0.043629685	0.118139295	0.036106599	0.047037798	0.032781008	0.314442022
2011	陕西	0.034298232	0.043550942	0.086881789	0.064092922	0.040293963	0.061572726	0.330690575
2012	陕西	0.041156565	0.044732089	0.086864694	0.060968341	0.032117808	0.038777068	0.304616566
2013	陕西	0.045075613	0.047566843	0.016041696	0.186952186	0.032595248	0.095772559	0.424004145
2014	陕西	0.046545256	0.047566843	0.013486051	0.224857255	0.027283732	0.115629837	0.475368975
2015	陕西	0.048994661	0.051000045	0.013793753	0.243214611	0.032833968	0.066974007	0.456811046
2016	陕西	0.050464304	0.049141706	0.011409056	0.271890399	0.022986775	0.092588377	0.498480617
2017	陕西	0.065650614	0.049881892	0.010383378	0.308599803	0.051155716	0.126386059	0.612057461
2018	陕西	0.065650614	0.050527586	0.005357561	0.364875477	0.08815729	0.112055374	0.686623902
2019	陕西	0.064670852	0.059756284	2.40402E－05	0.407967162	0.099914243	0.083941373	0.716273955

资料来源：中国经济社会大数据研究平台、2002－2020年《中国环境年鉴》《中国环境统计年鉴》《黄河年鉴》、各省(自治区)统计年鉴与中国知网。

2001—2019年黄河中下游各省(自治区)企业环境责任综合发展指数

年份	省(自治区)	每亿元工业GDP废水排放量(万吨)	每亿元工业GDP废气排放量(亿 m^3)	工业固体废物综合利用率(%)	工业废水处理设施数(套)	工业废气处理设施数(套)	本年工业污染施工治理项目数(个)	工业污染治理投资(亿元)	实际执行三同时项目数(个)	三同时项目环保投资额(亿元)	企业环境责任综合发展指数
2001	山西	4.58656E-06	4.07756E-06	0.00438116	4.49621E-06	1.19818E-05	0.000841952	1.6458E-05	1.41951E-05	1.90163E-05	0.005297924
2002	山西	0.002911768	0.007466767	1.07076E-05	0.013090202	0.008974551	0.056420423	0.00219427	0.005768958	0.001904156	0.098741802
2003	山西	0.020023143	0.018183818	0.00438116	0.014730371	0.008313538	0.052420979	0.004683199	0.018206673	0.004731867	0.145674748
2004	山西	0.033275463	0.024574475	0.00438116	0.021932858	0.023662669	0.144821911	0.022105696	0.009605468	0.020755556	0.305115255
2005	山西	0.037682685	0.02896346	0.028418645	0.021291052	0.020260391	0.017115549	0.011527751	0.008429763	0.009209074	0.182898371
2006	山西	0.039923391	0.031623273	0.032789098	0.020595763	0.029242403	0.034768264	0.016816724	0.006511509	0.018163489	0.230433913
2007	山西	0.042815603	0.035111976	0.041530001	0.021718923	0.024527819	0.032699587	0.011527751	0.034109621	0.018163489	0.26220477
2008	山西	0.0444309	0.037222542	0.050270906	0.020435311	0.025927613	0.067315457	0.046683862	0.034852171	0.035365391	0.362504154
2009	山西	0.0434859	0.036305546	0.052456132	0.041400964	0.026433094	0.072969843	0.053217298	0.05075512	0.020048629	0.397072525
2010	山西	0.043101118	0.038825919	0.052456132	0.044966552	0.039196494	0.078900052	0.051039485	0.032253246	0.060814779	0.441553776
2011	山西	0.045560509	0.040516619	0.061197035	0.026068939	0.031857295	0.033251234	0.133796347	0.041411364	0.037721815	0.451381159
2012	山西	0.045644432	0.040588621	0.078678844	0.027798249	0.044717903	0.124273048	0.156196701	0.057376192	0.100638362	0.675912352
2013	山西	0.045648253	0.040360443	0.087419747	0.023359093	0.04456237	0.070211606	0.112018226	0.057623709	0.124202612	0.605406058
2014	山西	0.04342065	0.039966455	0.098345878	0.024874467	0.047643862	0.059730307	0.025527972	0.066286793	0.182406307	0.588202691
2015	山西	0.043439301	0.03820848	0.078678844	0.038566323	0.067474277	0.039595178	0.078417696	0.095988798	0.12985803	0.610226926
2016	山西	0.041155128	0.037895822	0.107086781	0.04152576	0.078643466	0.010633692	0.0921068	0.081694707	0.125145182	0.615887339
2017	山西	0.043967581	0.040081038	0.096160651	0.032076954	0.094653611	0.011323252	0.164596834	0.09803081	0.174865747	0.755756478
2018	山西	0.044227974	0.040475555	0.096160651	0.032290889	0.117934907	0.005393043	0.088373408	0.121483018	0.190182509	0.736521954
2019	山西	0.045870215	0.040779711	0.074308391	0.028172636	0.119830461	1.44807E-05	0.078417696	0.141965025	0.168267756	0.697626372
2001	内蒙古	2.90199E-06	3.56768E-06	0.003666878	9.06816E-06	0.004522421	0.010922148	1.75019E-05	0.006759338	0.001148656	0.027052481
2002	内蒙古	0.005515301	0.004731714	6.95385E-06	0.000881007	0.009625721	0.010518342	0.000937445	0.00910822	0.004538555	0.045863258
2003	内蒙古	0.008710068	0.007229015	0.005496839	0.012216211	0.006532812	0.033939054	0.001627403	0.013715643	0.002052629	0.091519674
2004	内蒙古	0.014566886	0.013525227	0.005496839	0.021558412	0.003881748	0.158109205	0.00967691	0.01525145	0.005668522	0.247735199
2005	内蒙古	0.019996346	0.020113828	0.018306572	0.002500322	1.56126E-05	0.010114538	0.003007319	6.30133E-06	1.86896E-05	0.074079528
2006	内蒙古	0.021839766	0.02422273	0.014646649	0.008853019	0.008896678	0.001432722	0.001627403	0.019633019	0.002052629	0.103204614
2007	内蒙古	0.023945652	0.027253445	0.023796457	0.011593398	0.00560494	1.94028E-05	0.003237305	0.042692719	0.004199564	0.142342883
2008	内蒙古	0.025854404	0.029341255	0.021966495	0.020561911	0.009537352	0.002442235	0.006687093	0.003190843	0.004877544	0.124459132
2009	内蒙古	0.026060257	0.030456219	0.038436152	0.031523427	0.011459374	0.00425936	0.002777334	0.05050727	0.019906097	0.215385489
2010	内蒙古	0.026363076	0.031721599	0.045756	0.035384871	0.022196184	0.023238211	0.081432514	0.050958978	0.014369262	0.331420694

续表

年份	省(自治区)	每亿元工业GDP废水排放量(万吨)	每亿元工业GDP废气排放量(亿 m^3)	工业固体废物综合利用率(%)	工业废水处理设施数(套)	工业废气处理设施数(套)	本年工业污染施工治理项目数(个)	工业污染治理投资(亿元)	实际执行三同时项目数(个)	三同时项目环保投资额(亿元)	企业环境责任综合发展指数
2011	内蒙古	0.028050571	0.032843237	0.067715541	0.040242815	0.021268311	0.194047884	0.035205346	0.024534053	0.025442931	0.469350689
2012	内蒙古	0.027847571	0.033601468	0.053075846	0.042858632	0.031010973	0.02465153	0.047164613	0.031829139	0.035386634	0.327426405
2013	内蒙古	0.028346862	0.034002059	0.060395694	0.049460454	0.043161684	0.035554276	0.03773519	0.032642214	0.027589866	0.348888298
2014	内蒙古	0.026625306	0.034258339	0.065885579	0.057806154	0.048176615	0.01859445	0.061193754	0.033681142	0.104879559	0.451100898
2015	内蒙古	0.026843058	0.034401251	0.069545503	0.065778166	0.083988075	0.033333346	0.068093331	0.043889746	0.087365081	0.513237556
2016	内蒙古	0.028179307	0.034682238	0.045756	0.075992306	0.097155027	0.009306927	0.040495022	0.045922433	0.092901917	0.470391176
2017	内蒙古	0.028033929	0.035014832	0.054905808	0.079230935	0.101352546	0.017584937	0.140998863	0.054301619	0.135162655	0.646586125
2018	内蒙古	0.028187419	0.035406404	0.067715541	0.090690703	0.134932693	0.028285779	0.175036779	0.062093584	0.18691511	0.809264011
2019	内蒙古	0.029022833	0.035680396	0.047585961	0.084462568	0.156141208	0.032323833	0.097761513	0.063019585	0.133919691	0.67991759
2001	山东	0.039265836	5.36771E−06	5.11138E−06	6.35423E−06	1.22264E−05	0.021563377	0.007603393	1.82809E−05	0.004824513	0.07330446
2002	山东	3.92619E−06	0.006700798	0.011546932	0.015821418	0.018266958	0.033350557	1.40799E−05	0.001407547	0.000243139	0.087355356
2003	山东	0.00795664	0.01402224	0.013195764	0.018303688	0.02281278	0.096748752	0.00647066	0.008610587	0.006242558	0.19436367
2004	山东	0.014999189	0.025784932	0.016493428	0.018341298	0.025831419	0.092707432	0.009075947	0.006073667	0.005806236	0.215113547
2005	山东	0.018565982	0.032626747	0.028035249	0.016667646	0.021758935	0.045642903	0.0122476	0.008882399	2.49794E−05	0.184452441
2006	山东	0.023625787	0.038056498	0.032981743	0.020071364	0.019651246	0.055746201	0.018364361	0.016704569	0.000570382	0.225772152
2007	山东	0.025116703	0.042281571	0.036279407	0.019620042	0.017391731	0.043285467	0.020290008	0.025885803	0.015623465	0.245774196
2008	山东	0.026106484	0.045821831	0.03957707	0.020052559	0.018901051	0.028298908	0.026066947	0.029328766	0.037112293	0.27126591
2009	山东	0.025703173	0.046748082	0.046172396	0.023399862	0.020151375	0.063071092	0.048948162	0.029479774	0.016823351	0.320497267
2010	山东	0.026600757	0.048453536	0.044523564	0.063548686	0.023875555	0.062565927	0.048041976	0.048098953	0.034494365	0.400203319
2011	山东	0.026152128	0.050200518	0.04947006	0.03092189	0.025322359	0.065512722	0.056650748	0.099698091	0.079871783	0.483800299
2012	山东	0.026201318	0.051107703	0.044523564	0.030451763	0.031547186	0.052546823	0.07602049	0.102733335	0.128412529	0.543544712
2013	山东	0.026546488	0.051849638	0.051118891	0.034852149	0.033994249	0.020300464	0.038866834	0.0998944	0.115213808	0.472636923
2014	山东	0.025116351	0.052296768	0.046172396	0.040832162	0.03541426	9.67391E−06	0.032183709	0.08212086	0.160700306	0.474846486
2015	山东	0.027350713	0.052875079	0.044523564	0.046511293	0.065975754	0.042359332	0.051100356	0.136785443	0.133539305	0.60102084
2016	山东	0.027938039	0.053165607	0.042874733	0.044123049	0.071396802	0.006071653	0.056424202	0.182827518	0.239238145	0.724059747
2017	山东	0.028572002	0.053587216	0.044523564	0.041716	0.076049794	0.009692001	0.075907216	0.155465025	0.249818937	0.735331754
2018	山东	0.028702308	0.053623713	0.047821228	0.045345378	0.094634968	0.021563377	0.140812839	0.14095324	0.202587154	0.776044204
2019	山东	0.028349269	0.053682478	0.041225901	0.050798849	0.122276062	0.033771528	0.08757437	0.11831727	0.182516374	0.718512101
2001	河南	0.058032803	5.2921E−06	0.018085797	3.2005E−06	6.39641E−06	0.05460202	0.026993502	1.63866E−05	0.002996959	0.160742355

续表

年份	省(自治区)	每亿元工业GDP废水排放量(万吨)	每亿元工业GDP废气排放量(亿 m^3)	工业固体废物综合利用率(%)	工业废水处理设施数(套)	工业废气处理设施数(套)	本年工业污染施工治理项目数(个)	工业污染治理投资(亿元)	实际执行三同时项目数(个)	三同时项目环保投资额(亿元)	企业环境责任综合发展指数
2002	河南	5.8027E-06	0.007114396	5.25979E-06	0.017786888	0.008857947	0.031937897	1.98336E-05	0.000126388	1.79168E-05	0.065872328
2003	河南	0.005488361	0.013781097	0.008223686	0.022508471	0.01119662	0.199134815	0.001209848	0.003353113	0.005763212	0.270659222
2004	河南	0.009772953	0.023009408	0.016442112	0.028671974	0.019125745	0.05554309	0.010333295	0.00228976	0.005124845	0.170313182
2005	河南	0.02076346	0.03139479	0.031235278	0.029293979	0.026020637	0.026291472	0.001209848	0.014316639	0.020445632	0.200971737
2006	河南	0.026838512	0.036678135	0.029591593	0.025109582	0.02655173	0.033192658	0.007159922	0.019926737	0.024063041	0.22911191
2007	河南	0.033768665	0.04163917	0.039453704	0.023045657	0.024287597	0.047779256	0.015886697	0.032283622	0.007039944	0.265184311
2008	河南	0.038101267	0.045126526	0.039453704	0.032008183	0.031229076	0.032957391	0.034530262	0.044970512	0.024914195	0.323291115
2009	河南	0.037912451	0.04574711	0.037810019	0.021010004	0.031499281	0.045740269	0.060313915	0.070820968	0.031723433	0.382577451
2010	河南	0.040072066	0.047841145	0.04109739	0.018946079	0.025051625	0.047073453	0.076180779	0.064074182	0.043639599	0.403976318
2011	河南	0.04209921	0.04945417	0.036166334	0.023215295	0.024250327	0.035153223	0.112277893	0.083691195	0.078324158	0.484631804
2012	河南	0.04325273	0.050052281	0.04767213	0.018069617	0.021147626	0.028252037	0.075784107	0.08552456	0.070025398	0.439780487
2013	河南	0.043100529	0.050483279	0.04767213	0.018041344	0.025946097	0.018135525	0.039290321	0.127948641	0.096836775	0.467454642
2014	河南	0.042887767	0.051023389	0.052603186	0.015072684	0.029104703	0.004411576	0.027786845	0.124868587	0.098326296	0.446085034
2015	河南	0.044844729	0.051374437	0.04767213	0.020557637	0.037164273	0.018449214	0.063090616	0.148775674	0.085771763	0.517700473
2016	河南	0.045707893	0.051795574	0.049315816	0.029350525	0.039400454	0.001588363	0.036910291	0.14298224	0.111306406	0.508357562
2017	河南	0.047384794	0.052407905	0.050959501	0.020755547	0.042568377	1.99115E-05	0.152738396	0.158602515	0.179186001	0.704622948
2018	河南	0.04807078	0.052668696	0.050959501	0.025901225	0.053861092	0.006921097	0.198355628	0.129562002	0.136841051	0.703141072
2019	河南	0.048323795	0.052926282	0.052603186	0.02575986	0.063970494	0.010842227	0.109104521	0.163882608	0.142373557	0.66978653
2001	陕西	0.035532674	4.66422E-06	0.003166216	1.26975E-05	4.20307E-06	0.030279183	1.82795E-05	0.000173644	1.84788E-05	0.06921004
2002	陕西	3.55291E-06	0.006910534	0.006316368	0.010907428	0.013286987	0.039138594	0.005421086	1.25343E-05	0.002347744	0.084344829
2003	陕西	0.009503629	0.014981706	1.60658E-05	0.013923885	0.015490293	0.054088853	0.009473192	0.005168038	0.001571322	0.124216983
2004	陕西	0.015734443	0.022304537	1.60658E-05	0.017614609	0.020694291	0.095248205	0.014425763	0.011129088	0.004677009	0.201844011
2005	陕西	0.020748112	0.027103927	0.01891697	0.010907428	0.014462083	0.057595703	0.006771787	0.027401144	0.026028609	0.209935764
2006	陕西	0.023639084	0.03203807	0.031517572	0.017792047	0.01922542	0.06885454	0.009473192	0.028904832	0.022146501	0.253591259
2007	陕西	0.025190111	0.035832344	0.025217272	0.01867924	0.020904129	0.050028289	0.019378337	0.02546783	0.013994071	0.234691623
2008	陕西	0.026865807	0.038976556	0.025217272	0.016762903	0.025898288	0.033601462	0.018928104	0.06391929	0.017876181	0.268045863
2009	陕西	0.025957564	0.039715494	0.031517572	0.017685584	0.020904129	0.047259722	0.051795176	0.027025221	0.017099758	0.27896022
2010	陕西	0.028927468	0.042058055	0.075619681	0.026522027	0.021596597	0.03507803	0.027932781	0.097107841	0.045050944	0.399893425
2011	陕西	0.029527442	0.043951548	0.088220284	0.039510535	0.020043791	0.033786033	0.038288161	0.080030237	0.092412675	0.465770704

续表

年份	省(自治区)	每亿元工业GDP废水排放量(万吨)	每亿元工业GDP废气排放量(亿 m^3)	工业固体废物综合利用率(%)	工业废水处理设施数(套)	工业废气处理设施数(套)	本年工业污染施工治理项目数(个)	工业污染治理投资(亿元)	实际执行三同时项目数(个)	三同时项目环保投资额(亿元)	企业环境责任综合发展指数
2012	陕西	0.030724371	0.044942614	0.081919982	0.054344404	0.024995982	0.021788912	0.042790499	0.065691494	0.080766348	0.447964605
2013	陕西	0.031244981	0.045442613	0.126022091	0.017011317	0.024974998	0.022342625	0.087363653	0.042867652	0.142103671	0.539373603
2014	陕西	0.032049358	0.04575209	0.126022091	0.126987775	0.023883838	0.00960722	0.146344293	0.033469601	0.138609773	0.682726039
2015	陕西	0.032240313	0.045392876	0.144922994	0.036387615	0.042034878	0.025295763	0.101320904	0.049580547	0.084648456	0.561824346
2016	陕西	0.032667737	0.045474466	0.148073145	0.03397445	0.03895025	0.013114071	0.116628855	0.058602677	0.114152486	0.601638137
2017	陕西	0.033580192	0.046083151	0.157523597	0.021198869	0.020778226	9.52387E-06	0.182813238	0.125355701	0.147538625	0.734881121
2018	陕西	0.033807849	0.046493944	0.154373446	0.022866792	0.03019998	0.009976362	0.144993591	0.105324424	0.184806871	0.732843259
2019	陕西	0.033799632	0.046646911	0.160673748	0.03039019	0.036369235	0.008684365	0.120680961	0.096517106	0.161902428	0.695664575

资料来源：中国经济社会大数据研究平台、2002—2020年《中国环境年鉴》《中国环境统计年鉴》《黄河年鉴》、各省（自治区）统计年鉴与中国知网。

附三:2001—2019年黄河中下游各省(自治区)政府环境规制与企业社会责任的耦合度及耦合协调度

年份	省(自治区)	政府环境规制综合发展指数	企业环境责任综合发展指数	耦合度	耦合协调度
2001	山西	0.119025655	0.005297924	0.403970493	0.158466176
2002	山西	0.183047633	0.098741802	0.954196618	0.366662328
2003	山西	0.175368656	0.145674748	0.995713439	0.399791966
2004	山西	0.300538462	0.305115255	0.999971447	0.550289208
2005	山西	0.235044109	0.182898371	0.992185976	0.455344192
2006	山西	0.301698107	0.230433913	0.990991873	0.513487345
2007	山西	0.152731815	0.26220477	0.964569039	0.447344936
2008	山西	0.376064403	0.362504154	0.999831438	0.60763643
2009	山西	0.420411278	0.397072525	0.99959238	0.639198944
2010	山西	0.545731345	0.441553776	0.994417262	0.700633059
2011	山西	0.615659949	0.451381159	0.988077499	0.726057611
2012	山西	0.725853897	0.675912352	0.999365136	0.836921836
2013	山西	0.567038787	0.605406058	0.999464421	0.765446572
2014	山西	0.640753946	0.588202691	0.999085336	0.783528096
2015	山西	0.711535366	0.610226926	0.997058331	0.811749378
2016	山西	0.630281236	0.615887339	0.999933291	0.789330553
2017	山西	0.699055283	0.755756478	0.999240189	0.852556854
2018	山西	0.60512618	0.736521954	0.995192706	0.81706745
2019	山西	0.587285614	0.697626372	0.99630599	0.80005172
2001	内蒙古	0.082271968	0.027052481	0.863062391	0.217202464

续表

年份	省(自治区)	政府环境规制综合发展指数	企业环境责任综合发展指数	耦合度	耦合协调度
2002	内蒙古	0.180068635	0.045863258	0.80445905	0.301457257
2003	内蒙古	0.200862861	0.091519674	0.927439574	0.368216739
2004	内蒙古	0.272838735	0.247735199	0.998836604	0.509886409
2005	内蒙古	0.196989877	0.074079528	0.891293114	0.347564594
2006	内蒙古	0.248152211	0.103204614	0.910940966	0.400040826
2007	内蒙古	0.167151764	0.142342883	0.996782064	0.392745918
2008	内蒙古	0.199812866	0.124459132	0.972625512	0.397111582
2009	内蒙古	0.271455916	0.215385489	0.993345581	0.491732528
2010	内蒙古	0.308621196	0.331420694	0.999365339	0.565524394
2011	内蒙古	0.305942272	0.469350689	0.977535703	0.615579625
2012	内蒙古	0.352240724	0.327426405	0.999333305	0.582758097
2013	内蒙古	0.343279492	0.348888298	0.999967168	0.588279298
2014	内蒙古	0.550368229	0.451100898	0.995075317	0.705881438
2015	内蒙古	0.563559712	0.513237556	0.998907408	0.733355565
2016	内蒙古	0.582060152	0.470391176	0.99435507	0.723363779
2017	内蒙古	0.695586503	0.646586125	0.999333351	0.818925476
2018	内蒙古	0.850328059	0.809264011	0.999693834	0.910791952
2019	内蒙古	0.706776259	0.67991759	0.999812406	0.832596455
2001	山东	0.266439852	0.07330446	0.822702074	0.373837097
2002	山东	0.128515715	0.087355356	0.981653991	0.325507833
2003	山东	0.232104576	0.19436367	0.996076496	0.460866031
2004	山东	0.20492694	0.215113547	0.999705889	0.458212259
2005	山东	0.243516988	0.184452441	0.990430677	0.460366187
2006	山东	0.301632394	0.225772152	0.989601406	0.510842578
2007	山东	0.220095024	0.245774196	0.998479683	0.48226598
2008	山东	0.473716685	0.27126591	0.962367215	0.598726492

续表

年份	省(自治区)	政府环境规制综合发展指数	企业环境责任综合发展指数	耦合度	耦合协调度
2009	山东	0.461073028	0.320497267	0.983691627	0.62000974
2010	山东	0.401624409	0.400203319	0.999998429	0.633177096
2011	山东	0.474418716	0.483800299	0.99995207	0.692160779
2012	山东	0.590055946	0.543544712	0.99915793	0.752544379
2013	山东	0.559267924	0.472636923	0.996469757	0.717029278
2014	山东	0.604899305	0.474846486	0.992719683	0.732080904
2015	山东	0.612471914	0.60102084	0.999955476	0.778921923
2016	山东	0.56452905	0.724059747	0.992306861	0.799585988
2017	山东	0.642370133	0.735331754	0.997720907	0.829024118
2018	山东	0.678109389	0.776044204	0.997729524	0.851719429
2019	山东	0.647328588	0.718512101	0.998640986	0.825828218
2001	河南	0.228805476	0.160742355	0.984617557	0.437924442
2002	河南	0.172261228	0.065872328	0.894653106	0.326379323
2003	河南	0.223995895	0.270659222	0.995540503	0.49621024
2004	河南	0.262810595	0.170313182	0.976930203	0.459962879
2005	河南	0.292478051	0.200971737	0.982655212	0.492387554
2006	河南	0.397622804	0.22911191	0.96317615	0.549388719
2007	河南	0.320907681	0.265184311	0.995470002	0.54010971
2008	河南	0.345286025	0.323291115	0.999458711	0.578020435
2009	河南	0.398744596	0.382577451	0.999785897	0.624961904
2010	河南	0.373526716	0.403976318	0.999232823	0.623260199
2011	河南	0.417169219	0.484631804	0.997197901	0.670549807
2012	河南	0.396450321	0.439780487	0.998656647	0.646183974
2013	河南	0.351704707	0.467454642	0.989966349	0.636765337
2014	河南	0.616735514	0.446085034	0.987025468	0.724234406
2015	河南	0.64941927	0.517700473	0.993611127	0.761466731

续表

年份	省(自治区)	政府环境规制综合发展指数	企业环境责任综合发展指数	耦合度	耦合协调度
2016	河南	0.571493067	0.508357562	0.998289348	0.734167345
2017	河南	0.59411748	0.704622948	0.996373556	0.804372618
2018	河南	0.586933268	0.703141072	0.995934679	0.801507883
2019	河南	0.626047636	0.66978653	0.999430189	0.804703606
2001	陕西	0.154914601	0.06921004	0.923998179	0.32178468
2002	陕西	0.421943389	0.084344829	0.745226859	0.434338335
2003	陕西	0.315376134	0.124216983	0.900500613	0.444889802
2004	陕西	0.358822139	0.201844011	0.960004366	0.518768712
2005	陕西	0.409035933	0.209935764	0.946854288	0.541329847
2006	陕西	0.45575526	0.253591259	0.958527414	0.583064355
2007	陕西	0.282590235	0.234691623	0.995703693	0.507473869
2008	陕西	0.250032931	0.268045863	0.999395386	0.508805246
2009	陕西	0.274737392	0.27896022	0.999970917	0.526156588
2010	陕西	0.314442022	0.399893425	0.992819312	0.595485527
2011	陕西	0.330690575	0.465770704	0.985512919	0.626467429
2012	陕西	0.304616566	0.447964605	0.98169201	0.607784058
2013	陕西	0.424004145	0.539373603	0.992803455	0.691536245
2014	陕西	0.475368975	0.682726039	0.983839952	0.75477816
2015	陕西	0.456811046	0.561824346	0.994671811	0.711761164
2016	陕西	0.498480617	0.601638137	0.995593939	0.740024177
2017	陕西	0.612057461	0.734881121	0.995833762	0.818940448
2018	陕西	0.686623902	0.732843259	0.999469748	0.842233485
2019	陕西	0.716273955	0.695664575	0.999893465	0.840175014

附四:2001—2019年黄河中下游各省(自治区)人均GDP与第二产业比重统计表

年份	省(自治区)	人均GDP(元/人)	第二产业占GDP比重	耦合协调度
2001	山西	6226	47.11%	0.158466176
2002	山西	7082	48.79%	0.366662328
2003	山西	8639	53.28%	0.399791966
2004	山西	10515	55.25%	0.550289208
2005	山西	12195	58.57%	0.455344192
2006	山西	14008	59.39%	0.513487345
2007	山西	17542	60.69%	0.447344936
2008	山西	21234	60.76%	0.60763643
2009	山西	20906	57.24%	0.639198944
2010	山西	25434	60.08%	0.700633059
2011	山西	30534	61.96%	0.726057611
2012	山西	32864	58.65%	0.836921836
2013	山西	33848	55.76%	0.765446572
2014	山西	34248	52.73%	0.783528096
2015	山西	33593	44.10%	0.811749378
2016	山西	33972	42.80%	0.789330553
2017	山西	41242	45.81%	0.852556854
2018	山西	45517	44.33%	0.81706745
2019	山西	48469	44.02%	0.80005172
2001	陕西	5511	43.71%	0.217202464
2002	陕西	6161	44.71%	0.301457257

续表

年份	省(自治区)	人均 GDP (元/人)	第二产业占 GDP 比重	耦合协调度
2003	陕西	7057	47.19%	0.368216739
2004	陕西	8545	47.94%	0.509886409
2005	陕西	10357	47.36%	0.347564594
2006	陕西	12439	49.42%	0.400040826
2007	陕西	15342	50.44%	0.392745918
2008	陕西	19331	51.08%	0.397111582
2009	陕西	21485	50.23%	0.491732528
2010	陕西	26388	51.51%	0.565524394
2011	陕西	32467	53.26%	0.615579625
2012	陕西	37453	53.83%	0.582758097
2013	陕西	41906	52.93%	0.588279298
2014	陕西	45610	51.98%	0.705881438
2015	陕西	46654	48.41%	0.733355565
2016	陕西	49341	46.76%	0.723363779
2017	陕西	55216	47.10%	0.818925476
2018	陕西	61115	46.84%	0.910791952
2019	陕西	65506	45.67%	0.832596455
2001	河南	5959	45.14%	0.373837097
2002	河南	6487	47.74%	0.325507833
2003	河南	7376	48.23%	0.460866031
2004	河南	9047	48.52%	0.458212259
2005	河南	10978	50.79%	0.460366187
2006	河南	12761	52.73%	0.510842578
2007	河南	15811	53.32%	0.48226598
2008	河南	18879	54.77%	0.598726492
2009	河南	20280	53.83%	0.62000974
2010	河南	23984	53.73%	0.633177096

续表

年份	省(自治区)	人均 GDP（元/人）	第二产业占 GDP 比重	耦合协调度
2011	河南	28009	53.28%	0.692160779
2012	河南	30820	51.94%	0.752544379
2013	河南	33618	50.57%	0.717029278
2014	河南	36686	49.57%	0.732080904
2015	河南	39209	48.40%	0.778921923
2016	河南	42341	47.17%	0.799585988
2017	河南	46959	46.72%	0.829024118
2018	河南	52114	44.13%	0.851719429
2019	河南	56388	42.88%	0.825828218
2001	山东	10063	49.21%	0.437924442
2002	山东	11120	49.99%	0.326379323
2003	山东	11977	52.46%	0.49621024
2004	山东	14540	55.06%	0.459962879
2005	山东	17308	55.44%	0.492387554
2006	山东	20443	55.72%	0.549388719
2007	山东	24329	55.15%	0.54010971
2008	山东	28861	55.01%	0.578020435
2009	山东	31282	53.89%	0.624961904
2010	山东	35599	52.28%	0.623260199
2011	山东	40581	51.01%	0.670549807
2012	山东	44348	49.53%	0.646183974
2013	山东	48673	47.77%	0.636765337
2014	山东	51933	46.46%	0.724234406
2015	山东	56205	44.88%	0.761466731
2016	山东	59239	43.51%	0.734167345
2017	山东	62993	42.73%	0.804372618
2018	山东	66284	41.30%	0.801507883

续表

年份	省(自治区)	人均 GDP (元/人)	第二产业占 GDP 比重	耦合协 调度
2019	山东	69901	39.94%	0.804703606
2001	内蒙古	7210	38.26%	0.32178468
2002	内蒙古	8146	38.89%	0.434338335
2003	内蒙古	10015	35.21%	0.444889802
2004	内蒙古	12315	35.39%	0.518768712
2005	内蒙古	14695	39.10%	0.541329847
2006	内蒙古	17275	41.39%	0.583064355
2007	内蒙古	21334	41.08%	0.507473869
2008	内蒙古	25620	40.93%	0.508805246
2009	内蒙古	28982	41.05%	0.526156588
2010	内蒙古	33262	41.71%	0.595485527
2011	内蒙古	38276	42.76%	0.626467429
2012	内蒙古	42441	43.49%	0.607784058
2013	内蒙古	46320	42.75%	0.691536245
2014	内蒙古	49585	42.07%	0.75477816
2015	内蒙古	52972	40.69%	0.711761164
2016	内蒙古	56560	40.46%	0.740024177
2017	内蒙古	61196	39.43%	0.818940448
2018	内蒙古	66491	39.25%	0.842233485
2019	内蒙古	71170	39.29%	0.840175014

资料来源:中国经济社会大数据研究平台、2002—2020 年《中国统计年鉴》与中国知网。

附五:2001－2019年黄河中下游各省(自治区)公众文明程度与社会组织环保行为数据表

年份	省(自治区)	每万人大学生数(人)	环境信访数(封)	耦合协调度
2001	山西	51	5162	0.336509903
2002	山西	64	4075	0.415601108
2003	山西	83	4321	0.438134356
2004	山西	104	16838	0.563405922
2005	山西	122	29737	0.491040251
2006	山西	133	7622	0.537797889
2007	山西	143	348	0.47640513
2008	山西	155	6206	0.62070244
2009	山西	160	5547	0.64035438
2010	山西	158	7725	0.655760901
2011	山西	167	3272	0.712462406
2012	山西	180	1850	0.811201576
2013	山西	192	1532	0.739839573
2014	山西	203	1608	0.717882631
2015	山西	211	1500	0.740248704
2016	山西	216	1858	0.72788247
2017	山西	218	3742	0.802996932
2018	山西	219	18570	0.767259838
2019	山西	230	13915	0.747761093
2001	陕西	86	4013	0.424701123
2002	陕西	113	4592	0.521440959

续表

年份	省(自治区)	每万人大学生数(人)	环境信访数(封)	耦合协调度
2003	陕西	136	6332	0.483683096
2004	陕西	159	8130	0.528023325
2005	陕西	181	9606	0.544146926
2006	陕西	197	19546	0.577796293
2007	陕西	210	7969	0.524847449
2008	陕西	226	27543	0.519119797
2009	陕西	240	28118	0.533790252
2010	陕西	249	24203	0.604579879
2011	陕西	257	18629	0.64199355
2012	陕西	272	1368	0.62267822
2013	陕西	284	1476	0.683271575
2014	陕西	288	1621	0.746162947
2015	陕西	286	2223	0.689431452
2016	陕西	278	1711	0.720367575
2017	陕西	274	2609	0.805661567
2018	陕西	269	10394	0.81711419
2019	陕西	285	742	0.794077666
2001	河南	39	6665	0.477202093
2002	河南	49	6596	0.417362321
2003	河南	58	6116	*0.526579508*
2004	河南	73	5744	0.494566194
2005	河南	91	8053	0.510998225
2006	河南	104	5975	0.554795816
2007	河南	118	2593	0.536539355
2008	河南	133	31035	0.579173469
2009	河南	145	26133	*0.617083046*

续表

年份	省(自治区)	每万人大学生数(人)	环境信访数(封)	耦合协调度
2010	河南	155	17826	0.609654246
2011	河南	159	4073	0.655837267
2012	河南	164	3261	0.628616304
2013	河南	170	4344	0.600564124
2014	河南	175	5804	0.659911636
2015	河南	183	3661	*0.686044869*
2016	河南	192	4529	0.671554232
2017	河南	204	15405	0.775284451
2018	河南	218	49722	0.775182044
2019	河南	235	19300	0.752451753
2001	山东	50	25256	*0.462605784*
2002	山东	65	25060	0.407578178
2003	山东	84	33239	0.507581513
2004	山东	104	34950	0.505141009
2005	山东	127	27989	0.507780963
2006	山东	144	33324	0.547661526
2007	山东	154	4317	*0.516562343*
2008	山东	163	27784	0.612631676
2009	山东	169	26474	0.625562208
2010	山东	171	24788	0.647594298
2011	山东	171	22338	0.683144335
2012	山东	171	8383	0.733833139
2013	山东	175	3768	*0.684017232*
2014	山东	184	4386	0.693670765
2015	山东	193	4880	0.72851657
2016	山东	201	3669	0.759026214

续表

年份	省(自治区)	每万人大学生数(人)	环境信访数(封)	耦合协调度
2017	山东	201	7707	0.783531846
2018	山东	203	43945	0.8050812
2019	山东	217	19440	0.770977151
2001	内蒙古	42	3464	0.314024696
2002	内蒙古	51	4508	0.373536481
2003	内蒙古	67	4381	0.419598669
2004	内蒙古	84	5391	0.520508728
2005	内蒙古	97	7230	0.402907313
2006	内蒙古	105	7733	0.430689285
2007	内蒙古	117	3263	0.404430696
2008	内蒙古	130	6562	0.417516665
2009	内蒙古	144	6772	0.495220436
2010	内蒙古	151	10054	0.581710404
2011	内蒙古	156	9696	0.6561134
2012	内蒙古	159	8400	0.602113556
2013	内蒙古	163	1015	0.594880676
2014	内蒙古	166	1515	0.686539434
2015	内蒙古	173	1675	0.710194924
2016	内蒙古	180	685	0.682226834
2017	内蒙古	185	937	0.787519864
2018	内蒙古	188	4818	0.86853121
2019	内蒙古	196	68	0.770149123

资料来源：中国经济社会大数据研究平台、2002—2020年《中国环境年鉴》《中国环境统计年鉴》、各省(自治区)统计年鉴与中国知网。

参考文献

[1] 埃莉诺·奥斯特罗姆.公共事务的治理之道:集体行动制度的演进[M].余逊达,等译.上海:上海译文出版社,2012.

[2] 安海彦,姚慧琴.环境规制强度对区域经济竞争力的影响——基于西部省级面板数据的实证分析[J].管理学刊,2020,33(03).

[3] 鲍步云.奥斯特罗姆自治组织理论的研究进展及其出路[J].江淮论坛,2016(04).

[4] 鲍勇剑.协同论:合作的科学——协同论创始人哈肯教授访谈录[J].清华管理评论,2019(11).

[5] 蔡之兵.协同合作推动黄河流域高质量发展[N].河南日报,2019-09-25.

[6] 操小娟,龙新梅.从地方分治到协同共治:流域治理的经验及思考——以湘渝黔交界地区清水江水污染治理为例[J].广西社会科学,2019(12).

[7] 曹芳,肖建华.社会组织参与流域水污染共治机制创新[J].江西社会科学,2016,36(03).

[8] 曹姣星.生态环境协同治理的行为逻辑与实现机理[J].环境与可持续发展,2015,40(02).

[9] 曾婧婧,胡锦绣,朱利平.从政府规制到社会治理:国外环境治理的理论扩展与实践[J].国外理论动态,2016(04).

[10] 曾倩,曾先峰,岳婧霞.产业结构、环境规制与环境质量——基于中国省际视角的理论与实证分析[J].管理评论,2020,32(05).

[11] 曾文慧.流域越界污染规制:对中国跨省水污染的实证研究[J].经济学(季刊),2008(02).

[12] 曾韵.浅谈公共资源的特性及其自组织治理模式[J].现代经济信息,2015(06).

[13] 陈冲,刘达.环境规制与黄河流域高质量发展:影响机理及门槛效应[J].统计与决策,2022(06).

[14] 陈富良,万卫红.企业行为与政府规制[M].北京:经济管理出版

社,2001.

[15] 陈富良.政府对商业企业的规制研究[M].北京:经济管理出版社,1999.

[16] 陈桂生.大气污染治理的府际协同问题研究——以京津冀地区为例[J].中州学刊,2019(03).

[17] 陈硕,高琳.央地关系:财政分权度量及作用机制再评估[J].管理世界,2012(06).

[18] 陈婉婷,胡志华.奖惩机制下政府监管与制造商回收的演化博弈分析[J].软科学,2019,33(10).

[19] 陈文,王晨宇.空气污染、金融发展与企业社会责任履行[J].中国人口·资源与环境,2021,31(07).

[20] 陈文婕,陈晓春.碳锁定突破的非政府组织参与研究[J].湘潭大学学报(哲学社会科学版),2018,42(02).

[21] 陈晓红,万鲁河.城市化与生态环境耦合的脆弱性与协调性作用机制研究[J].地理科学,2013,33(12).

[22] 陈晓红,吴广斌,万鲁河.基于BP的城市化与生态环境耦合脆弱性与协调性动态模拟研究——以黑龙江省东部煤电化基地为例[J].地理科学,2014,34(11).

[23] 陈晓珊.政府补助与民营企业社会责任[J].财贸研究,2021,32(01).

[24] 陈屹立,邓雨薇.环境规制、市场势力与企业创新[J].贵州财经大学学报,2021(01).

[25] 陈支武.企业社会责任理论与实践[M].北京:经济管理出版社,2008.

[26] 程小旭.黄河流域生态保护和高质量发展的现实意义[N].中国经济时报,2019-09-24.

[27] 崔晶,毕馨雨,杨涵羽.黄河流域生态环境协作治理中的“条块”相济:以渭河为例[J].改革,2021(10).

[28] 邓博夫,王泰玮,吉利.地区经济增长压力下的政府环境规制与企业环保投资——政府双重目标协调视角[J].财务研究,2021(03).

[29] 邓峰,陈春香.R&D投入强度与中国绿色创新效率——基于环境规制的门槛研究[J].工业技术经济,2020,39(02).

[30] 邓宗兵,宗树伟,苏聪文,陈钲.长江经济带生态文明建设与新型

城镇化耦合协调发展及动力因素研究[J].经济地理,2019,39(10).

[31] 翟东昌.基于产业能耗分析的青岛低碳城市发展研究[J].城市发展研究,2012,19(04).

[32] 刁宇凡.企业社会责任标准的形成机理研究:基于综合社会契约视域[J].管理世界,2013(07).

[33] 丁斐,庄贵阳,刘东.环境规制、工业集聚与城市碳排放强度——基于全国282个地级市面板数据的实证分析[J].中国地质大学学报(社会科学版),2020,20(03).

[34] 董会忠,刘鹏振.创新价值链视角下环境规制对技术创新效率的影响——以黄河流域为例[J].科技进步与对策,2021,38(16).

[35] 董明.环境治理中的企业社会责任履行:现实逻辑与推进路径——一个新制度主义的解析[J].浙江社会科学,2019(03).

[36] 董珍.生态治理中的多元协同:湖北省长江流域治理个案[J].湖北社会科学,2018(03).

[37] 杜健勋,廖彩舜.论流域环境风险治理模式转型[J].中南大学学报(社会科学版),2021,27(06).

[38] 杜淑芳.推进内蒙古地区城市绿色转型问题研究[J].内蒙古社会科学(汉文版),2014,35(02).

[39] 杜莹等.中国企业社会责任理论与实践[M].石家庄:河北科学技术出版社,2015.

[40] 樊慧玲,李军超.嵌套性规则体系下的合作治理——政府社会性规制与企业社会责任契合的新视角[J].天津社会科学,2010(06).

[41] 樊慧玲.博弈论视阈下的自愿性环保投资与回应型规制[J].大连理工大学学报(社会科学版),2013,34(03).

[42] 樊慧玲.转型期政府社会性规制的绩效分析[J].中共四川省委党校学报,2008(04).

[43] 范丹,孙晓婷.环境规制、绿色技术创新与绿色经济增长[J].中国人口·资源与环境,2020,30(06).

[44] 范庆泉,储成君,高佳宁.环境规制、产业结构升级对经济高质量发展的影响[J].中国人口·资源与环境,2020,30(06).

[45] 范庆泉.环境规制、收入分配失衡与政府补偿机制[J].经济研究,2018,53(05).

[46] 范瑶.黄河流域水资源保护与利用法律问题研究[D].东北林业大学,2014.

[47] 范玉波.环境规制的产业结构效应:历史、逻辑与实证[D].山东大学,2016.

[48] 方永丽.中国环境规制对生态效率的影响研究[D].中南财经政法大学,2018.

[49] 冯道军.企业社会责任建设中的政府行为研究——基于元治理理论的视角[D].华中师范大学,2014.

[50] 冯斐,冯学钢,侯经川,霍殿明,唐睿.经济增长、区域环境污染与环境规制有效性——基于京津冀地区的实证分析[J].资源科学,2020,42(12).

[51] 冯莉,曹霞.博弈论视角下环境规制法律制度的实证分析[J].经济问题,2021(04).

[52] 符淼.我国环境库兹涅茨曲线:形态、拐点和影响因素[J].数量经济技术经济研究,2008,25(11).

[53] 高红贵.淮河流域水污染管制的制度分析[J].中南财经政法大学学报,2006(04).

[54] 高伦,陆岷峰.基于合作博弈理论下区域经济一体化发展研究——以长三角区域经济发展为例[J].北京财贸职业学院学报,2019,35(05).

[55] 高文军,郭根龙,石晓帅.基于演化博弈的流域生态补偿与监管决策研究[J].环境科学与技术,2015,38(01).

[56] 高翔,袁凯华.清洁生产环境规制与企业出口技术复杂度——微观证据与影响机制[J].国际贸易问题,2020(02).

[57] 高轩,神克洋.埃莉诺·奥斯特罗姆自主治理理论述评[J].中国矿业大学学报(社会科学版),2009,11(02).

[58] 龚梦琪,尤喆,刘海云,成金华.环境规制对中国制造业绿色全要素生产率的影响——基于贸易比较优势的视角[J].云南财经大学学报,2020,36(11).

[59] 巩灿娟,张晓青.中国区域间环境规制对绿色经济效率的空间效应及其分解[J].现代经济探讨,2020(04).

[60] 谷缙,任建兰,于庆,张玉.山东省生态文明建设评价及影响因素——基于投影寻踪和障碍度模型[J].华东经济管理,2018,32(08).

[61] 顾德瑞.论分权背景下中央对地方财政之规制[J].现代经济探

讨,2016(08).

[62] 关海玲,武祯妮.地方环境规制与绿色全要素生产率提升——是技术进步还是技术效率变动?[J].经济问题,2020(02).

[63] 关坪主编.环境保护管理与污染治理[M].北京:国防工业出版社,1995.

[64] 关溪媛.辽宁沿海经济带经济协同度评价及对策研究——基于复合系统协同度模型[J].经济论坛,2020(02).

[65] 郭国峰,郑召锋.基于DEA模型的环境治理效率评价——以河南为例[J].经济问题,2009(01).

[66] 郭捷,杨立成.环境规制、政府研发资助对绿色技术创新的影响——基于中国内地省级层面数据的实证分析[J].科技进步与对策,2020,37(10).

[67] 郭俊华,许佳瑜.基于雾霾治理的区域经济结构转型升级[J].西安交通大学学报(社会科学版),2017,37(04).

[68] 郭岚.政府、社会、行业协会与企业社会责任:一个嵌套框架[J].四川理工学院学报(社会科学版),2018,33(04).

[69] 郭然,原毅军.环境规制、研发补贴与产业结构升级[J].科学学研究,2020,38(12).

[70] 郭淑芬,裴耀琳,任建辉.基于三维变革的资源型地区高质量发展评价体系研究[J].统计与信息论坛,2019,34(10).

[71] 郭毅,叶方缘.1998—2018年中国企业社会责任研究的文献计量分析[J].北京交通大学学报(社会科学版),2019,18(02).

[72] 韩建民,牟杨.黄河流域生态环境协同治理研究——以甘肃段为例[J].甘肃行政学院学报,2021(02).

[73] 韩永辉,黄亮雄,王贤彬.产业结构升级改善生态文明了吗——本地效应与区际影响[J].财贸经济,2015(12).

[74] 何立胜,樊慧玲.政府经济性规制绩效测度[J].晋阳学刊,2005(05).

[75] 何立胜,樊慧玲.政府社会性规制的成本与收益分析[J].中州学刊,2007(05).

[76] 何立胜,苏明.企业环境保护责任与政府社会性规制的嵌入[J].河南师范大学学报(哲学社会科学版),2008(04).

[77] 何玮,曾晓彬.跨域生态治理中政府"不合作"现象分析及完善路

径[J].管理研究,2018(01).

[78] 何为,刘昌义,刘杰,郭树龙.环境规制、技术进步与大气环境质量:基于天津市面板数据实证分析[J].科学学与科学技术管理,2015,36(05).

[79] 河南省社科院.推动黄河流域生态保护和高质量发展 谱写新时代中原更加出彩的绚丽篇章[N].河南日报,2019-10-10.

[80] 洪大用.中国城市居民的环境意识[J].江苏社会科学,2005(01).

[81] 胡安军.环境规制、技术创新与中国工业绿色转型研究[D].兰州大学,2019.

[82] 胡公瑾.市场化进程、信息环境与企业社会责任[J].哈尔滨商业大学学报(社会科学版),2021(04).

[83] 胡晖,朱钰琦,方德斌,邓悦.环境规制影响产业结构的路径与机制——基于湘鄂赣皖地区城市的实证研究[J].长江流域资源与环境,2020,29(12).

[84] 胡江峰,黄庆华,潘欣欣.环境规制、政府补贴与创新质量——基于中国碳排放交易试点的准自然实验[J].科学学与科学技术管理,2020,41(02).

[85] 胡俊南,王宏辉.重污染企业环境责任履行与缺失的经济效应对比分析[J].南京审计大学学报,2019,16(06).

[86] 胡珺,黄楠,沈洪涛.市场激励型环境规制可以推动企业技术创新吗?——基于中国碳排放权交易机制的自然实验[J].金融研究,2020(01).

[87] 胡荣.影响城镇居民环境意识的因素分析[J].福建行政学院福建经济管理干部学院学报,2007(01).

[88] 胡喜生,洪伟,吴承祯.福州市土地生态系统服务与城市化耦合度分析[J].地理科学,2013,33(10).

[89] 胡振华,刘景月,钟美瑞,洪开荣.基于演化博弈的跨界流域生态补偿利益均衡分析——以漓江流域为例[J].经济地理,2016,36(06).

[90] 黄安心.长江流域生态治理多元主体参与实践模式对广州“城中村”生态修复的借鉴价值[J].湖北社会科学,2018(05).

[91] 黄斌欢,杨浩勃,姚茂华.权力重构、社会生产与生态环境的协同治理[J].中国人口·资源与环境,2015,25(02).

[92] 黄金川,方创琳.城市化与生态环境交互耦合机制与规律性分析[J].地理研究,2003(02).

[93] 黄磊,吴传清.环境规制对长江经济带城市工业绿色发展效率的影响研究[J].长江流域资源与环境,2020,29(05).

[94] 黄明凤,姚栋梅."一带一路"背景下西部地区循环经济效率评价及影响因素分析[J].广西社会科学,2017(09).

[95] 黄少安.山东经济结构调整的维度和重点[J].东岳论丛,2013,34(12).

[96] 黄天航,赵小渝,陈凯华.技术创新、环境污染和规制政策——转型创新政策的视角[J].科学学与科学技术管理,2020,41(01).

[97] 黄晓东.社会资本与政府治理[M].北京:社会科学文献出版社,2011.

[98] 黄晓鹏.企业社会责任:理论与中国实践[M].北京:社会科学文献出版社,2010.

[99] 嵇欣.当前社会组织参与环境治理的深层挑战与应对思路[J].山东社会科学,2018(09).

[100] 贾先文.我国流域生态环境治理制度探索与机制改良——以河长制为例[J].江淮论坛,2021(01).

[101] 姜安印,刘晓伟."一带一路"背景下我国西北五省(区)产业结构协同测度及发展研究[J].新疆社会科学,2017(03).

[102] 姜珂,游达明.基于央地分权视角的环境规制策略演化博弈分析[J].中国人口·资源与环境,2016,26(09).

[103] 姜林.中国环境规制效率评价研究[D].辽宁大学,2011.

[104] 姜启军,顾庆良.企业社会责任和企业战略选择[M].上海:上海人民出版社,2008.

[105] 姜长云,盛朝迅,张义博.黄河流域产业转型升级与绿色发展研究[J].学术界,2019(11).

[106] 蒋春华.论公众参与环境保护的理论基础[J].北方环境,2011,23(07).

[107] 金刚,沈坤荣.以邻为壑还是以邻为伴?——环境规制执行互动与城市生产率增长[J].管理世界,2018,34(12).

[108] 金仁仙.中国企业社会责任政策的分析及启示[J].北京社会科学,2019(08).

[109] 金太军.论区域生态治理的中国挑战与西方经验[J].国外社会科学,2015(05)

[110] 靖学青. 城镇化、环境规制与产业结构优化——基于长江经济带面板数据的实证研究[J]. 湖南师范大学社会科学学报，2020，49(03).

[111] 鞠可一，周得瑾，吴君民. 环境规制可以“双赢”吗？——中国工业行业细分视角下的强“波特假说”研究[J]. 北京理工大学学报(社会科学版)，2020，22(01).

[112] 康志勇，汤学良，刘馨. 环境规制、企业创新与中国企业出口研究——基于“波特假说”的再检验[J]. 国际贸易问题，2020(02).

[113] 孔喜梅，张青山，陈丹丹. 河南省产业结构调整效果研究——基于2004—2013年数据[J]. 北京工业大学学报(社会科学版)，2016，16(02).

[114] 寇怀忠. 法国流域水资源管理的模式及启示[J]. 水利信息化，2015(02).

[115] 匡海波主编. 企业社会责任[M]. 北京：清华大学出版社，2010.

[116] 兰国辉，陈亚树，荀守奎. 经济发展与生态环境协同度评价——以淮南市为例[J]. 煤炭经济研究，2019，39(09).

[117] 雷宇. 声誉机制的信任基础：危机与重建[J]. 管理评论，2016，28(08).

[118]雷玉桃. 流域水环境管理的博弈分析[J]. 中国人口资源与环境，2006(01).

[119] 李昌峰，张娈英，赵广川，莫李娟. 基于演化博弈理论的流域生态补偿研究——以太湖流域为例[J]. 中国人口·资源与环境，2014，24(01).

[120] 李冬慧，倪艳. 环境规制对企业环境绩效的影响研究述评[J]. 社会科学动态，2019(07).

[121] 李国平，张文彬，李潇. 国家重点生态功能区生态补偿契约设计与分析[J]. 经济管理，2014，36(08).

[122] 李国平，张文彬. 地方政府环境保护激励模型设计——基于博弈和合谋的视角[J]. 中国地质大学学报(社会科学版)，2013，13(06).

[123] 李国平，张文彬. 地方政府环境规制及其波动机理研究——基于最优契约设计视角[J]. 中国人口·资源与环境，2014，24(10).

[124] 李海芹，张子刚. CSR对企业声誉及顾客忠诚影响的实证研究[J]. 南开管理评论，2010，13(01).

[125] 李寒娜. 基于利益协同的我国区域生态环境协同治理研究[J]. 郑州轻工业学院学报(社会科学版)，2019，20(03).

[126] 李红利. 中国地方政府环境规制的难题及对策机制分析[D]. 上海:华东师范大学,2008.

[127] 李洪彦主编. 中国企业社会责任研究[M]. 北京:中国统计出版社,2006.

[128] 李慧. 我国公众环境意识相关理论研究综述[J]. 生态经济,2013(11).

[129] 李景宜,石长伟,严瑞,冯普林. 陕西渭河流域资源环境综合治理[M]. 西安:西安地图出版社,2006.

[130] 李恺,詹绍文. 企业社会责任对企业能力感知的影响:社会认知的视角[J]. 河南大学学报(社会科学版),2020,60(06).

[131] 李礼,孙翊锋. 生态环境协同治理的应然逻辑、政治博弈与实现机制[J]. 湘潭大学学报(哲学社会科学版),2016,40(03).

[132] 李立清,李燕凌. 企业社会责任研究[M]. 北京:人民出版社,2005.

[133] 李宁,王磊,张建清. 基于博弈理论的流域生态补偿利益相关方决策行为研究[J]. 统计与决策,2017(23).

[134] 李茜,胡昊,罗海江,林兰钰,史宇,张殷俊,周磊. 我国经济增长与环境污染双向作用关系研究:基于 PVAR 模型的区域差异分析[J]. 环境科学学报,2015,35(06).

[135] 李善民. 奖惩机制下绿色信贷的演化博弈分析[J]. 金融监管研究,2019(05).

[136] 李胜,裘丽. 基于"过程一结构"视角的环境合作治理模式比较与选择[J]. 中国人口·资源与环境,2019,29(10).

[137] 李胜兰,初善冰,申晨. 地方政府竞争、环境规制与区域生态效率[J]. 世界经济,2014,37(04).

[138] 李文宇,樊坤,刘洪铎. 区域一体化与资源型地区转型升级——一个新新经济地理的分析框架[J]. 云南财经大学学报,2017,33(05).

[139] 李小平,余东升,余娟娟. 异质性环境规制对碳生产率的空间溢出效应——基于空间杜宾模型[J]. 中国软科学,2020(04).

[140] 李小胜,宋马林,安庆贤. 中国经济增长对环境污染影响的异质性研究[J]. 南开经济研究,2013(05).

[141] 李晓峰. 从"公地悲剧"到"反公地悲剧"[J]. 经济经纬,2004(03).

[142] 李新娥. 企业社会责任和企业绩效:企业社会回应管理视角

[M]. 北京:经济管理出版社,2010.

[143] 李亚青. 城乡居民基本医疗保险筹资动态调整机制的构建[J]. 西北农林科技大学学报(社会科学版),2018,18(05).

[144] 李毅,胡宗义,何冰洋. 环境规制影响绿色经济发展的机制与效应分析[J]. 中国软科学,2020(09).

[145] 李永友,沈坤荣. 我国污染控制政策的减排效果——基于省际工业污染数据的实证分析[J]. 管理世界,2008(07).

[146] 李正升. 跨行政区流域水污染冲突机理分析:政府间博弈竞争的视角[J]. 当代经济管理,2014,36(09).

[147] 李智,崔校宁. 中国企业社会责任:基于"三省千企"调查和"2S+2C"框架的 CSR 影响机制与推进方略研究[M]. 北京:中国经济出版,2011.

[148] 梁丽娟,葛颜祥,傅奇蕾. 流域生态补偿选择性激励机制——从博弈论视角的分析[J]. 农业科技管理,2006(04).

[149] 廖文龙,董新凯,翁鸣,陈晓毅. 市场型环境规制的经济效应:碳排放交易、绿色创新与绿色经济增长[J]. 中国软科学,2020(06).

[150] 蔺丰奇主编. 地方政府治理问题研究:基于公共治理的视角[M]. 石家庄:河北科学技术出版社,2015.

[151] 凌文辁,李锐,聂婧,李爱梅. 中国组织情境下上司—下属社会交换的互惠机制研究——基于对价理论的视角[J]. 管理世界,2019,35(05).

[152] 刘冰,高福一,迟泓,张磊. 创新推动山东产业结构优化升级[J]. 宏观经济管理,2013(10).

[153] 刘伯凡,刘金辉. 地方政府为何会对企业执行不同的环境规制[J]. 财经科学,2021(09).

[154] 刘超. 管制、互动与环境污染第三方治理[J]. 中国人口·资源与环境,2015,25(02).

[155] 刘朝,赵志华. 第三方监管能否提高中国环境规制效率?——基于政企合谋视角[J]. 经济管理,2017,39(07).

[156] 刘丹鹤,汪晓辰. 经济增长目标约束下环境规制政策研究综述[J]. 经济与管理研究,2017,38(08).

[157] 刘浩,张毅,郑文升. 城市土地集约利用与区域城市化的时空耦合协调发展评价——以环渤海地区城市为例[J]. 地理研究,2011,30(10).

[158] 刘洪涛. 国外环境保护公众参与和社会监督法规现状、特征及其作用研究[J]. 环境科学与管理,2014,39(12).

[159] 刘华军,彭莹. 雾霾污染区域协同治理的"逐底竞争"检验[J]. 资源科学,2019,41(01).

[160] 刘计峰. 大学生环境行为的影响因素分析[J]. 当代青年研究,2008(11).

[161] 刘佳刚. 消费者响应视角下企业社会责任和企业绩效的关系研究[M]. 长沙：湖南师范大学出版社,2012.

[162] 刘建秋,杨艳华. 政府补贴具有社会溢出效应吗?——基于企业社会责任的证据[J]. 吉首大学学报(社会科学版),2021,42(01).

[163] 刘伟,满彩霞. 企业社会责任:一个亟待公共管理研究关注的领域[J]. 中国行政管理,2019(11).

[164] 刘小泉. 流域水环境治理跨部门合作绩效影响因素研究[J]. 地方治理研究,2021(02).

[165] 刘晓凤,王雨,葛岳静. 环境政治中国际非政府组织的角色——基于批判地缘政治的视角[J]. 人文地理,2018,33(05).

[166] 刘欣. 政府规制、公众参与对工业废气排放影响的实证分析[D]. 天津财经大学,2016.

[167] 刘雪燕,陶志鹏. 区域政策、环境规制与企业生产率异质性——基于西部大开发区域政策的准自然实验[J]. 宏观经济研究,2021(10).

[168] 刘耀彬,陈斐,李仁东. 区域城市化与生态环境耦合发展模拟及调控策略——以江苏省为例[J]. 地理研究,2007(01).

[169] 刘耀彬,李仁东,张守忠. 城市化与生态环境协调标准及其评价模型研究[J]. 中国软科学,2005(05).

[170] 刘耀彬,熊瑶. 环境规制对区域经济发展质量的差异影响——基于 HDI 分区的比较[J]. 经济经纬,2020,37(03).

[171] 刘祎,杨旭,黄茂兴. 环境规制与绿色全要素生产率——基于不同技术进步路径的中介效应分析[J]. 当代经济管理,2020,42(06).

[172] 刘长喜. 企业社会责任与可持续发展研究:基于利益相关者和社会契约的视角[M]. 上海:上海财经大学出版社,2009.

[173] 刘振山. 超越"集体行动困境"——埃莉诺・奥斯特罗姆的自主组织理论述评[J]. 山东科技大学学报(社会科学版),2004(01).

[174] 龙硕,胡军. 政企合谋视角下的环境污染:理论与实证研究[J]. 财经研究,2014,40(10).

[175] 卢硕,张文忠,李佳洺. 资源禀赋视角下环境规制对黄河流域资源型城市产业转型的影响[J]. 中国科学院院刊,2020,35(01).

[176] 卢新海,陈丹玲,匡兵. 产业一体化与城市土地利用效率的时空耦合效应——以长江中游城市群为例[J]. 中国土地科学,2018,32(09).

[177] 陆立军,陈丹波. 地方政府间环境规制策略的污染治理效应:机制与实证[J]. 财经论丛(浙江财经学院学报),2019(12).

[178] 罗丹. 策略博弈、约束性激励与规制"软化"——环境规制的悖论及其治理[J]. 北京理工大学学报(社会科学版),2021,23(05).

[179] 罗宏斌,陈一真. 提升流域污染治理能力的资源环境体制机制创新——以湘江为例[J]. 湖南大学学报(社会科学版),2009,23(05).

[180] 罗慧,仲伟周,柴国荣. 我国生态环境治理中的非营利组织的性质与功能[J]. 人文杂志,2004(01).

[181] 罗家德,李智超. 乡村社区自组织治理的信任机制初探——以一个村民经济合作组织为例[J]. 管理世界,2012(10).

[182] 罗志高,杨继瑞. 长江经济带生态环境网络化治理框架构建[J]. 改革,2019(01).

[183] 骆海燕,屈小娥,胡琰欣. 环保税制下政府规制对企业减排的影响——基于演化博弈的分析[J]. 北京理工大学学报(社会科学版),2020,22(01).

[184] 吕秋颖,曹锦清. 自由与危机:制造业企业履行社会责任的行动策略及反思[J]. 华侨大学学报(哲学社会科学版),2019(04).

[185] 吕志奎,林荣全. 流域环境污染第三方治理:合约关系与制度逻辑[J]. 中国人民大学学报,2019,33(06).

[186] 吕志奎. 第三方治理:流域水环境合作共治的制度创新[J]. 学术研究,2017(12).

[187] 马军旗,乐章. 黄河流域生态补偿的水环境治理效应——基于双重差分方法的检验[J]. 资源科学,2021,43(11).

[188] 马骏,王改芹. 环境规制对产业结构升级的影响——基于中国沿海城市系统广义矩估计的实证分析[J]. 科技管理研究,2019,39(09).

[189] 马莹. 基于利益相关者视角的政府主导型流域生态补偿制度研

究[J].经济体制改革,2010(05).

[190] 毛晖,汪莉,杨志倩.经济增长、污染排放与环境治理投资[J].中南财经政法大学学报,2013(05).

[191] 毛建辉,管超.环境规制抑制产业结构升级吗?——基于政府行为的非线性门槛模型分析[J].财贸研究,2020,31(03).

[192] 毛涛.协同抓好黄河流域生态保护[N].学习时报,2019-09-27.

[193] 毛蕴诗,王婧.企业社会责任融合、利害相关者管理与绿色产品创新——基于老板电器的案例研究[J].管理评论,2019,31(07).

[194] 孟凡生,韩冰.政府环境规制对企业低碳技术创新行为的影响机制研究[J].预测,2017,36(01).

[195] 孟望生,邵芳琴.黄河流域环境规制和产业结构对绿色经济增长效率的影响[J].水资源保护,2020,36(06).

[196] 孟卫东,佟林杰."邻避冲突"引发群体性事件的演化机理与应对策略研究[J].吉林师范大学学报(人文社会科学版),2013,41(04).

[197] 米莉,陶娅,樊婷.环境规制与企业行为动态博弈对经营绩效的影响机理——基于北方稀土的纵向案例研究[J].管理案例研究与评论,2020,13(05).

[198] 苗长虹.共同抓好大保护协同推进大治理[N].中国城乡金融报,2019-10-11.

[199] 倪咸林,杨志云.环境治理的制度创新与逻辑——以山西省为例[J].天津行政学院学报,2013,15(01).

[200] 聂辉华.政企合谋:理解"中国之谜"的新视角[J].阅江学刊,2016,8(06).

[201] 聂军,柳建文.环境群体性事件的发生与防范:从政企合谋到政企合作[J].当代经济管理,2014,36(08).

[202] 宁佳,刘纪远,邵全琴,樊江文.中国西部地区环境承载力多情景模拟分析[J].中国人口·资源与环境,2014,24(11).

[203] 欧阳斌,袁正,陈静思.我国城市居民环境意识、环保行为测量及影响因素分析[J].经济地理,2015,35(11).

[204] 潘翻番,徐建华,薛澜.自愿型环境规制:研究进展及未来展望[J].中国人口·资源与环境,2020,30(01).

[205] 潘峰,西宝,王琳.地方政府间环境规制策略的演化博弈分析

[J]. 中国人口·资源与环境，2014，24(06).

[206] 潘峰，西宝，王琳. 环境规制中地方政府与中央政府的演化博弈分析[J]. 运筹与管理，2015，24(03).

[207] 潘峰，西宝，王琳. 基于演化博弈的地方政府环境规制策略分析[J]. 系统工程理论与实践，2015，35(06).

[208] 潘伟杰. 制度、制度变迁与政府规制研究[M]. 上海：上海三联书店，2006.

[209] 庞庆华，周未沫，杨田田. 长江经济带碳排放、产业结构和环境规制的影响机制研究[J]. 工业技术经济，2020，39(02).

[210] 彭本利，李爱年. 流域生态环境协同治理的困境与对策[J]. 中州学刊，2019(09).

[211] 彭建，王仰麟，叶敏婷，常青. 区域产业结构变化及其生态环境效应——以云南省丽江市为例[J]. 地理学报，2005(05).

[212] 彭远春. 国外环境行为影响因素研究述评[J]. 中国人口·资源与环境，2013，23(08).

[213] 齐飞. 我国东、中、西部地区经济增长与环境污染关系研究[D]. 首都经济贸易大学，2014.

[214] 钱丽，陈忠卫，肖仁桥. 中国区域工业化、城镇化与农业现代化耦合协调度及其影响因素研究[J]. 经济问题探索，2012(11).

[215] 强永昌，等. 环境规制与中国对外贸易可持续发展[M]. 上海：复旦大学出版社，2006.

[216] 乔标，方创琳. 城市化与生态环境协调发展的动态耦合模型及其在干旱区的应用[J]. 生态学报，2005(11).

[217] 秦昊扬. 生态治理中的非政府组织功能分析[J]. 理论月刊，2009(04).

[218] 秦颖，孙慧. 自愿参与型环境规制与企业研发创新关系——基于政府监管与媒体关注视角的实证研究[J]. 科技管理研究，2020，40(04).

[219] 邱晗耕，杨乐. 黄河流域资源型企业社会责任与经济价值协调发展研究[J]. 地域研究与开发，2021，40(06).

[220] 曲富国，孙宇飞. 基于政府间博弈的流域生态补偿机制研究[J]. 中国人口·资源与环境，2014，24(11).

[221] 任保平，张倩. 黄河流域高质量发展的战略设计及其支撑体系构建[J]. 改革，2019(10).

[222] 任文峰,丁国浩."国外生态与社会治理的理论与实践"学术研讨会综述[J].国外社会科学,2015(05).

[223] 任小静,屈小娥.我国区域生态效率与环境规制工具的选择——基于省际面板数据实证分析[J].大连理工大学学报(社会科学版),2020,41(01).

[224] 塞缪尔・O.艾杜乌,沃尔特・利尔・菲欧.全球企业社会责任实践[M].杨世伟译.北京:经济管理出版社,2011.

[225] 商道纵横编著.全面认识企业社会责任报告[M].北京:社会科学文献出版社,2015.

[226] 上官绪明,葛斌华.科技创新、环境规制与经济高质量发展——来自中国278个地级及以上城市的经验证据[J].中国人口・资源与环境,2020,30(06).

[227] 尚莉,杨尊亮.财政分权体制下的地方政府环境规制困境分析[J].现代管理科学,2016(02).

[228] 邵利敏.政府环境规制、地区产业结构状况与经济增长[D].山西财经大学,2019.

[229] 申晨,李胜兰,黄亮雄.异质性环境规制对中国工业绿色转型的影响机理研究——基于中介效应的实证分析[J].南开经济研究,2018(05).

[230] 沈桂花.莱茵河水资源国际合作治理困境与突破[J].水资源保护,2019,35(06).

[231] 沈宏亮,金达.非正式环境规制能否推动工业企业研发——基于门槛模型的分析[J].科技进步与对策,2020,37(02).

[232] 沈宏亮.中国社会性规制失灵的原因探究——规制权利纵向配置的视角[J].经济问题探索,2010(12).

[233] 沈虹,彭盈.环境规制文献综述[J].建材与装饰,2018(12).

[234] 沈坤荣,金刚,方娴.环境规制引起了污染就近转移吗?[J].经济研究,2017,52(05).

[235] 沈坤荣,金刚.中国地方政府环境治理的政策效应——基于"河长制"演进的研究[J].中国社会科学,2018(05).

[236] 沈坤荣,周力.地方政府竞争、垂直型环境规制与污染回流效应[J].经济研究,2020,55(03).

[237] 沈能,胡怡莎,彭慧.环境规制是否能激发绿色创新?——基于点-

线一面三维框架的可视化分析[J].中国人口·资源与环境,2020,30(04).

[238] 沈奇泰松,蔡宁.地方政府推动企业社会责任承担的发生机制研究——基于浙江县(市、区)级数据的模糊集定性比较分析[J].浙江大学学报(人文社会科学版),2021,51(03).

[239] 沈艳,姚洋.企业社会责任与市场竞争力[M].北京:外文出版社,2010.

[240] 生态保护与协同创新助推黄河流域高质量发展[N].河南日报,2019-10-29.

[241] 石华平,易敏利.环境规制对高质量发展的影响及空间溢出效应研究[J].经济问题探索,2020(05).

[242] 时正新编著.企业环境治理[M].重庆:重庆出版社,1988.

[243] 史越.跨域治理视角下的中国式流域治理模式分析[D].济南:山东大学,2014.

[244] 史贞,许佛平.山西省产业转型升级机理探析——基于投入产出分析[J].经济问题,2018(10).

[245] 舒欢,洪伟.基于三阶段DEA的企业社会责任效率分析[J].统计与决策,2020,36(02).

[246] 司林波,聂晓云,孟卫东.跨域生态环境协同治理困境成因及路径选择[J].生态经济,2018,34(01).

[247] 斯丽娟.环境规制对绿色技术创新的影响——基于黄河流域城市面板数据的实证分析[J].财经问题研究,2020(07).

[248] 宋丽颖,杨潭.转移支付对黄河流域环境治理的效果分析[J].经济地理,2016,36(09).

[249] 宋民雪,刘德海,尹伟巍.经济新常态、污染防治与政府规制:环境突发事件演化博弈模型[J].系统工程理论与实践,2021,41(06).

[250] 宋耀辉.陕西省经济发展质量评价[J].资源开发与市场,2017,33(04).

[251] 苏蕊芯,仲伟周.中国企业社会责任测量维度识别与评价——基于因子分析法[J].华东经济管理,2014,28(03).

[252] 苏爽.政府规制对企业社会责任绩效的影响研究[D].大连理工大学,2019.

[253] 孙彩红.公民参与城市政府治理研究[M].北京:社会科学文献

出版社,2016.

[254] 孙红梅,雷喻捷.长三角城市群产业发展与环境规制的耦合关系:微观数据实证[J].城市发展研究,2019,26(11).

[255] 孙黄平,黄震方,徐冬冬,等.泛长三角城市群城镇化与生态环境耦合的空间特征与驱动机制[J].经济地理,2017,37(02).

[256] 孙金花,徐琳霖,胡健.环境责任视角下非正式环境规制对企业绿色技术创新的影响——一个有中介的调节模型[J].技术经济,2021,40(10).

[257] 孙荣庆.我国环境污染治理投资发展趋势[J].中国投资与建设,1999(03).

[258] 孙伟增,罗党论,郑思齐,万广华.环保考核、地方官员晋升与环境治理——基于2004—2009年中国86个重点城市的经验证据[J].清华大学学报(哲学社会科学版),2014,29(04).

[259] 孙岩,宋金波,宋丹荣.城市居民环境行为影响因素的实证研究[J].管理学报,2012,9(01).

[260] 孙雁冰.宏观调控下中央政府与地方政府的演化博弈分析[J].山东理工大学学报(社会科学版),2016,32(02).

[261] 孙玉阳,穆怀中,范洪敏,等.环境规制对产业结构升级异质联动效应研究[J].工业技术经济,2020,39(04).

[262] 孙中叶.政府社会性规制与企业社会责任的契合——以食品行业为例[J].改革与战略,2010,26(06).

[263] 谭娟.政府环境规制对低碳经济发展的影响及其实证研究[D].湖南大学,2012.

[264] 谭俊涛,张平宇,李静,刘世薇.吉林省城镇化与生态环境协调发展的时空演变特征[J].应用生态学报,2015,26(12).

[265] 谭爽."缺席"抑或"在场"?我国邻避抗争中的环境NGO——以垃圾焚烧厂反建事件为切片的观察[J].吉首大学学报(社会科学版),2018,39(02).

[266] 汤学兵.跨区域生态环境治理联动共生体系与改革路径[J].甘肃社会科学,2019(01).

[267] 唐丽萍.中国地方政府竞争中的地方治理研究[M].上海:上海人民出版社,2010.

[268] 唐鹏程,杨树旺.环境保护与企业发展真的不可兼得吗?[J].管

理评论,2018,30(08).

[269] 田国强,陈旭东.制度的本质、变迁与选择——赫维茨制度经济思想诠释及其现实意义[J].学术月刊,2018,50(01).

[270] 田家华,吴铱达,曾伟.河流环境治理中地方政府与社会组织合作模式探析[J].中国行政管理,2018(11).

[271] 田时中,丁雨洁.长三角城市群绿色化测量及影响因素分析——基于26城市面板数据熵值—Tobit模型实证[J].经济地理,2019,39(09).

[272] 田祖海,叶凯.企业社会责任研究述评[J].中南财经政法大学学报,2017(01).

[273] 汪晓文,陈明月,陈南旭.环境规制、引致创新与黄河流域经济增长[J].经济问题,2021(05).

[274] 汪泽波,王鸿雁.多中心治理理论视角下京津冀区域环境协同治理探析[J].生态经济,2016,32(06).

[275] 王斌.环境污染治理与规制博弈研究[D].首都经济贸易大学,2013.

[276] 王成,唐宁.重庆市乡村三生空间功能耦合协调的时空特征与格局演化[J].地理研究,2018,37(06).

[277] 王红梅.中国环境规制政策工具的比较与选择——基于贝叶斯模型平均(BMA)方法的实证研究[J].中国人口·资源与环境,2016,26(09).

[278] 王欢明,陈洋愉,李鹏.基于演化博弈理论的雾霾治理中政府环境规制策略研究[J].环境科学研究,2017,30(04).

[279] 王惠娜.区域合作困境及其缓解途径——以深莞惠界河治理为例[J].中国行政管理,2014(01).

[280] 王建秀,赵梦真,刘星茹.中国企业自愿环境规制的驱动因素研究[J].经济问题,2019(07).

[281] 王金南.黄河流域生态保护和高质量发展战略思考[J].环境保护,2020(01).

[282] 王娟,何昱.京津冀区域环境协同治理立法机制探析[J].河北法学,2017,35(07).

[283] 王俊敏,沈菊琴.跨域水环境流域政府协同治理:理论框架与实现机制[J].江海学刊,2016(05).

[284] 王丽,张岩,高国伦.环境规制、技术创新与碳生产率[J].干旱区资源与环境,2020,34(03).

[285] 王民.论环境意识的结构[J].北京师范大学学报(自然科学版),1999(03).

[286] 王敏,黄滢.中国的环境污染与经济增长[J].经济学(季刊),2015,14(02).

[287] 王名,胡英姿.探索政府与环保社会组织的合作共治[J].环境保护,2011(12).

[288] 王琪延,侯鹏.北京城市居民环境行为意愿研究[J].中国人口·资源与环境,2010,20(10).

[289] 王琦,汤放华.洞庭湖区生态—经济—社会系统耦合协调发展的时空分异[J].经济地理,2015,35(12).

[290] 王强编著.政府治理的现代视野[M].北京:中国时代经济出版社,2010.

[291] 王清军.我国流域生态环境管理体制:变革与发展[J].华中师范大学学报(人文社会科学版),2019,58(06).

[292] 王树义,赵小姣.长江流域生态环境协商共治模式初探[J].中国人口·资源与环境,2019,29(08).

[293] 王薇,邱成梅,李燕凌.流域水污染府际合作治理机制研究——基于"黄浦江浮猪事件"的跟踪调查[J].中国行政管理,2014(11).

[294] 王文宾,丁军飞,王智慧,达庆利.回收责任分担视角下零售商主导闭环供应链的政府奖惩机制研究[J].中国管理科学,2019,27(07).

[295] 王喜,秦耀辰,鲁丰先,张黛,姜向亚.黄河中下游地区主要省份低碳经济发展水平的时空差异研究[J].地理科学进展,2013,32(04).

[296] 王夏晖.以高水平保护推动黄河流域高质量发展[N].中国科学报,2019-10-14.

[297] 王雪梅.共生理论视阈下的生态治理方式研究[J].理论月刊,2018(03).

[298] 王亚华,袁源,王映力,等.人口城市化与土地城市化耦合发展关系及其机制研究——以江苏省为例[J].地理研究,2017,36(01).

[299] 王彦皓.政企合谋、环境规制与企业全要素生产率[J].经济理论与经济管理,2017(11).

[300] 王燕梅. 产业结构调整对内蒙古碳排放的影响分析[J]. 管理现代化,2017,37(01).

[301] 王伊攀,何圆. 环境规制、重污染企业迁移与协同治理效果——基于异地设立子公司的经验证据[J]. 经济科学,2021(05).

[302] 王友云,朱宇华,冷涛,张婷. 流域环境问题的契约治理:过程、问题与改进——基于渝湘黔界河清水江治污的观察[J]. 环境保护,2021,49(06).

[303] 王玉君,韩冬临. 经济发展、环境污染与公众环保行为——基于中国CGSS2013数据的多层分析[J]. 中国人民大学学报,2016,30(02).

[304] 王玉珍. 政府干预与资源型经济演进分析——基于山西省的实证研究[J]. 当代经济研究,2013(04).

[305] 王再文,赵杨主编. 中央企业履行社会责任报告2010[M]. 北京:中国经济,2010.

[306] 王喆,周凌一. 京津冀生态环境协同治理研究——基于体制机制视角探讨[J]. 经济与管理研究,2015,36(07).

[307] 王竹君,魏婕,任保平. 异质型环境规制背景下双向FDI对绿色经济效率的影响[J]. 财贸研究,2020,31(03).

[308] 王资峰. 中国流域水环境管理体制研究[D]. 中国人民大学,2010.

[309] 韦院英,胡川. 环境政策、企业社会责任和企业绩效的关系研究——基于重污染行业环境违规企业的实证分析[J]. 华东理工大学学报(社会科学版),2021,36(03).

[310] 卫华. 基于低碳经济的产业升级路径研究——以河南为例[J]. 生态经济,2015,31(12).

[311] 温宏君. 山西省产业结构转型过程中的经济发展现状分析[J]. 内蒙古煤炭经济,2018(15).

[312] 文学国主编. 政府规制:理论、政策与案例[M]. 北京:中国社会科学出版社,2012.

[313] 邬娜,傅泽强,谢园园. 产业结构变动的环境效应及案例分析[J]. 生态经济,2013(04).

[314] 吴迪,赵奇锋,韩嘉怡. 企业社会责任与技术创新——来自中国的证据[J]. 南开经济研究,2020(03).

[315] 吴椒军,张庆彩.企业环境责任及其政策法律制度设计[J].学术界,2004(06).

[316] 吴磊,贾晓燕,吴超,彭甲超.异质型环境规制对中国绿色全要素生产率的影响[J].中国人口·资源与环境,2020,30(10).

[317] 夏国永,郑青.规制变革的政策困境与国家共同体的构建短板[J].江西社会科学,2018,38(12).

[318] 夏蜀.规制第三方实施:理论溯源与经济治理现代化[J].中国行政管理,2019(06).

[319] 夏志强.公共危机治理多元主体的功能耦合机制探析[J].中国行政管理,2009(05).

[320] 线文,马自龙.经济增长与政府环境治理——基于面板数据与兰州案例的分析[J].北京交通大学学报(社会科学版),2016,15(01).

[321] 肖红军,阳镇,姜倍宁.企业社会责任治理的政府注意力演化——基于1978—2019中央政府工作报告的文本分析[J].当代经济科学,2021,43(02).

[322] 肖磊,李建国.非政府组织参与环境应急管理:现实问题与制度完善[J].法学杂志,2011,32(02).

[323] 肖权,赵路.异质性环境规制、FDI与中国绿色技术创新效率[J].现代经济探讨,2020(04).

[324] 肖远飞,周博英,李青.环境规制影响绿色全要素生产率的实现机制——基于我国资源型产业的实证[J].华东经济管理,2020,34(03).

[325] 肖忠东,曹全垚,郎庆喜,等.环境规制下的地方政府与工业共生链上下游企业间三方演化博弈和实证分析[J].系统工程,2020,38(01).

[326] 谢菊,刘磊.环境治理中社会组织参与的现状与对策[J].环境保护,2013,41(23).

[327] 谢康,赖金天,肖静华,乌家培.食品安全、监管有界性与制度安排[J].经济研究,2016,51(04).

[328] 谢莉娇.解决集体行动困境的一种途径:社会资本理论分析[J].新远见,2008(02).

[329] 谢乔昕.环境规制扰动、政企关系与企业研发投入[J].科学学研究,2016,34(05).

[330] 邢丽云,俞会新.绿色动态能力对企业环境创新的影响研

究——环境规制和高管环保认知的调节作用[J].软科学,2020,34(06).

[331] 熊光清,熊健坤.多中心协同治理模式:一种具备操作性的治理方案[J].中国人民大学学报,2018,32(03).

[332] 熊建新,陈端吕,彭保发,等.洞庭湖区生态承载力系统耦合协调度时空分异[J].地理科学,2014,34(09).

[333] 徐保昌,潘昌蔚,李思慧.环境规制抑制中国企业规模扩张了吗?[J].中国地质大学学报(社会科学版),2020,20(02).

[334] 徐步华,叶江.浅析非政府组织在应对全球环境和气候变化问题中的作用[J].上海行政学院学报,2011,12(01).

[335] 徐成龙,任建兰,巩灿娟.产业结构调整对山东省碳排放的影响[J].自然资源学报,2014,29(02).

[336] 徐成龙,庄贵阳.基于环境规制的环渤海地区工业集聚对生态效率的时空影响[J].经济经纬,2020,37(03).

[337] 徐大伟,涂少云,常亮,赵云峰.基于演化博弈的流域生态补偿利益冲突分析[J].中国人口·资源与环境,2012,22(02).

[338] 徐菁鸿.环境规制的技术创新效应及其异质性研究——基于中国271个城市数据的实证检验[J].生态经济,2020,36(01).

[339] 徐莉萍,刘雅洁,张淑霞.企业社会责任及其缺失对债券融资成本的影响[J].华东经济管理,2020,34(01).

[340] 徐文成,薛建宏.经济增长、环境治理与环境质量改善——基于动态面板数据模型的实证分析[J].华东经济管理,2015,29(02).

[341] 徐雪竹.跨界生态治理中地方政府协作研究[J].合作经济与科技,2019(22).

[342] 徐雅婕.黄河流域水资源协同治理研究[D].河南师范大学,2017.

[343] 徐召红,李秀荣.企业社会责任的耦合推进机制设计[J].宏观经济研究,2018(01).

[344] 许宝君,陈伟东.自主治理与政府嵌入统合:公共事务治理之道[J].河南社会科学,2017,25(05).

[345] 许恒,郭正楠,华忆昕.社会传染视角下的企业社会责任决策与政府引导研究[J].产业经济评论,2021(01).

[346] 许长新,甘梦溪.黄河流域经济型环境规制如何影响绿色全要素生产率?[J].河海大学学报(哲学社会科学版),2021(12).

[347] 许正松,孔凡斌.经济发展水平、产业结构与环境污染——基于江西省的实证分析[J].当代财经,2014(08).

[348] 薛继亮.资源富集区的环境压力、要素流动与产业结构转型升级的作用机理——以内蒙古为例[J].技术经济,2013,32(09).

[349] 鄢斌.从政企合作看中国企业环境监督员制度的完善[J].中国人口·资源与环境,2011,21(12).

[350] 颜运秋.企业环境责任与政府环境责任协同机制研究[J].首都师范大学学报(社会科学版),2019(05).

[351] 燕红忠,丰若非.资源依赖性经济的结构变迁与生产率增长——以山西省为例[J].理论探索,2014(04).

[352] 阳杰,陈习定,应里孟.企业避税与环境责任:互补、替代抑或独立[J].华东经济管理,2020,34(02).

[353] 阳镇,凌鸿程,陈劲.社会信任有助于企业履行社会责任吗?[J].科研管理,2021,42(05).

[354] 杨光明,时岩钧.基于演化博弈的长江三峡流域生态补偿机制研究[J].系统仿真学报,2019,31(10).

[355] 杨宏山,周昕宇.区域协同治理的多元情境与模式选择——以区域性水污染防治为例[J].治理现代化研究,2019(05).

[356] 杨建林,徐君.经济区产业结构变动对生态环境的动态效应分析——以呼包银榆经济区为例[J].经济地理,2015,35(10).

[357] 杨建文.政府规制:21世纪理论研究潮流[M].上海:学林出版社,2007.

[358] 杨艳芳,程翔.环境规制工具对企业绿色创新的影响研究[J].中国软科学,2021(S1).

[359] 杨勇,邓祥征.中国城市生态效率时空演变及影响因素的区域差异[J].地理科学,2019,39(07).

[360] 杨志军.环境治理的困局与生态型政府的构建[J].大连理工大学学报(社会科学版),2012,33(03).

[361] 姚洪心,高涛.环境规制、要素投入异质性与中国制造业绿色出口[J].国际商务(对外经济贸易大学学报),2020(01).

[362] 叶莉,房颖.政府环境规制、企业环境治理与银行利率定价——基于演化博弈的理论分析与实证检验[J].工业技术经济,2020,39(11).

[363] 叶托. 环保社会组织参与环境治理的制度空间与行动策略[J]. 中国地质大学学报(社会科学版),2018,18(06).

[364] 叶裕民主编. 数字化城市与政府治理创新[M]. 北京:中国人事出版社,2012.

[365] 易志斌. 地方政府环境规制失灵的原因及解决途径——以跨界水污染为例[J]. 城市问题,2010(01).

[366] 殷宝庆. 垂直专业化分工下的环境规制与技术创新[M]. 杭州:浙江工商大学出版社,2016.

[367] 尹栾玉. 中国社会性规制模式探析[J]. 湖北经济学院学报,2006(01).

[368] 尤济红,高志刚. 政府环境规制对能源效率影响的实证研究——以新疆为例[J]. 资源科学,2013,35(06).

[369] 游达明,欧阳乐茜. 环境规制对工业企业绿色创新效率的影响——基于空间杜宾模型的实证分析[J]. 改革,2020(05).

[370] 游达明,杨金辉. 公众参与下政府环境规制与企业生态技术创新行为的演化博弈分析[J]. 科技管理研究,2017,37(12).

[371] 于鹏,李鑫,张剑,薛雅伟. 环境规制对技术创新的影响及其区域异质性研究——基于中国省级面板数据的实证分析[J]. 管理评论,2020,32(05).

[372] 俞会新,王怡博,孙鑫涛,李中圆. 政府规制与环境非政府组织对污染减排的影响研究[J]. 软科学,2019,33(06).

[373] 虞依娜,陈丽丽. 中国环境库兹涅茨曲线研究进展[J]. 生态环境学报,2012,21(12).

[374] 袁晓玲,李浩,邸勍. 环境规制强度、产业结构升级与生态环境优化的互动机制分析[J]. 贵州财经大学学报,2019(01).

[375] 臧传琴. 环境规制绩效的区域差异研究[D]. 山东大学,2016.

[376] 张彩云,陈岑. 地方政府竞争对环境规制影响的动态研究[J]. 南开经济研究,2018(08).

[377] 张成,陆旸,郭路,于同申. 环境规制强度和生产技术进步[J]. 经济研究,2011,46(02).

[378] 张弛,张兆国,包莉丽. 企业环境责任与财务绩效的交互跨期影响及其作用机理研究[J]. 管理评论,2020,32(02).

[379] 张丛林,郑诗豪,刘宇,等.关于推进太湖流域生态环境治理体系现代化的建议[J].环境保护,2020,48(Z2).

[380] 张锋.环境污染社会第三方治理研究[J].华中农业大学学报(社会科学版),2020(01).

[381] 张国兴,邓娜娜,管欣,等.公众环境监督行为、公众环境参与政策对工业污染治理效率的影响——基于中国省级面板数据的实证分析[J].中国人口·资源与环境,2019,29(01).

[382] 张国兴,张绪涛,程素杰,等.节能减排补贴政策下的企业与政府信号博弈模型[J].中国管理科学,2013,21(04).

[383] 张红凤,张细松,等.环境规制理论研究[M].北京:北京大学出版社,2012.

[384] 张华.地区间环境规制的策略互动研究——对环境规制非完全执行普遍性的解释[J].中国工业经济,2016(07).

[385] 张华明,范映君.环境规制促进环境质量与经济协调发展实证研究[J].宏观经济研究,2017(07).

[386] 张骥,王宏斌.全球环境治理中的非政府组织[J].社会主义研究,2005(06).

[387] 张佳佳,杨蓉.社会责任行为、制度环境与企业国际竞争力[J].技术经济,2021,40(10).

[388] 张杰,张洋.论全球环境治理维度下环境 NGO 的生存之道[J].求索,2012(12).

[389] 张紧跟,唐玉亮.流域治理中的政府间环境协作机制研究——以小东江治理为例[J].公共管理学报,2007(03).

[390] 张军飞,王汐,陈健.陕西沿黄地区城镇带协同治理策略与实施路径[J].规划师,2017,33(11).

[391] 张克中,王娟,崔小勇.财政分权与环境污染:碳排放的视角[J].中国工业经济,2011(10).

[392] 张凌云,齐晔.地方环境监管困境解释——政治激励与财政约束假说[J].中国行政管理,2010(03).

[393] 张嫚.环境规制与企业行为间的关联机制研究[J].财经问题研究,2005(04).

[394] 张娜,雷明,张想想.政府奖惩机制下社会组织参与精准脱贫的

演化博弈分析[J].苏州大学学报(哲学社会科学版),2019,40(03).

[395] 张世君.企业社会责任的多元属性及其实现机制的构建[J].管理世界,2017(09).

[396] 张同斌,张琦,范庆泉.政府环境规制下的企业治理动机与公众参与外部性研究[J].中国人口·资源与环境,2017,27(02).

[397] 张维迎.博弈论与信息经济学[M].上海:上海人民出版社,1996.

[398] 张贤明,田玉麒.论协同治理的内涵、价值及发展趋向[J].湖北社会科学,2016(01).

[399] 张小筠,刘戒骄,李斌.环境规制、技术创新与制造业绿色发展[J].广东财经大学学报,2020,35(05).

[400] 张雪,韦鸿.企业社会责任、环境治理与创新[J].统计与决策,2021,37(18).

[401] 张雪珍.西北地区黄河流域生态环境协同治理路径研究[D].甘肃农业大学,2018.

[402] 张志彬.政府环境规制、企业转型升级与城市环境治理——基于35个重点城市面板数据的实证研究[J].湖南师范大学社会科学学报,2020,49(06).

[403] 张治栋,陈竞.环境规制、产业集聚与绿色经济发展[J].统计与决策,2020,36(15).

[404] 张忠杰.环境规制对产业结构升级的影响——基于中介效应的分析[J].统计与决策,2019,35(22).

[405] 赵春光.流域生态补偿制度的理论基础[J].法学论坛,2008(04).

[406] 赵建吉,刘岩,朱亚坤,等.黄河流域新型城镇化与生态环境耦合的时空格局及影响因素[J].资源科学,2020,42(01).

[407] 赵丽娜.产业转型升级与新旧动能有序转换研究——以山东省为例[J].理论学刊,2017(02).

[408] 赵明亮,刘芳毅,王欢,孙威.FDI、环境规制与黄河流域城市绿色全要素生产率[J].经济地理,2020,40(04).

[409] 赵帅,何爱平,彭硕毅.黄河流域环境规制、区域污染转移与技术创新的空间效应[J].经济经纬,2021,38(05).

[410] 赵向华.我国公民环保意识影响因素研究综述[J].生态经济,

2016,32(09).

[411] 赵永亮,申泽文,廖瑞斌.环境规制的认知、社会责任感与集聚区企业区位选择[J].产业经济研究,2015(03).

[412] 赵志强.积极推进黄河流域生态保护和建设[N].学习时报,2019－10－30.

[413] 甄江红,贺静,陈芸芸,李灵敏.内蒙古工业化进程的综合评价与演进分析[J].干旱区资源与环境,2014,28(02).

[414] 郑洁,付才辉,刘舫.财政分权与环境治理——基于动态视角的理论和实证分析[J].中国人口·资源与环境,2020,30(01).

[415] 郑景丽,王喜虹,李忆.企业社会责任、政府补助与创新意愿[J].重庆大学学报(社会科学版),2021,27(06).

[416] 周成,冯学钢,唐睿.区域经济—生态环境—旅游产业耦合协调发展分析与预测——以长江经济带沿线各省市为例[J].经济地理,2016,36(03).

[417] 周景博,邹骥.北京市公众环境意识的总体评价与影响因素[J].北京社会科学,2005(02).

[418] 周鹏.区域生态环境协同治理研究[D].苏州大学,2015.

[419] 周清香,何爱平.环境规制能否助推黄河流域高质量发展[J].财经科学,2020(06).

[420] 周蕊,王晓耘,余福茂.基于第三方回收的政府补贴与奖惩机制比较研究[J].科技管理研究,2018,38(15).

[421] 周志家.环境意识研究:现状、困境与出路[J].厦门大学学报(哲学社会科学版),2008(04).

[422] 朱承亮,岳宏志,安立仁.节能减排约束下中国绿色经济绩效研究[J].经济科学,2012(05).

[423] 朱德米.地方政府与企业环境治理合作关系的形成——以太湖流域水污染防治为例[J].上海行政学院学报,2010,11(01).

[424] 朱广忠.埃莉诺·奥斯特罗姆自主治理理论的重新解读[J].当代世界与社会主义,2014(06).

[425] 朱国华.我国环境治理中的政府环境责任研究[D].南昌:南昌大学,2016.

[426] 朱丽萍,阎耀鹏,曲宏飞,等.山西省产业结构发展特征分析[J].

山西财经大学学报,2015,37(S2).

[427] 朱平芳,张征宇,姜国麟. FDI与环境规制:基于地方分权视角的实证研究[J]. 经济研究,2011,46(06).

[428] 朱庆华,王一雷,田一辉. 基于系统动力学的地方政府与制造企业碳减排演化博弈分析[J]. 运筹与管理,2014,23(03).

[429] 朱喜群. 生态治理的多元协同:太湖流域个案[J]. 改革,2017(02).

[430] 祝志杰. 基于趋势分析的环境质量与经济发展互动关系研究[J]. 东北财经大学学报,2012(01).

[431] 邹伟进,李旭洋,王向东. 基于耦合理论的产业结构与生态环境协调性研究[J]. 中国地质大学学报(社会科学版),2016,16(02).

[432] 左其亭. 黄河流域生态保护和高质量发展研究框架[J]. 人民黄河,2019,41(11).

[433] Aalders, Marius and Ton Wilthagen. Moving beyond Command and Control: Reflexivity in the Regulation of Occupational Safety and Health [J], *Law & Policy*, 1997.

[434] *Advisory Committee on the Safety of Nuclear Installations (ACSNI)*: Study Group on Human Factors; Third Report: Organizing for Safety [M]. London: HMSO, 1993.

[435] AlKerdawy, Mostafa Mohamed Ahmed. The Role of Corporate Support for Employee Volunteering in Strengthening the Impact of Green Human Resource Management Practices on Corporate Social Responsibility in the Egyptian Firms [J]. *European Management Review*, 2019(16).

[436] Albareda, Laura, Josep M. Lozano and Tamyko Ysa. Public Policies on Corporate Social Responsibility: The Role of Governments in Europe [J]. *Journal of Business Ethics*, 2007(74).

[437] Albareda, Laura. Corporate Responsibility, Governance and Accountability: from Self-Regulation to Co-Regulation [J]. *Corporate Governance: The International Journal of Business in Society*, 2008(08).

[438] Anser, Muhammad Khalid, Zhihe Zhang and Lubna Kanwal. Moderating Effect of Innovation on Corporate Social Responsibility and Firm Performance in Realm of Sustainable Development [J]. *Corporate*

Social Responsibility and Environmental Management, 2018(25).

[439] Ansoff, H. Igor. *Corporate Strategy* [M]. New York: McGraw-Hill McGraw-Hill Book Company, 1965.

[440] Antle, John M. Efficient Food Safety Regulation in the Food Manufacturing Sector [J]. *American Journal of Agricultural Economics*, 1996(78).

[441] Axelrod, Robert. An Evolutionary Approach to Norms [J]. *American Political Science Review*, 1986(80).

[442] Ayres, Ian & John Braithwaite. *Responsive regulation: Transcending the Deregulation Debate* [M]. Oxford: Oxford University Press, 1992.

[443] Bachrach, Daniel G., et al. Does "How" Firms Invest in Corporate Social Responsibility Matter? An Attributional Model of Job Seekers' Reactions to Configurational Variation in Corporate Social Responsibility [J]. *Human Relations*, 2020(75).

[444] Bakare, Bukola and Joseph Szmerekovsky. Corporate Social Responsibility and Traffic Congestion: A Mixed Method Study on Improving Health and Productivity [J]. *Journal of Transport & Health*, 2019(14).

[445] Bannier, Christina E., Yannik Bofinger and Björn Rock. Corporate Social Responsibility and Credit Risk [J]. *Finance Research Letters*, 2022(44).

[446] Benjamin, Louise. Book review of Economics of Regulation and Antitrust [J]. *Journal of Media Economics*, 1997(10).

[447] Biswas, Amit K. and Marcel Thum. Corruption, Environmental Regulation and Market Entry [J]. *Environment and Development Economics*, 2016(22).

[448] Božić, Barbara, Kolić Stanić Matilda and Jurišić Jelena, The Relationship between Corporate Social Responsibility, Corporate Reputation, and Business Performance [J]. *Interdisciplinary Description of Complex Systems: INDECS*, 2021(19).

[449] Broadstock, David C., et al. Does Corporate Social

Responsibility Impact Firms' Innovation Capacity? The Indirect Link Between Environmental & Social Governance Implementation and Innovation Performance [J]. *Journal of Business Research. Elsevier*, 2019(119).

[450] Cai, Wugan and Peiyun Ye. How Does Environmental Regulation Influence Enterprises' Total Factor Productivity? A Quasi-Natural Experiment Based on China's New Environmental Protection Law [J]. *Journal of Cleaner Production*, 2020 (276).

[451] Calvo, Nuria and Flora Calvo. Corporate Social Responsibility and Multiple Agency Theory: A Case Study of Internal Stakeholder Engagement [J]. *Corporate Social Responsibility and Environmental Management*, 2018(25).

[452] Campbell, John L. Why Would Corporations Behave in Socially Responsible Ways? An Institutional Theory of Corporate Social Responsibility [J]. *The Academy of Management Review*, 2007(32).

[453] Carroll, A. B. & Ann K. Buchholtz. *Business & Society: Ethics and Stakeholder Management* [M]. Cincinnati: South-Western college Publishing, 1993.

[454] Carroll, A. B. Stakeholder Thinking in Three Models of Management Morality: A Perspective with Strategic Implications, in Juha Nasi(ed.), *Understanding Stakeholder Thinking* [M]. Helsinki: LSR-Publications Helsinki, 1995.

[455] Carroll, A. Stakeholder Thinking in Three Models of Management Morality: A Perspective with Strategic Implications. In Max Clarkson (ed.) *The Corporation and Its Stakeholders: Classic and Contemporary Readings* [M]. Toronto: University of Toronto Press, 2016.

[456] Carroll, Archie B. A Three-dimensional Conceptual Model of CorporatePerformance [J]. *The Academy of Management Review*, 1979(04).

[457] Cary, Coglianese and David Lazer. Management-Based Regulation Prescribing Private Management to Achieve Public Goals [J]. *Law & Society Review*, 2003(37).

[458] Chae, Bongsug (Kevin) and Eunhye (Olivia) Park. Corporate Social Responsibility (CSR): A Survey of Topics and Trends Using Twitter Data and Topic Modeling [J]. *Sustainability*, 2018(10).

[459] Chakraborty, Pavel. Effect of Environmental Regulation on a Firm's Performance: Evidence from a Policy Experiment [J]. *Economic and Political Weekly*, 2016(51).

[460] Chakroun, Salma and Anis Ben Amar. Earnings Management, Financial Performance and the Moderating Effect of Corporate Social Responsibility: Evidence from France [J]. *Management Research Review*, 2021(45).

[461] Chandrasekhar, Krishnamurti, Shams Syed and Chowdhury Hasibul. Evidence on the Trade-off Between Corporate Social Responsibility and Mergers And Acquisitions Investment [J]. *Australian Journal of Management*, 2021(46).

[462] Chang, Chih-Wei, Chia-Chun Li and Yan-Shu Lin. The Strategic Incentive of Corporate Social Responsibility in a Vertically Related Market [J]. International Review of Economics and Finance, 2018(59).

[463] Chang, Ke-Chiun, et al. Environmental Regulation, Promotion Pressure of Officials, and Enterprise Environmental Protection Investment [J]. *Frontiers in Public Health*, August 2021.

[464] Chang, Kiyoung, Hyeongsop Shim and Taihyeup David Yi. Corporate Social Responsibility, Media Freedom, and Firm Value [J]. *Finance Research Letters*, 2019 (30).

[465] Chen, Hong and Bo Hu. Corporate Social Responsibility and Responsible Gambling in GamingDestination [J]. *Current Issues in Tourism*, 2021(24).

[466] Chen, Si-hua. The Game Analysis of Negative Externality of Environmental Logistics and Governmental Regulation [J]. *International Journal of Environment and Pollution*, 2013(51).

[467] Chen, Xiaoling and Qiang Li. Environmental Regulation, Subsidy and Underperforming Firms' R&D Expenditure: Evidence from

Chinese Listed Companies [J]. *International Journal of Technology Management*, 2021(85).

[468] Cheng, Huijin and Hao Ding. Dynamic Game of Corporate Social Responsibility in a Supply Chain with Competition [J]. *Journal of Cleaner Production*, 2021(317).

[469] Cheung, Adrian (Waikong) and Wee Ching Pok. Corporate Social Responsibility and Provision of Trade Credit [J]. *Journal of Contemporary Accounting & Economics*, 2019(15).

[470] Chunmei, Li, Chandio Abbas Ali and Ge He. Dual Performance of Environmental Regulation on Economic and Environmental Development: Evidence from China [J]. *Environmental Science and Pollution Research International*, 2021(29).

[471] Cook, Kirsten A., et al. The Influenceof Corporate Social Responsibility on Investment Efficiency and Innovation [J]. *Journal of Business Finance & Accounting*, 2019(46).

[472] Dai, Xin and Yue Qiu. Common Ownership and Corporate Social Responsibility [J]. *The Review of Corporate Finance Studies*, 2021(10).

[473] David, Keith and Robert L. Blomstrom. *Business and Its Environment* [M]. New York: McGraw-Hill Book Company, 1966.

[474] Davis, Keith. Can Business Afford to Ignore Social Responsibilities? [J] *California Management Review*, 1960(02).

[475] DeMarzo, Peter M. and Michael J. Fishman and Kathleen M. Hagerty. Self-Regulation and Government Oversight [J]. *The Review of Economic Studies*, 2005(72).

[476] Deng, Xiang and Li Li. Promoting or Inhibiting? The Impact of Environmental Regulation on Corporate Financial Performance—An Empirical Analysis Based on China [J]. *International Journal of Environmental Research and Public Health*, 2020(17).

[477] Detomasi, David Antony. The Political Roots of Corporate Social Responsibility [J]. *Journal of Business Ethics*, 2008(82).

[478] Dong, Zhaoyingzi, et al. The Dynamic Effect of Environmental

Regulation on Firms' Energy Consumption Behavior-Evidence from China's Industrial Firms [J]. *Renewable and Sustainable Energy Reviews*, 2022(156).

[479] Duan, Wei, et al. Game Modeling and Policy Research on The System Dynamics-based Tripartite Evolution for Government Environmental Regulation [J]. *Cluster Computing*, 2016 (19).

[480] Dunfee, T. W. Business Ethics and Extant Social Contracts [J]. *Business Ethics Quarterly*, 1991(01).

[481] Epple, Dennis and Artur Raviv. Product Safety: Liability Rules, Market Structure, and Imperfect Information [J]. *The American Economic Review*, 1978(68).

[482] Espínola-Arredondo, Ana and Félix Muñoz-García. Why Do Firms Oppose Entry-Deterring Policies? Environmental Regulation and Entry Deterrence [J]. Environment and Development Economics, 2014(20).

[483] Estalaki, Siamak Malakpour, Armaghan Abed-Elmdoust and Reza Kerachian. Developing Environmental Penalty Functions for River Water Quality Management: Application of Evolutionary Game Theory [J]. *Environmental Earth Sciences*, 2015(73).

[484] Fairman, Robyn. A commentary on the Evolution of Environmental Health Risk Management: A U. S. Perspective [J]. *Journal of Risk Research*, 1999(02).

[485] Fan, Min, Ping Yang and Qing Li. Impact of Environmental Regulation on Green Total Factor Productivity: A New Perspective of Green Technological Innovation [J]. *Environmental Science and Pollution Research International*, 2022(29).

[486] Feng, Lili, et al. Research on the Impact of Environmental Regulation on Enterprise Innovation from the Perspective of Official Communication [J]. *Discrete Dynamics in Nature and Society*, 2021.

[487] Feng, Wu, et al. Examining Whether Government Environmental Regulation Promotes Green Innovation Efficiency—Evidence from China's Yangtze River Economic Belt [J]. *Sustainability*, 2022 (14).

[488] Fowler, Reg. Corporate Social Responsibility and Joint Venture Governance—the Forgotten Issues [J]. *The Journal of World Energy Law & Business*, 2021(14).

[489] Freeman, R. E. Strategic Management: A Stakeholder Approach [J]. *Journal of Management Studies*, 1984(29).

[490] Fu, Tong andJian Ze. Corruption Pays Off: How Environmental Regulations Promote Corporate Innovation in a Developing Country [J]. *Ecological Economics*, 2021(183).

[491] Fukuyama, Hirofumi and Yong Tan. Implementing Strategic Disposability for Performance Evaluation: Innovation, Stability, Profitability and Corporate Social Responsibility in Chinese Banking [J]. *European Journal of Operational Research*, 2022(296).

[492] Gallardo-Vázquez, Dolores, Luis Enrique Valdez-Juárez and Ángela María Castuera-Díaz. Corporate Social Responsibility as an Antecedent of Innovation, Reputation, Performance, and Competitive Success: A Multiple Mediation Analysis [J]. *Sustainability*, 2019(11).

[493] García-Sánchez, Isabel-María and Jennifer Martínez-Ferrero. Chief Executive Officer Ability, Corporate Social Responsibility, and Financial Performance: The Moderating Role of the Environment [J]. *Business Strategy and the Environment*, 2019(28).

[494] Geng, Yong, et al. Environmental Regulation and Corporate Tax Avoidance: A Quasi-Natural Experiment Based on the Eleventh Five-Year Plan in China [J]. *Energy Economics*, 2021(99).

[495] Genn, Hazel. Business Responses to the Regulation of Health and Safety in England [J]. *Law & Policy*, 1993(15).

[496] Gilles, Parquet. GovernanceThrough Social Learning [M]. Ottawa: University of Ottawa Press, 1999.

[497] Gong, Zenghua, Kaiyi Guo and Xiaoguang He. Corporate Social Responsibility Based on Radial Basis Function Neural Network Evaluation Model of Low-Carbon Circular Economy Coupled Development [J]. *Complexity*, 2021(313).

[498] Goswami, Ashita, et al. Mechanisms of Corporate Social

Responsibility: The Moderating Role of Transformational Leadership [J]. *Ethics & Behavior*, 2018(18).

[499] Graafland, Johan and Hugo Smid. Reconsidering the Relevance of Social License Pressure and Government Regulation for Environmental Performance of European SMEs [J]. *Journal of Cleaner Production*, 2017(141).

[500] Grimble, Robin and Kate Wellard. Stakeholder Methodologies in Natural Resource Management: A Review of Principles, Contexts, Experiences and Opportunities [J]. *Agricultural Systems*, 1997(55).

[501] Grunig, James E. A New Measure of Public Opinions on Corporate Social Responsibility [J]. *The Academy of Management Journal*, 1997(22).

[502] Gunningham, Neil, P. Grabosky and Darren Sinclair. Smart Regulation [M]. Oxford: Oxford University Press, 1998.

[503] Guo, Mingyuan and Chendi Zheng. Foreign Ownership and Corporate Social Responsibility: Evidence from China [J]. *Sustainability*, 2021(13)

[504] Guo, Shu, Wenwen Wang and Ming Zhang. Exploring the impact of environmental regulations on happiness: new evidence from China [J]. *Environmental science and pollution research international*, 2020(27).

[505] Guo, Zhaoyang, Siyu Hou and Qingchang Li. Corporate Social Responsibility and Firm Value: The Moderating Effects of Financial Flexibility and R&D Investment [J]. *Sustainability*, 2020(12).

[506] Han, Yawen. Impact of environmental regulation policy on environmental regulation level: a quasi-natural experiment based on carbon emission trading pilot [J]. *Environmental Science and Pollution Research*, 2020(27).

[507] Hangeun, Lee and Seong Ho Lee. The Impact of Corporate Social Responsibility on Long-Term Relationships in the Business-to-Business Market [J]. *Sustainability*, 2019 (11).

[508] Haufler, Virginia. *A Public Role for the Private Sector*:

Industry Self-Regulation in a Global Economy [M]. Washington, D. C.: Carnegie Endowment for International Peace, 2001.

[509] He, L. Y., & H. Z. Zhang. Spillover or Crowding Out? The Effects of Environmental Regulation on Residents' Willingness to Pay for Environmental Protection [J]. Natural Hazards, 2021(105).

[510] He, Lingyun, et al. Corporate Social Responsibility, Green Credit, and Corporate Performance: An Empirical Analysis Based on the Mining, Power, and Steel Industries of China [J]. *Natural Hazards*, 2019(95).

[511] He, Wenjian, et al. Property Rights Protection, Environmental Regulation and Corporate Financial Performance: Revisiting the Porter Hypothesis [J]. *Journal of Cleaner Production*, 2020 (264).

[512] He, Yiqing, Ding Xin and Yang Chuchu. Do Environmental Regulations and Financial Constraints Stimulate Corporate Technological Innovation? Evidence from China [J]. *Journal of Asian Economics*, 2020(72).

[513] Henson, Spencer and Julie Caswell. Food Safety Regulation: An Overview of Contemporary Issues [J]. *Food Policy*, 1999(24).

[514] Hess, David. The Three Pillars of Corporate Social Reporting As New Governance Regulation: Disclosure, Dialogue, and Development [J]. *Business Ethics Quarterly*, 2008(18).

[515] Heyes, Anthony G. A Signaling Motive for Self-Regulation in the Shadow of Coercion [J]. *Journal of Economics and Business*, 2005(57).

[516] Holleran, Eri, Maury E. Bredahl and Lokman Zaibet. Private Incentives for Adopting Food Safety and Quality Assurance [J]. *Food Policy*, 1999(24).

[517] Hood, C. Using Bureaucracy Sparingly [J]. *Public Administration*, 1983(61).

[518] Howlett, Michael & M. Ramesh. Patterns of Policy Instrument Choice: Policy Styles, Policy Learning and the Privatization Experience [J], *Policy Studies Review*, 1993.

[519] Huang, Jingchang, Jing Zhao and June Cao. Environmental Regulation and Corporate R&D Investment-Evidence from a Quasi-

Natural Experiment [J]. *International Review of Economics and Finance*, 2021(72).

[520] Huang, Jun, Wei Hu and Guowei Zhu. The Effect of Corporate Social Responsibility on Cost of Corporate Bond: Evidence from China [J]. *Emerging Markets Finance and Trade*, 2018(54).

[521] Huang, Lingyun and Zhuojun Lei. How Environmental Regulation Affect Corporate Green Investment: Evidence from China [J]. *Journal of Cleaner Production*, 2021(279).

[522] Hye-Young, Joo and Hyunsuk Suh. The Effects of Government Support on Corporate Performance Hedging Against International Environmental Regulation [J]. *Sustainability*, 2017(09).

[523] Jiang, Zhenyu, Zongjun Wang and Xiao Lan. How Environmental Regulations Affect Corporate Innovation? The Coupling Mechanism of Mandatory Rules and Voluntary Management [J]. Technology in Society, 2021(65).

[524] Johan Graafland. Economic Freedom and Corporate Environmental Responsibility: The Role of Small Government and Freedom from Government Regulation [J]. *Journal of Cleaner Production*, 2019(210).

[525] John, Kishore Thomas. The State, Business and Corporate Social Responsibility in India [J]. *South Asia Research*, 2021(41).

[526] Johnson, Barry L. In Defense of Environmental Regulations: Cost - Benefit and More? [J] *Human and Ecological Risk Assessment: An International Journal*, 2012(18).

[527] Joskow, Paul L. & Roger G. Noll. Regulation in Theory and Practice: An Overview, NBER Chapters, in *Studies in Public Regulation* [M]. Cambridge: MIT Press, 1981.

[528] Kahn, A. E. *The Economics of Regulation: Principles and Institutions* [M]. New York: John Wiley Sons, Vol. Ⅱ, 1971.

[529] Kooiman, Jan. Modem Governance: New Government-Society Interactions (2nd) [M]. London: Sage, 1993.

[530] Laguir, Issam, et al. Managing Corporate Social Responsibility in

the Bank Sector: A Fuzzy and Disaggregated Approach [J]. *Corporate Social Responsibility and Environmental Management*, 2021(28).

[531] Lai, Aolin, Zhihui Yang and Lianbiao Cui. Can Environmental Regulations Break Down Domestic Market Segmentation? Evidence from China [J]. *Environmental Science and Pollution Research*, 2021(29).

[532] Lau, Antonio, Peter K. C. Lee and T. C. E. Cheng. An Empirical Taxonomy of Corporate Social Responsibility in China's Manufacturing Industries [J]. *Journal of Cleaner Production*, 2018(188).

[533] Lave, L. B. *The Strategy of Social Regulation: Decision Frameworks for Policy* [M]. Washington, D. C.: Brookings Institution, 1982.

[534] Li, Yuchen and Wenhao Ma. Environmental Regulations and Industrial Enterprises Innovation Strategy: Evidence from China [J]. *Emerging Markets Finance and Trade*, 2022(58).

[535] Li, Dayuan, et al. Effects of Corporate Environmental Responsibility on Financial Performance: The Moderating Role of Government Regulation and Organizational Slack [J]. *Journal of Cleaner Production*, 2017(166).

[536] Li, Feiyang, Zhen Wang and Liangxiong Huang. Economic Growth Target and Environmental Regulation Intensity: Evidence from 284 Cities in China [J]. *Environmental Science and Pollution Research*, 2021(29).

[537] Li, Guangqin, et al. Do Environmental Regulations Hamper Small Enterprises' Market Entry? Evidence from China [J]. *Business Strategy and the Environment*, 2020(30).

[538] Li, Mengjie and Weijian Du. The Impact of Environmental Regulation on the Employment of Enterprises: An Empirical Analysis Based on Scale and Structure Effects [J]. *Environmental Science and Pollution Research International*, 2021(29).

[539] Lin, Liao, Guanting Chen and Dengjin Zheng. Corporate Social Responsibility and Financial Fraud: Evidence from China [J]. *Accounting & Finance*, 2019(59).

[540] Lin, Li-Wen. Mandatory Corporate Social Responsibility? Legislative Innovation and Judicial Application in China [J]. *The American Journal of Comparative Law*, 2020(68).

[541] Liu, C. , Xin L. & J. Li. Environmental Regulation and Manufacturing Carbon Emissions in China: A New Perspective on Local Government Competition [J]. *Environmental Science and Pollution Research*, 2022(29).

[542] Liu, Yun, et al. Effect of Environmental Regulation on High-quality Economic Development in China—An Empirical Analysis Based on Dynamic Spatial Durbin Model [J]. *Environmental Science and Pollution Research International*, 2021(28).

[543] Lynch-Wood, Gary and David Williamson. Understanding SME Responses to Environmental Regulation [J]. *Journal of Environmental Planning and Management*, 2014(57).

[544] Lyon, T. P. and John W. Maxwell. "Voluntary" Approaches to Environmental Regulation: A Survey [J]. *SSNR*, 1999.

[545] Lyon, Thomas P. and John W. Maxwell. Corporate Environmental Strategies as Tools to Influence Regulation [J]. *Business Strategy and the Environment*, 1999(08).

[546] Ma, Yadong, et al. Relationship between Local Government Competition, Environmental Regulation and Water Pollutant Emissions [J]. *Journal of Coastal Research*, 2020(103).

[547] Maignan, Isabelle and David A. Ralston. Corporate Social Responsibility in Europe and the U. S. : Insights from Businesses' Self-Presentations [J]. *Journal of International Business Studies*, 2002(33).

[548] Maqbool, Shafat and Nasir Zamir. Corporate Social Responsibility and Institutional Investors: the Intervening Effect of Financial Performance [J]. *Journal of Economic and Administrative Sciences*, 2020(37).

[549] Martinez Hernandez, Juan J. , SánchezMedina Patricia S. and DíazPichardo René. Business-Oriented Environmental Regulation: Measurement and Implications for Environmental Policy and Business

Strategy from a Sustainable Development Perspective [J]. *Business Strategy and the Environment*, 2021(30).

[550] Matten, Dirk. Symbolic Politics in Environmental Regulation: Corporate Strategic Responses [J]. *Business Strategy and the Environment*, 2003(12).

[551] McInerney, Thomas. Putting Regulation Before Responsibility: Towards Binding Norms of Corporate Social Responsibility [J]. *Cornell International Law Journal*, 2007(40).

[552] Mehdi, Sabokro, Masud Muhammad Mehedi and Kayedian Azin. The Effect of Green Human Resources Management on Corporate Social Responsibility, Green Psychological Climate and Employees' Green Behavior [J]. *Journal of Cleaner Production*, 2021(313).

[553] Midttun, Atle. Partnered Governance: Aligning Corporate Responsibility and Public Policy in the Global Economy [J]. *Corporate Governance*, 2018(08).

[554] Minogue, M. Governance - based Analysisof Regulation [J]. *Annals of Public and Cooperative Economics*, 2002(73).

[555] Moon, Jeremy, Nahee Kang and Jean-Pascal Gond. Corporate Social Responsibility' in David Coen, Wyn Grant and Graham Wilson (eds.), *Oxford Handbook of Business and Government* [M]. Oxford: Oxford University Press, 2010.

[556] Naveedullah, Mulaessa and Lefen Lin. How Do Proactive Environmental Strategies Affect Green Innovation? The Moderating Role of Environmental Regulations and Firm Performance [J]. *International Journal of Environmental Research and Public Health*, 2021 (18).

[557] OCDE. *Regulatory Policies in OECD Countries: From Interventionism to Regulatory Governance* [M]. Paris: Éditions OCDE; OECD Publishing, Éditions OCDE; OECD Publishing, 2002.

[558] Ogus, Anthony and Carolyn Abbot. Sanctions for Pollution: Do We Have the Right Regime? [J]. *Journal of Environmental Law*, 2002(14).

[559] Oh, Won-Yong, Young Kyun Chang and Tae-Yeol Kim.

Complementary or Substitutive Effects? Corporate Governance Mechanisms and Corporate Social Responsibility [J]. *Journal of Management*, 2018 (44).

[560] Palmer, E. Multinational Corporations and the Social Contract [J]. *Journal of Business Ethics*, 2001(31).

[561] Palvi, Pasricha, Singh Bindu and Verma Pratibha. Erratum to: Ethical Leadership, Organic Organizational Cultures and Corporate Social Responsibility: An Empirical Study in Social Enterprises [J]. *Journal of Business Ethics*, 2018(151).

[562] Peng, Benhong, et al. Behavioral Game and Simulation Analysis of Extended Producer Responsibility System's Implementation Under Environmental Regulations [J]. *Environmental Science and Pollution Research International*, 2019(26).

[563] Peng, Jing et al. A Study of the Dual-Target Corporate Environmental Behavior (DTCEB) of Heavily Polluting Enterprises Under Different Environment Regulations: Green Innovation vs. Pollutant Emissions [J]. *Journal of Cleaner Production*, 2021(297).

[564] Peris-Ortiz, Marta and Antonio Luis Leal-Rodríguez. Technology and Sustainability in the Framework of Corporate Social Responsibility [J]. *Sustainability*, 2020(12).

[565] Ping, Lei, et al. Firm Size, Government Capacity, and Regional Environmental Regulation: Theoretical Analysis and Empirical Evidence from China [J]. *Journal of Cleaner Production*, 2017(164).

[566] Po, Kou and Ying Han. Vertical Environmental Protection Pressure, Fiscal Pressure, and Local Environmental Regulations: Evidence from China's Industrial Sulfur Dioxide Treatment [J]. *Environmental Science and Pollution Research International*, 2021(28).

[567] Qu, Riliang. Effects of Government Regulations, Market Orientation and Ownership Structure on Corporate Social Responsibility in China: An Empirical Study [J]. *International Journal of Management*, 2007(24).

[568] Rawls, John. *Political Liberalism* [M]. New York:

Columbia University Press, 1993.

[569] Robin, Mejia. The Challenge of Environmental Regulation in India [J]. Environmental Science & Technology, 2009(43).

[570] Rockefeller, David. *The Corporation in Transition: Redefining Its Social Charter* [M]. Washington, D. C: Chamber of the United States, 1993.

[571] Ruan, Rongbin, Wan Chen and Zuping Zhu. Research on the Relationship Between Environmental Corporate Social Responsibility and Green Innovative Behavior: The Moderating Effect of Moral Identity [J]. *Environmental Science and Pollution Research*, 2022.

[572] Ruhnka, John C. & Heidi Boerstler. Governmental Incentives for Corporate Self-Regulation [J]. *Journal of Business Ethics*, 1998(17).

[573] Sahut, Jean-Michel, Marta Peris-Ortiz and Frédéric Teulon. Corporate Social Responsibility and Governance [J]. *Journal of Management and Governance*, 2019(23).

[574] Sarfraz, Muddassar, et al. Environmental Risk Management Strategies and the Moderating Role of Corporate Social Responsibility in Project Financing Decisions [J]. *Sustainability*, 2018(10).

[575] Schwartz, Mark S. and Archie B. Carroll. Corporate Social Responsibility: A Three Domain Approach [J]. *Business Ethics Quarterly*, 2003(13).

[576] Sen, Suphi. Corporate Governance, Environmental Regulations, and Technological Change [J]. *European Economic Review*, 2015(80).

[577] Seoki, Lee, Sunny Ham and Yoon Koh. Special Issue on Economic Implications of Corporate Social Responsibility and Sustainability in Tourism and Hospitality [J]. *Tourism Economics*, 2019(25).

[578] Sethi, S. Prakash. Conceptual Framework for Environmental Analysis of Social Issues and Evaluation of Business Response Patterns [J]. *Academy of Management Review*, 1979(04).

[579] Shavell, Steven. Liability for Harm versus Regulation of Safety [J]. *The Journal of Legal Studies*, 1984(13).

[580] Shea, Catherine T. and Olga V. Hawn. Microfoundations of Corporate Social Responsibility and Irresponsibility [J]. *The Academy of Management Journal*, 2019(62).

[581] Shi, Daqian, Guangqin Xiong and Caiqi Bu. The Effect of Stringent Environmental Regulation on Firms' TFP-New Evidence from a Quasi-Natural Experiment in Chongqing's Daily Penalty Policy [J]. *Environmental Science and Pollution Research*, 2022(29).

[582] Shi, Jinyan, Conghui Yu and Yanxi Li. Beyond Linear: The Relationship between Corporate Social Responsibility and Market Reactions to Cross-Border Mergers and Acquisitions [J]. *Emerging Markets Finance and Trade*, 2022(58).

[583] Sinclair, Darren. Self-Regulation versus Command and Control? Beyond False Dichotomies [J]. *Law & Policy*, 1997(19).

[584] Smith, Robert Stewart. *Regulating Safety: An Economic and Political Analysis of Occupational Safety and Health Policy* by John Mendeloff [J]. *Journal of Political Economy*, 1980 (88).

[585] Sohail, Ahmad Javeed, et al. How Environmental Regulations and Corporate Social Responsibility Affect the Firm Innovation with the Moderating Role of Chief Executive Officer (CEO) Power and Ownership Concentration? [J] *Journal of Cleaner Production*,2021(308).

[586] Sun, T., & Q. Feng. Evolutionary Game of Environmental Investment Under National Environmental Regulation in China [J]. *Environmental Science and Pollution Research*, 2021(28).

[587] Sun, Xian and Brian C. Gunia. Economic Resources and Corporate Social Responsibility [J]. *Journal of Corporate Finance*, 2018 (51).

[588] Sun, Ziyuan, et al. The Impact of Heterogeneous Environmental Regulation on Innovation of High-Tech Enterprises in China: Mediating and Interaction Effect [J]. *Environmental Science and Pollution Research*, 2020(28).

[589] Taft, Chloe E. Performing Accountability and Corporate Social Responsibility [J]. *PoLAR: Political and Legal Anthropology Review*, 2021(44).

[590] Tam, Henry. *Communitarianism: A New Agenda for Politics and Citizenship* [M]. New York: New York University Press, 1998.

[591] Tang, Hong-li, Jian-min Liu and Jin-guang Wu. The Impact of Command-and-Control Environmental Regulation on Enterprise Total Factor Productivity: A Quasi-Natural Experiment Based on China's "Two Control Zone" Policy [J]. *Journal of Cleaner Production*, 2020(254).

[592] Thanh, Tiep Le, Ngo Quang Huan and Tran Thi Thuy Hong. Effects of Corporate Social Responsibility on SMEs' Performance in Emerging Market [J]. *Cogent Business & Management*, 2021(08).

[593] Tuzzolino, Frank and Barry R. Armandi. A Need-Hierarchy Framework for Assessing Corporate Social Responsibility [J]. *The Academy of Management Review*, 1981(06).

[594] Vikash Ramiah, Jacopo Pichelli and Imad Moosa. The Effects of Environmental Regulation on Corporate Performance: A Chinese Perspective [J]. *Review of Pacific Basin Financial Markets and Policies*, 2015(18).

[595] Viscusi, W. Kip, John M. Vernon and Joseph E. Harrington, Jr. *Economics of Regulation and Antitrust*, *2nd* [M]. Cambridge: MIT Press, 1998.

[596] Viscusi, W. Kip. *Regulating Consumer Product Safety* [M]. Washington, D. C.: American Enterprise Institute for Public Policy Research, 1984.

[597] Viscusi, W. Kip. *Risk by Choice: Regulation Health and Safety in the Workplace* [M]. Cambridge: Harvard University Press, 1983.

[598] Wang, Chenyu. Monopoly with Corporate Social Responsibility, Product Differentiation, and Environmental R&D: Implications for Economic, Environmental, and Social Sustainability [J]. *Journal of Cleaner Production*, 2021 (287).

[599] Wang, Jin-Chao, et al. Does Strict Environmental Regulation Enhance the Global Value Chains Position of China's Industrial Sector?

[J]. *Petroleum Science*, 2021(18).

[600] Wang, Mengxin, Gaoke Liao and Yanling Li. The Relationship Between Environmental Regulation, Pollution and Corporate Environmental Responsibility [J]. *International Journal of Environmental Research and Public Health*, 2021 (18).

[601] Wang, Min, et al. Research of Energy Literacy and Environmental Regulation Research Based on Tripartite Deterrence Game Model [J]. *Energy Reports*, 2021(07).

[602] Wang, Pei, et al. Environmental Regulation, Government Subsidies, and Green Technology Innovation-A Provincial Panel Data Analysis from China [J]. *International Journal of Environmental Research and Public Health*, 2021(18).

[603] Wang, Qinyun, Xindi Xu and Kaipeng Liang. The Impact of Environmental Regulation on Firm Performance: Evidence from the Chinese Cement Industry [J]. *Journal of Environmental Management*, 2021 (299).

[604] Wang, Wenwen, Linzhao Xue and Ming Zhang. Research on Environmental Regulation Behavior Among Local Government, Enterprises, and Consumers from the Perspective of Dynamic Cost of Enterprises [J]. *Environment, Development and Sustainability*, 2023(25).

[605] William, Mbanyele, et al. Corporate Social Responsibility and Green Innovation: Evidence from Mandatory CSR Disclosure Laws [J]. *Economics Letters*, 2022(212).

[606] Williamson, O. E. *The Economic Institutions of Capitalism: Firms, Markets, Relational Contracting* [M], New York: Free Press, 1985.

[607] Wilts, Arnold and ChristineQuittkat. Corporate Interests and Public Affairs: Organized Business-Government Relations in EU Member States [J]. *Journal of Public Affairs*, 2004(04).

[608] Wu, Guo Ciang. Environmental Innovation Approaches and Business Performance: Effects of Environmental Regulations and Resource Commitment [J]. *Innovation*, 2017 (19).

[609] Xiang, Chen and Terry van Gevelt. Central Inspection Teams and the Enforcement of Environmental Regulations in China [J]. *Environmental Science & Policy*, 2020(112).

[610] Xing, Li, Wang Yao and LiChaoling. Evolution of Environmental Regulation Strategy Among Local Governments and Its Impact on Regional Ecological Efficiency in China [J]. *Environmental Engineering & Management Journal*, 2017(16).

[611] Xu, Yong, et al. How Environmental Regulations Affect the Development of Green Finance: Recent Evidence from Polluting Firms in China [J]. *Renewable Energy*, 2022 (189).

[612] Yan, Song, Xiao Zhang and Ming Zhang. The Influence of Environmental Regulation on Industrial Structure Upgrading: Based on the Strategic Interaction Behavior of Environmental Regulation Among Local Governments [J]. *Technological Forecasting & Social Change*, 2021 (170).

[613] Yang, Jing, et al. Environmental Regulation and The Pollution Haven Hypothesis: Do Environmental Regulation Measures Matter? [J] *Journal of Cleaner Production*, 2018(202).

[614] Yang, Jingyi, Daqian Shi and Wenbo Yang. Stringent Environmental Regulation and Capital Structure: the Effect of NEPL on Deleveraging the High Polluting Firms [J]. *International Review of Economics and Finance*, 2022(79).

[615] Yang, Na, et al. Cross-Border Mergers and Acquisitions, Regional Cultural Diversity and Acquirers' Corporate Social Responsibility: Evidence from China Listed Companies [J]. *International Review of Economics and Finance*, 2022(79).

[616] Yang, Shuwang, et al. Environmental Regulation, Firms' Bargaining Power, and Firms' Total Factor Productivity: Evidence from China [J]. *Environmental Science and Pollution Research International*, 2021 (29).

[617] Yang, Zhuoer, et al. Boundary Conditions of the Curvilinear Relationships between Environmental Corporate Social Responsibility and New

Product Performance: Evidence from China [J]. *Sustainability*, 2019(11).

[618] Yapp, Charlotte and Robyn Fairman. Factors Affecting Food Safety Compliance Within Small and Medium-Sized Enterprises: Implications for Regulatory and Enforcement Strategies [J]. *Food Control*, 2006(17).

[619] Ye, Bing and Ling Lin. EnvironmentalRegulation and Responses of Local Governments [J]. *China Economic Review*, 2020(60).

[620] Yi, Zhaoqiang and Lihua Wu. Analysis of the Impact Mechanism of Environmental Regulations on Corporate Environmental Proactivity-Based on the Perspective of Political Connections [J]. *Business Ethics, the Environment & Responsibility*, 2022(31).

[621] Yu, Hongwei, et al. Environmental Regulation and Corporate Tax Avoidance: A Quasi-Natural Experiments Study Based on China's New Environmental Protection Law [J]. *Journal of Environmental Management*, 2021 (296).

[622] Zadek, Simon, et al. Responsible Competitiveness: Corporate Responsibility Clusters in Action [J]. *The Copenhagen Centre & Account Ability*, January 2003.

[623] Zeng, Juying, Guijarro María and Carrilero Castillo Agustín. A Regression Discontinuity Evaluation of the Policy Effects of Environmental Regulations [J]. *Economic Research-Ekonomska Istraživanja*, 2020(33).

[624] Zhang, Jintao, et al. Environmental Regulations and Enterprises Innovation Performance: The Role of R&D Investments and Political Connections [J]. *Environment, Development and Sustainability*, 2021(24).

[625] Zhang, Kangkang, et al. Strategic Interactions in Environmental Regulation Enforcement: Evidence from Chinese Cities [J]. *Environmental Science and Pollution Research International*, 2020(27).

[626] Zhang, Sen, et al. Evolutionary Game Research Between the Government Environmental Regulation Intensities and the Pollution Emissions of Papermaking Enterprises [J]. *Discrete Dynamics in Nature and Society*, 2021(03).

[627] Zhang, Yi, et al. The Impact of Environmental Regulation on Enterprises' Green Innovation Under the Constraint of External Financing: Evidence from China's Industrial Firms [J]. *Environmental Science and Pollution Research*, 2022(30).

[628] Zhang, Ying and Haifeng Zhao. A Multi-Agent Model for Decision Making on Environmental Regulation in Urban Agglomeration [J]. *The Journal of Supercomputing*, 2021 (78).

[629] Zhang, Yu, et al. Does Environmental Regulation Policy Help Improve Business Performance of Manufacturing Enterprises? Evidence from China [J]. *Environment, Development and Sustainability*, 2022(25).

[630] Zhao, Xiaoli, et al. Corporate Behavior and Competitiveness: Impact of Environmental Regulation on Chinese Firms [J]. *Journal of Cleaner Production*, 2015 (86).

[631] Zhao, Xin and Bowen Sun. The Influence of Chinese Environmental Regulation on Corporation Innovation and Competitiveness [J]. *Journal of Cleaner Production*, 2016(112).

[632] Zheng, Ye, Chenghua Li and Yao Liu. Impact of Environmental Regulations on the Innovation of SMEs: Evidence from China [J]. *Environmental Technology & Innovation*, 2021(22).

[633] Zhou, Di, Yuan Qiu and Mingzhe Wang. Does Environmental Regulation Promote Enterprises Profitability? Evidence from the Implementation of China's Newly Revised Environmental Protection Law [J]. *Economic Modeling*, 2021(102).

[634] Zhou, Guichuan, Lan Zhang and Liming Zhang. Corporate Social Responsibility, the Atmospheric Environment, and Technological Innovation Investment [J]. *Sustainability*, 2019(11).

[635] Zhou. Guichuan, et al. Be Regulated Before Be Innovative? How Environmental Regulation Makes Enterprises Technological Innovation Do Better for Public Health [J]. *Journal of Cleaner Production*, 2021(303).